米沢牛

百 統が誇る

この美味さに歴史あり

米沢牛銘柄推進協議会

成

せば成る―。の言葉で有名な名君、上杉鷹山公が創設した藩校「興譲館」。ここで教鞭をとった英国人教師のチャールズ・ヘンリー・ダラス氏は、米沢への滞在中、自分が連れてきたコックの万吉に米沢牛の料理をオーダーして食べていました。米沢牛のおいしさには大変感激していたようです。4年間の任期を終え横浜に帰る際、コックの万吉に店を持たせたのが米沢での牛肉店の始まりとなりました。米沢牛の味を多くの人に知って欲しかったのでしょう。

日本 地理的表示 GI
JAPAN GEOGRAPHICAL INDICATION

米沢牛
YONEZAWAGYU
登録日 2017/03/03
山形県 置賜地域
（米沢市、南陽市、長井市、高畠町、川西町、飯豊町、白鷹町、小国町）

農林水産大臣登録第26号

事務局＜ＪＡ山形おきたま 営農経済部畜産酪農課内＞
山形県東置賜郡川西町上小松978-1
TEL.0238-46-5303 FAX.0238-46-5312
http://yonezawagyu.jp

米

沢は、山形県南部の置賜地方に位置し、南に吾妻、西に飯豊と四方を高い山々に囲まれ、夏は暑く、冬は寒いという季節間の寒暖差がある盆地特有の気候風土であります。最上川源流域の豊かな水資源に恵まれた肥沃な土地は、このような気候風土と相俟って、おいしい果物、野菜、米を育んで豊かな実りをもたらしてくれます。このすばらしい肉牛を育てる環境に、先人が培った飼育技術が相俟って、肉牛は生後32ヶ月令以上の出荷されるまでの間米沢の自然を背に受けじっくりと育てられます。愛情を持って優しく健康に育てられた牛の肉質は最高級。霜降りには豊かな香りとほどよい溶け具合の旨味があり、一度食したものの心を引き付けます。米沢の人と自然と大地とが育む逸品、これこそが「米沢牛」なのです。

くまもとの

味彩牛

熊本は3つのブランドで

牛肉ファンを魅了します

くまもと

黒毛和牛

くまもと

あか牛

熊本県産牛肉消費拡大推進協議会

【事務局】（公社）熊本県畜産協会　TEL.096-369-8200

詳しい情報は「くまもとのおいしい牛肉」で検索を！

公式HP

Instagram

YouTube

DELICIOUS SHINSHU GOURMET

りんご和牛
信州牛 ®

奥信濃もの語り。

信州は、太古の昔から畜産の盛んな国でした。清流と山稜に仕切られた大地には古代朝廷の直轄牧場が置かれ、官牧三十二牧のうち実に十六牧が信州にあったといわれています。

やがてその大地には、桑や稲とともに、りんごが豊かに実るようになりました。

このりんごを食べさせると良い牛が育つことは、昔から奥信濃で広く知られていました。その伝統を優れた技術によって現代によみがえらせたのが『りんご和牛信州牛』なのです。

厳選した和牛を特製のりんご入り飼料を主として育てたりんご和牛信州牛は、良質の霜降りぐあい、キレのある味わい、独特の芳香と素晴らしい色合いを兼ね備えています。

また、りんご和牛信州牛の高い品質を保持し、安心して召し上がっていただけるよう、生産から処理加工、販売に至るまで一貫したシステムにより皆様のお手許にお届けしています。

牛肉の最高傑作『りんご和牛信州牛』、是非一度ご賞味下さい。

信州牛生産販売協議会

ゆたかな食と生活文化を創造する
マルイチ産商

畜産デリカ商品本部：長野市若穂川田3800-11
TEL 026-282-1150
http://www.maruichi.com

緑の自然から食卓まで
大信畜産工業株式会社
DAISHIN
本社：長野県中野市大字江部634-1 TEL 0269-22-4196

EMS,FSMS
ISO22000,JSAF097
ISO9001:2015 中野工場 認証取得
CM001

事実。「東京和牛」は

ものがたりのあらすじをお話しします。
はじまりは、60年ほど前のこと。東京都あきる野市
で乳牛1頭の飼育からスタートし、その後肉牛に切り
替え、黒毛和牛の雌約200頭ほどを育てるまでに拡大。
今日、「秋川牛」「東京ビーフ」の2つのブランド牛を
生産する竹内牧場が、「東京の和牛の灯を消さない」
「肥育技術の粋を傾けた、真のブランド牛を世の中に」
との思いで法人化し、『東京和牛株式会社』として新た
な挑戦をはじめました。なかでも選りすぐりの、雌・
A5ランクの牛に、オリジナルの焼印を押し、「東京和
牛」の名で市場へ送り出すことにしたのです。まずは
その肉質をお確かめください。そして肥育技術、環境
など、ものがたりの詳細をご覧ください。

東京和牛株式会社（旧竹内牧場）
東京都あきる野市菅生1460
TEL: 042-558-7454

tokyowagyu.com

東京和牛

銘柄牛肉ガイドブック 2023　　目次

黒毛和種【Japanese Black】

　黒毛和種は、古くは中国、近畿地方を主産地とする役肉用牛であったが、現在では全国に広く分布する、わが国肉用種の主流である。

　和牛の他の品種に比較して体がよくしまり、四肢強健であるが、体の幅や後躯に充実を欠くことが欠点とされている。毛色は黒毛ではあるが、毛先は褐色を帯び黒褐色に見える。

　平均的に脂肪交雑、肉の色沢、肉のきめおよび締まりなどの肉質形質に優れた遺伝的特性をもっている。肉量においても、販売可能な正肉の歩留において優れている。脂肪に関係した特徴においても、その分配、分布のパターンに独特のものがあるようであり、肉のうま味と関連していると考えられるクリーム色を帯びたねばりのある脂肪を蓄積する。「神戸ビーフ」「松阪牛」「近江牛」などのブランド名で売られる最高級の牛肉を主として生産する「但馬牛」は、黒毛和種の中でも特異な系統である。このような肉質形質における優れた遺伝子がどこから由来したかは興味のもたれる点であるが、古くから飼われてきた在来の和牛の伝えてきた能力である可能性が強く、これは朝鮮半島およびアジア大陸北部に起源をもつ品種とも共通していると想像される。

褐 毛 和 種【Japanese Brown】

　熊本系の褐毛和種は主産地の熊本県をはじめ、静岡県、宮城県、秋田県、北海道などに分布している肉用種である。

　明治時代に熊本県下に飼われてきた和牛に、デボンの雄が交雑され、1907年以降はシンメンタールの雄に切り換えて交雑が進められ、それらの交雑種から選抜して「肥後牛」の基礎が固められたものである。

　体格は黒毛和種や褐毛和種の高知系の牛よりも大型を目標にしている。体積および発育には優れたものをもち、性質が温順で役用能力も優れていたため、かつては関東および東北地方の畑作地域でかなり飼育されていた。毛色は一毛で、一般に黄褐色ないし赤褐色で高知系よりうすいものが多い。

　能力面では、増体能力や飼料の利用性に見るべきものがあるが、産肉能力の中で重視されている脂肪交雑形質やその他の肉質形質において黒毛和種に比較すれば劣る点があると考えられ、肉市場での評価はあまり高くない。

　高知県の褐毛和種は、毛色によって品種区分が行われたために熊本系と共に褐毛和種として認定されたが、本系統の成立過程は、熊本来とかなり異なっている。その特徴は韓牛の影響が強く、かつては「改良韓国（朝鮮）種」と呼ばれたことがある点である。

　体格は黒毛和種と同じ程度のものを標準としており、一般に体積豊かで、発育はよいが、体躯がゆる目なものが多い。肉質面でも脂肪交雑形質において優れた雄牛が作出されている。また、重要な形質の一つであるロース芯面積においてもすばらしい結果が出されている。

無 角 和 種 【Japanese Polled】

　無角和種の作出は、元農林省畜産試験場中国市場にスコットランドからアバディーン・アンガスの雄が導入され、これを和牛と交配して得た雑種雄が1920年に山口県阿武郡に貸与されたことが発端となっている。その後、さらに同品種の雄を導入し、アバディーン・アンガスの特徴である無角性や肉用牛体型をそなえた「無角防長種」の造成が図られ、1944年に和牛の一品種と認められるに至った。

　体格はほぼ黒毛和種と同じ目標が設定されているが、体重の標準値はやや大きい。毛色は黒毛和種より濃い黒色で無角である。

　能力面では、アバディーン・アンガス同様に早熟で、飼料の利用性に優れたものをもっている。また、増体能力も優れている。肉用牛らしい体型が評価され和牛の中の優等生的存在として期待を集めたが、肉市場において脂肪交雑や肉のきめに関して劣る点があること、枝肉が厚脂気味となることなどを理由にあまり高い評価が得られず衰退した。

日 本 短 角 種 【Japanese Shorthorn】

　わが国にショートホーンが導入されたのは1871年ころといわれているが、乳用および肉用のショートホーン雄が混用された。本種は和牛の他の3品種と異なり乳肉兼用種として改良していくことが考えられた時期があり、結局飼育目的を肉用にしばってきた経緯がある。また、固定した品種と認められたのも1957年で、飼育地域全域で統一した改良に着手した時期が遅い。従って和牛の中では一番若い品種である。

　体格は和牛としては比較的大型なサイズを標準としている。毛色は濃淡様々の褐色で体下部に白斑のあるものも多い。また、褐および白色の毛が混じって生える和毛のものもいる。

　肉用種としての能力で特に注目されるのは放牧能力に優れており、粗飼料の利用性が優れている。産肉能力に関しては増体の点では優れているが、肉のきめがあらく、脂肪交雑形質では黒毛和種より劣るといわれる。また、皮下および体腔内や内臓への脂肪蓄積が多いことも肉市場における評価が低い理由とされている。しかし、東北地方の放牧形式による肉牛生産に向く牛として、生産地の愛好は強いものがある。

ア ン ガ ス 【Angus】

イギリスの北スコットランドを原産地とする肉用種の３大ブリティシュ・ブリードの一つである。無角の土産牛から発し、1830年ころから育種家ウイリアム・マックコムビルがアンガス州とアバディーン州の２つの系統を計画的に交配することによって本品種の素地を築いたといわれている。

体格は小格ないし中格で、体型は肉付厚く豊円で、全体の輪郭は丸昧を帯び、「地低く」で典型的な肉牛型である。毛色は黒毛で、無角であることが大きな特徴である。褐毛の遺伝子も存在するために毛色の褐色のものはレッド・アンガスとして別品種に分けられている。無角の遺伝子を利用して、集団飼育に適した新品種の造成に使われることもあった。

能力面では、体成熟、性成熟の両面において早熟であり、外国種の中では肉質特に脂肪交雑形質に優れており、厳しい自然環境の北スコットランド原産であるため粗飼料の利用性に優れた特徴があり、いわゆる「草に乗りやすい牛」と評価されている。泌乳能力も肉用種としては良好であるが、性質がやや神経質で管理上注意を要する点がある。

本品種はアメリカを初め世界の各地に分布しているが、わが国にも1916年に導入され無角和種の造成に貢献している。

ヘ レ フ ォ ー ド 【Hereford】

肉用種の３大ブリティシュ・ブリードの一つで、イングランド西南部のヘレフオード州が原産地である。由来は定かではないがこの地域で数百年も前から飼われていた在来牛を18世紀から肉用種として改良し、熟性を早め、1846年から登録が開始された歴史の古い品種である。

体格は肉用種としては大きい方であるが、牛全体から見れば中型に入る。顔は四角で全体に幅があり、骨太で頑健そのものの体付きをしている。毛色は体上部が頸、肩を除き濃い赤褐色で、体下部や尾房が白いことがこの品種の特徴である。また、優性の白頭遺伝子をもつために頭部が白く、その特徴は交雑した子牛にも明確に現われる。

産肉能力においては、増体も比較的速く、赤肉の量も多いが、早熟になりすぎたためか厚い皮下脂肪がつきやすく、肉のきめがやや粗い。脂肪交雑形質については外国における要求水準は満たせるが、比較的低い方である。この品種が世界各地に広がり、大きな飼養頭数を維持しているのは、非常に強健で、暑さ、寒さ、乾燥などの苛酷な自然条件によく適応し、粗悪な飼料に耐えるためである。また、鈍重ともみえるほど性質も温和である。

シャロレー 【Charolais】

フランス中部の高原地帯に西暦前ローマ人が侵攻したときに持ちこんだという在来種を役用に改良し、後これが肉用種に転じた。重粘な土壌を耕すためには大型の力の強い役牛が必要であったことと、フランスでは牛肉としてほとんど脂肪を除去することなどから、このような需要に適した筋肉質で肉脂率の優れた品種が作出されたと考えられる。

体格は大型で、体の幅や伸びに富む堂々とした体積の牛である。尻は傾斜し丸尻となっているが腿はよく充実している。毛色は乳白単色で、鼻鏡や蹄は黒い。有角の品種である。

産肉能力では増体速度が大きく、脂肪の少ない枝肉を生産する。いわゆる赤肉タイプの牛である。

わが国にも 1960 年に導入され、和牛やホルスタインとの交雑に用いられたが、食肉市場の要求する肉質に適さず、次第に衰退した。

ホルスタイン 【HOlstein】

ヨーロッパの各地に広く分布する黒白斑牛が乳肉兼用の品種として成立したのはオランダのフリースランドである。ところが、アメリカにこの種の牛が初めて輸入されたのはドイツのホルスタイン地方からであって、これを基に乳専用種としての改良が開始され、アメリカでの呼び名は「ホルスタイン」が使われた。わが国へは原産地のヨーロッパからよりも、北アメリカ大陸から乳用種として改良されたものが導入されたので「ホルスタイン」の名が一般的に使われている。

ホルスタインは約 2000 年以上前にドイツからオランダへの移住民が伴った牛が基になっている最も歴史の古い品種である。

この品種の長い歴史と広範囲におよぶ分布が原因となって体格や体型上の特徴は各国でかなり異なっている。ヨーロッパで飼われている牛は、だいたい中型で乳肉兼用種としての特徴を示しているが、北アメリカ大陸に入りアメリカやカナダで乳専用種として改良されたものは、大型で乳用種の特徴であるくさび型の体型をしている。当然わが国で飼われているホルスタインもこの系列に入る。

能力上の特徴は簡単に表現すれば乳量が多く、乳脂率が低いことである。最近重要視されている搾乳性の点でも搾乳速度が大きく、全般的に乳用牛としての性能が優れている。外貌上の品種特性は黒白斑あるいは白黒斑であり、優性白斑の遺伝子があるために体下部、四肢の下部、尾房の先端などが白になる。一般に有角で、管理上除角する場合が多いが、イギリスでは遺伝的に無角のものが作られている。

本書で紹介する銘柄牛肉は、全国のすべての銘柄を網羅するものではありませんが、各都道府県畜産課や生産組合等にアンケートを実施して集まった銘柄について掲載しております。

項目の中で説明が必要なものを下記に記します。

●品　種

4～7ページを参照して下さい。

●品質規格

食肉処理施設では、公益社団法人日本食肉格付協会の格付員が、生産された牛肉について「日格協枝肉取引規格」に基づき格付を行っています。

この枝肉取引規格では、牛肉の品質について「歩留まり等級」（歩留まりが良いものから順にＡ、Ｂ、Ｃの３等級）および「肉質等級」（肉質が良いものから順に５、４、３、２、１の５等級）の２つの視点で評価されます。ですから、Ａ５が最も上等な牛肉で、Ｃ１が最も劣る牛肉といえます。ちなみに「肉質等級」は脂肪交雑、肉の色沢、肉の絞りおよびキメ、脂肪の色沢と質の４項目について５段階評価をし、４項目の中で最も低い等級で示されます。

●出荷量

年間の出荷頭数を指します。

●ハンドブックに掲載された銘柄牛肉の種類の推移

　1999 年 3 月　　１３９銘柄

　2003 年 3 月　　１８９銘柄

　2005 年 3 月　　２２９銘柄

　2009 年 1 月　　２５０銘柄

　2011 年 4 月　　３００銘柄

　2013 年 4 月　　３２１銘柄

　2015 年 4 月　　３２７銘柄

　2017 年 4 月　　３４９銘柄

　2019 年 4 月　　３６７銘柄

　2021 年 3 月　　３７７銘柄

　2023 年 3 月　　３７６銘柄

北海道

いけだ牛 (いけだぎゅう)

品種または交雑種の交配様式
褐毛和種

飼育管理
出荷月齢 ：約24カ月齢 指定肥育地 ：－ 飼料の内容 ：自家産乾草、国産稲わら、配合飼料

GI登録・農場HACCP・JGAP
ＧＩ登録：無 農場HACCP：無 ＪＧＡＰ：無

販売指定店制度について
指定店制度：無 販促ツール：－

商標登録の有無：有（地域団体商標）
登録取得年月日：2013 年 3 月 15 日
銘柄規約の有無：有
規約設定年月日：－
規約改定年月日：－

主な流通経路および販売窓口
- ◆ 主なと畜場
  ：池田町食肉センター
  一部は北海道畜産公社　十勝工場
- ◆ 主な処理場
  ：同上
- ◆ 格付等級
  ：日本食肉格付規格による
- ◆ 年間出荷頭数
  ：250 頭
- ◆ 主要取扱企業
  ：－
- ◆ 輸出実績国・地域
- ◆ 今後の輸出意欲
  ：－

特長	● ほどよい霜降りがありながら、余分な脂肪が少ない。風味が豊かで軟らかい。 ● ヘルシーでおいしい牛肉を手ごろな値段で提供。

概要	管　理　主　体：池田町和牛生産改良組合　あか牛部会 代　表　者：神谷　雅之 所　在　地：中川郡池田町字利別本町1	電　　　話：01557-2-3131 Ｆ　Ａ　Ｘ：01557-2-3519 Ｕ　Ｒ　Ｌ：－ メールアドレス：－

北海道

うらほろ和牛 (うらほろわぎゅう)

品種または交雑種の交配様式
黒毛和種

飼育管理
出荷月齢 ：28～30カ月齢 指定肥育地 ：浦幌町 飼料の内容 ：配合飼料等は肉骨粉由来原料が含まれていないことが確認されたもの。粗飼料は国内産の牧草、稲わら麦かんなど。

GI登録・農場HACCP・JGAP
ＧＩ登録：無 農場HACCP：無 ＪＧＡＰ：無

販売指定店制度について
指定店制度：無 販促ツール：－

商標登録の有無：無
登録取得年月日：－
銘柄規約の有無：無
規約設定年月日：－
規約改定年月日：－

主な流通経路および販売窓口
- ◆ 主なと畜場
  ：北海道畜産公社　十勝工場
- ◆ 主な処理場
  ：同上
- ◆ 格付等級
  ：A3 等級以上
- ◆ 年間出荷頭数
  ：100 頭
- ◆ 主要取扱企業
  ：ホクレン
- ◆ 輸出実績国・地域
  ：－
- ◆ 今後の輸出意欲
  ：－

特長	● 高級牛肉で知られる兵庫や宮崎の優れた血統の牛から生まれた子牛を北海道十勝の大自然の中で大切に育てました。

概要	管　理　主　体：浦幌町和牛改良組合 代　表　者：田野　敏規 所　在　地：十勝郡浦幌町字新町 15-1	電　　　話：015-576-4011 Ｆ　Ａ　Ｘ：015-576-4626 Ｕ　Ｒ　Ｌ：－ メールアドレス：－

北　海　道

えりもたんかくぎゅう
えりも短角牛

品種または交雑種の交配様式		主な流通経路および販売窓口
日本短角種		◆主なと畜場 ：北海道畜産公社　道央事業所
飼育管理		◆主な処理場 ：同上
出荷月齢 　：27カ月齢前後 指定肥育地 　：えりも町・高橋牧場 飼料の内容 　：遺伝子組み換えをしないもの。 　収穫後に農薬散布されていないもの。		◆格付等級 　：－ ◆年間出荷頭数 　：80頭 ◆主要取扱企業 　：－
GI登録・農場HACCP・JGAP		
ＧＩ登録：－ 農場HACCP：－ ＪＧＡＰ：－	商標登録の有無：－ 登録取得年月日：－ 銘柄規約の有無：－ 規約設定年月日：－ 規約改定年月日：－	◆輸出実績国・地域 　：－ ◆今後の輸出意欲 　：有
販売指定店制度について	特長	●えりもの自然を活かし、「夏山冬里」方式で親子で放牧され、肥育牛は2シーズン放牧される。 ●赤身主体で、高タンパク・ヘルシーでありながら、うまみの濃い赤みと脂身で食べたときに牛肉の力強さを感じられる肉。
指定店制度：－ 販促ツール：－		

概要		
管理主体：短角王国　高橋牧場	電　　　　話：01466-3-1129	
代表者：高橋　祐之	ＦＡＸ：01466-3-1642	
所在地：幌泉郡えりも町字東洋159-6	ＵＲＬ：www.erimotankaku.jp メールアドレス：mabuntto@wave.plala.or.jp	

北　海　道

おとふけちょうすずらんわぎゅう
音更町すずらん和牛

品種または交雑種の交配様式		主な流通経路および販売窓口
黒毛和種		◆主なと畜場 ：北海道畜産公社　十勝工場
飼育管理		◆主な処理場 ：藤原産業
出荷月齢 　：28～32カ月齢前後 指定肥育地 　：－ 飼料の内容 　：－		◆格付等級 　：－ ◆年間出荷頭数 　：160頭 ◆主要取扱企業 　：－
GI登録・農場HACCP・JGAP		
ＧＩ登録：無 農場HACCP：無 ＪＧＡＰ：無	商標登録の有無：有 登録取得年月日：－ 銘柄規約の有無：無 規約設定年月日：－ 規約改定年月日：－	◆輸出実績国・地域 　：－ ◆今後の輸出意欲 　：－
販売指定店制度について	特長	●地元生産の子牛を主体とし、十勝の雄大な大地の下でのびのび健康に育てられている。
指定店制度：有 販促ツール：条件付きで有り		

概要		
管理主体：音更町和牛生産改良組合肥育部会	電　　　　話：0155-42-2131	
代表者：葛巻　信也	ＦＡＸ：0155-42-2727	
所在地：河東郡音更町大通5-1（JA音更内）	ＵＲＬ：－ メールアドレス：－	

おほーつくあばしりわぎゅう
オホーツクあばしり和牛

品種または交雑種の交配様式		主な流通経路および販売窓口

品種または交雑種の交配様式
黒毛和種

飼育管理
出荷月齢 ：26～30カ月齢前後 指定肥育地 ：－ 飼料の内容 ：厳選した飼料を与える

GI登録・農場HACCP・JGAP
ＧＩ登　録：無 農場HACCP：無 ＪＧＡＰ：無

販売指定店制度について
指定店制度　：無 販促ツール：条件付きで有り

商標登録の有無：有
登録取得年月日：－
銘柄規約の有無：有
規約設定年月日：－
規約改定年月日：－

主な流通経路および販売窓口

◆主なと畜場
：北海道畜産公社、東京都食肉市場
◆主な処理場
：同上

◆格付等級
：3等級以上、B.M.S.No.5以上
◆年間出荷頭数
：100頭
◆主要取扱企業
：ホクレン、田村精肉店

◆輸出実績国・地域
：－

◆今後の輸出意欲
：－

特長
●オホーツクの自然に育まれた素牛に、牛の持っている能力（血統）を発揮させるために厳選した飼料を与え、さらに旨みを出すため米ぬかを添加し、丹精込めて消費者の好むおいしい肉牛づくりに切磋琢磨し、取り組んでいる。平成20年7月に一般商標登録（マーク）した網走ブランドの和牛。

概要	管理主体：オホーツクあばしり和牛生産改良 代　表　者：組合 所　在　地：佐藤　裕之	電　　　　話：0152-45-5523 ＦＡＸ：0152-44-8113 ＵＲＬ：ja-okhotskabashiri.or.jp メールアドレス：－

北　海　道

おほーつくはまなすぎゅう
オホーツクはまなす牛

品種または交雑種の交配様式
乳用種肥育牛

飼育管理
出荷月齢 ：18カ月齢平均 指定肥育地 ：－ 飼料の内容 ：牛の健康のために「アルギフローラ」を飼料に添加

GI登録・農場HACCP・JGAP
ＧＩ登　録：－ 農場HACCP：－ ＪＧＡＰ：－

販売指定店制度について
指定店制度　：無 販促ツール：シール、のぼり、はっぴなど

商標登録の有無：無
登録取得年月日：－
銘柄規約の有無：無
規約設定年月日：－
規約改定年月日：－

主な流通経路および販売窓口

◆主なと畜場
：北海道畜産公社　北見事業所

◆主な処理場
：同上
◆格付等級
：日本食肉格付協会が格付したもの
◆年間出荷頭数
：2,700頭
◆主要取扱企業
：ホクレン

◆輸出実績国・地域
：－

◆今後の輸出意欲
：無

特長
●オホーツク海の風を浴び、恵まれた大自然の中で一貫生産を行っている。
●牛の健康のために「アルギフローラ」を飼料に添加し、丈夫な体づくりをし、健康でおいしい牛肉に仕上げている。

概要	管　理　主　体：JAオホーツクはまなす 代　表　者：永峰　勝利 所　在　地：紋別市落石町4-8-9	電　　　　話：0158-23-5272 ＦＡＸ：0158-23-7330 ＵＲＬ：－ メールアドレス：－

北　海　道

かみふらの和牛
かみふらのわぎゅう

品種または 交雑種の交配様式
黒毛和種

飼育管理
出荷月齢 　：30カ月齢前後 **指定肥育地** 　：明正グループ企業（上富良野町） **飼料の内容** 　：明正ブレンド（指定配合飼料）

GI登録・農場HACCP・JGAP
ＧＩ登　録：無 農場HACCP：無 ＪＧＡＰ：無

販売指定店制度について
指定店制度　：無 販促ツール　：有

商標登録の有無：有
登録取得年月日：2011年 4月28日
銘柄規約の有無：無
規約設定年月日：－
規約改定年月日：－

主な流通経路および販売窓口
- ◆主なと畜場
　：北海道畜産公社、東京都食肉市場、越谷食肉センター
- ◆主な処理場
　：伊藤ハム東京ミートセンター、北海道畜産公社、東京都食肉市場
- ◆格付等級
　：A3等級以上
- ◆年間出荷頭数
　：2,000頭
- ◆主要取扱企業
　：伊藤ハム
- ◆輸出実績国・地域
　：タイ、台湾
- ◆今後の輸出意欲
　：－

特長
- ●北海道産の健康な子牛を素材に、大雪山系十勝岳連峰の麓である上富良野町で大自然の恵みを十分に得た水と空気の中でのびのびと育った牛。
- ●農場スタッフと管理獣医師が牛群ドックを経時的に実施して牛の健康を管理し、動物福祉に適した飼育方法を特色としている。
- 飼料は安全確認されたこだわりの自家配合と、良質な粗飼料をふんだんに給餌し、より品質のよい牛にするべく努力している。
- 「商標登録　第5409634号」

概要		
	管理主体：㈲明正（めいしょう）	電　　　　話：0167-45-5168
	代表者：谷口 明	ＦＡＸ：0167-45-4545
		ＵＲＬ：meishou.jp
	所在地：空知郡上富良野町東3線北26	メールアドレス：meisyou@orange.zero.jp

北　海　道

キタウシリ
きたうしり

品種または 交雑種の交配様式
ホルスタイン種

飼育管理
出荷月齢 　：ホルスタイン種20カ月齢 **指定肥育地** 　：北海道全域 **飼料の内容** 　：北海道産の飼料米を使用

GI登録・農場HACCP・JGAP
ＧＩ登　録：無 農場HACCP：無 ＪＧＡＰ：無

販売指定店制度について
指定店制度　：無 販促ツール　：有

商標登録の有無：有
登録取得年月日：2017年10月
銘柄規約の有無：無
規約設定年月日：－
規約改定年月日：－

主な流通経路および販売窓口
- ◆主なと畜場
　：北海道チクレンミート北見食肉センター
- ◆主な処理場
　：北海道チクレンミート北見工場
- ◆格付等級
　：2等級以上
- ◆年間出荷頭数
　：8,500頭
- ◆主要取扱企業
　：ハム・ソーセージメーカー
- ◆輸出実績国・地域
　：タイ
- ◆今後の輸出意欲
　：有

特長
- ●生産からと畜、加工、販売まで一貫システムを確立。

概要		
	管理主体：北海道チクレン農業協同組合連合会	電　　　　話：011-809-5121
	代表者：伊藤 重敏 代表理事理事長	ＦＡＸ：011-809-5129
		ＵＲＬ：www.chikuren.or.jp
	所在地：札幌市厚別区厚別東5条1-2-29	メールアドレス：h-chiku@chikuren.or.jp

北 海 道

北里八雲牛
きたさとやくもぎゅう

品種または 交雑種の交配様式
日本短角種 交雑種（日本短角種雌 × サレール種雄）

飼育管理

出荷月齢
：28カ月齢平均
指定肥育地
：北海道八雲町限定区域
飼料の内容
：夏期は放牧、冬期は自家産サイレージのみ

GI登録・農場HACCP・JGAP

Ｇ Ｉ 登 録：無
農場HACCP：無
Ｊ Ｇ Ａ Ｐ：無

販売指定店制度について

指定店制度 ：無
販促ツール ：シール、のぼり、
パンフレット

商標登録の有無：有
登録取得年月日：2004 年 2 月 20 日
銘柄規約の有無：有
規約設定年月日：2014 年 10 月 1 日
規約改定年月日：－

	特長
	●一般的な格付に左右されない究極の赤身牛肉。 ●太陽の光をいっぱい浴び、牧草と自給飼料のみで生産。

主な流通経路および販売窓口

◆主なと畜場
：北海道畜産公社　十勝工場

◆主な処理場
：北海道畜産公社　十勝工場、マルハニチロ　十勝事業所
◆格付等級
：B2 等級
◆年間出荷頭数
：125 頭
◆主要取扱企業
：マルハニチロ、小島商店

◆輸出実績国・地域
：無

◆今後の輸出意欲
：有

| 概要 | 管理主体：北里大学獣医学部附属　フィールドサイエンスセンター八雲牧場
代 表 者：向井　孝夫 牧場長
所 在 地：二海郡八雲町上八雲 751 | 電　　　　話：0137-63-4362
Ｆ　Ａ　Ｘ：0137-62-3042
Ｕ　Ｒ　Ｌ：www.kitasato-u-fsc.jp
メールアドレス：－ | |

北 海 道

北の逸品 八雲黒毛和牛
きたのいっぴん　やくもくろげわぎゅう

品種または 交雑種の交配様式
黒毛和種

飼育管理

出荷月齢
：30カ月齢
指定肥育地
：自社牧場
飼料の内容
：配合＋米ぬか＋ビールかす等

GI登録・農場HACCP・JGAP

Ｇ Ｉ 登 録：無
農場HACCP：無
Ｊ Ｇ Ａ Ｐ：無

販売指定店制度について

指定店制度 ：無
販促ツール ：－

商標登録の有無：有
登録取得年月日：2012 年 4 月 6 日
銘柄規約の有無：無
規約設定年月日：－
規約改定年月日：－

	特長
	●肥育期間 30 カ月。

主な流通経路および販売窓口

◆主なと畜場
：北海道畜産公社早来工場

◆主な処理場
：平野畜産、札幌ミートセンター

◆格付等級
：－
◆年間出荷頭数
：20 頭
◆主要取扱企業
：平野畜産、札幌ミートセンター

◆輸出実績国・地域
：無

◆今後の輸出意欲
：－

| 概要 | 管 理 主 体：㈱平野畜産
代 表 者：小栗　雅人
所 在 地：二海郡八雲町東町 236-35 | 電　　　　話：0137-66-7000
Ｆ　Ａ　Ｘ：0137-65-6707
Ｕ　Ｒ　Ｌ：－
メールアドレス：hft@mbr.nifty.com |

品種または 交雑種の交配様式	北　海　道 きたのじょうねつ　やくもぎゅう 北の情熱　八雲牛	主な流通経路および販売窓口
交雑種 （ホルスタイン種 × 黒毛和種）		◆主なと畜場 ：北海道畜産公社早来工場
飼育管理		◆主な処理場 ：平野畜産　札幌ミートセンター
出荷月齢 ：26カ月齢 指定肥育地 ：八雲町内 飼料の内容 ：配合＋米ぬか＋ビールかす等		◆格付等級 ：－ ◆年間出荷頭数 ：30 頭 ◆主要取扱企業 ：平野畜産、札幌ミートセンター
GI登録・農場HACCP・JGAP	商標登録の有無：有 登録取得年月日：2012 年 4 月 6 日 銘柄規約の有無：無 規約設定年月日：－ 規約改定年月日：－	◆輸出実績国・地域 ：無 ◆今後の輸出意欲 ：－
GI登　録：無 農場HACCP：無 ＪＧＡＰ：無		
販売指定店制度について	特 長 ●肥育期間 28 カ月。	
指 定 店 制 度：無 販 促 ツ ー ル：－		
概 要	管 理 主 体：㈱平野畜産 代　表　者：小栗　雅人 所　在　地：二海郡八雲町東町 236-35	電　　　　話：0137-66-7000 Ｆ Ａ Ｘ：0137-65-6707 Ｕ Ｒ Ｌ：－ メールアドレス：hft@mbr.nifty.com

品種または 交雑種の交配様式	北　海　道 きたみわぎゅう 北　見　和　牛	主な流通経路および販売窓口
黒毛和種		◆主なと畜場 ：北海道畜産公社　東藻琴事業所
飼育管理		◆主な処理場 ：同上
出荷月齢 ：30カ月齢 指定肥育地 ：－ 飼料の内容 ：－		◆格付等級 ：－ ◆年間出荷頭数 ：30 頭 ◆主要取扱企業 ：田村精肉店
GI登録・農場HACCP・JGAP	商標登録の有無：有 登録取得年月日：2008 年 8 月 1 日 銘柄規約の有無：－ 規約設定年月日：－ 規約改定年月日：－	◆輸出実績国・地域 ：－ ◆今後の輸出意欲 ：－
GI登　録：無 農場HACCP：無 ＪＧＡＰ：無		
販売指定店制度について	特 長	
指 定 店 制 度：無 販 促 ツ ー ル：－		
概 要	管 理 主 体：㈱未来ファーム 代　表　者：中野　克巳 所　在　地：北見市端野町緋牛内 179-8	電　　　　話：0157-57-2052 Ｆ Ａ Ｘ：0157-57-2140 Ｕ Ｒ Ｌ：－ メールアドレス：－

品種または 交雑種の交配様式	北　海　道	主な流通経路および販売窓口
ホルスタイン種（未経産雌牛）	くしろあっぷるびーふ **釧路アップルビーフ**	◆ 主なと畜場 　：北海道畜産公社北見工場
飼育管理		
出荷月齢 　：19～25カ月齢 指定肥育地 　：－ 飼料の内容 　：－		◆ 主な処理場 　：同上 ◆ 格付等級 　：2等級以上 ◆ 年間出荷頭数 　：140頭 ◆ 主要取扱企業 　：ホクレン農業協同組合連合会
GI登録・農場HACCP・JGAP	商標登録の有無：無	◆ 輸出実績国・地域 　：－
GI登録：無 農場HACCP：2017年6月1日 JGAP：2018年3月29日	登録取得年月日：－ 銘柄規約の有無：無 規約設定年月日：－ 規約改定年月日：－	◆ 今後の輸出意欲 　：無
販売指定店制度について	特 長	● 肉質が軟らかく、脂質に独特の味と香りがある。
指定店制度：有 販促ツール：－		

概 要	管　理　主　体：㈱ホクチクファーム（標茶分場） 代　　表　　者：吉田　英樹　代表取締役社長 所　　在　　地：川上郡標茶町字コッタロ 54-2	電　　　　話：0154-88-4461 F　A　X：0154-88-4335 U　R　L：www.hokutiku.jp メールアドレス：－

品種または 交雑種の交配様式	北海道・山形県	主な流通経路および販売窓口
黒毛和種	げん **茲**	◆ 主なと畜場 　：東京食肉市場、横浜食肉市場
飼育管理		
出荷月齢 　：28カ月齢平均 指定肥育地 　：ノベルズグループの肥育牧場 飼料の内容 　：自家設計の配合飼料	黒毛和牛 茲 WAGYU GEN	◆ 主な処理場 　：同上 ◆ 格付等級 　：4等級以上（A5、A4、B5、B4） ◆ 年間出荷頭数 　：1,600頭（2021年度実績） ◆ 主要取扱企業 　：東京食肉市場、横浜食肉市場
GI登録・農場HACCP・JGAP	商標登録の有無：出願中	◆ 輸出実績国・地域 　：無
GI登録：無 農場HACCP：無 JGAP：無	登録取得年月日：－ 銘柄規約の有無：有 規約設定年月日：2022年9月2日 規約改定年月日：－	◆ 今後の輸出意欲 　：有
販売指定店制度について	特 長	● 2022年9月に立ち上がった、和牛の新たな生産者ブランドです。 ● 生産について：自社一貫生産体制（受精卵、繁殖、育成、肥育）の構築により、高品質で持続可能な和牛づくりを推進しています。 ● 肉質・味わいについて：上質なサシ、抜け感の良い脂。赤身はうまみあふれる肉にくい風味。まろやかな食感で、のどごしの良い味わいが特長です。 ● 受賞歴：令和3年度第50回全畜連肉用牛枝肉共進会（黒毛和種雌牛の部）農林水産大臣賞、第33回横浜食肉市場ミート・フェア（和牛の部）名誉賞
指定店制度：無 販促ツール：シール、のぼり、 　　　　　　　ポスターなど		

概 要	管理主体：㈱ノベルズ 代　表　者：延與　雄一郎　代表取締役 所　在　地：河東郡上士幌町上士幌東3線259 　　　　　　（ノベルズ上士幌本社）	電　　　　話：0155-22-2918（ノベルズグループ帯広本社） F　A　X：0155-22-2900（ノベルズグループ帯広本社） U　R　L：wagyu-gen.jp メールアドレス：pr@nobelsgroup.com

北 海 道

こだわりの美深牛
（こだわりのびふかぎゅう）

北海道美深町
羽田野第二牧場
こだわりの
美深牛
BIFUKA GYU

品種または交雑種の交配様式
ホルスタイン種（去勢）

飼育管理
出荷月齢 　：19カ月齢以上 指定肥育地 　：北海道美深町 飼料の内容 　：モネンシンフリー

GI登録・農場HACCP・JGAP
ＧＩ登　録：無 農場HACCP：無 ＪＧＡＰ：無

販売指定店制度について
指定店制度：有 販促ツール：ポスター、リーフ 　　　　　　　　レット

商標登録の有無：有
登録取得年月日：2005 年 7 月 1 日
銘柄規約の有無：有
規約設定年月日：2005 年 7 月 1 日
規約改定年月日：－

主な流通経路および販売窓口
◆主なと畜場 　：名北ミート、ホクレン旭川支所
◆主な処理場 　：同上
◆格付等級 　：－
◆年間出荷頭数 　：1,000 頭（グループ含む）
◆主要取扱企業 　：名古屋市食肉市場、ホクレン旭川支所
◆輸出実績国・地域 　：－
◆今後の輸出意欲 　：有

特長	●天然水や安全にこだわった飼料を使い、愛情込めて育てたこだわりの美深牛。

概要	管 理 主 体：㈲羽田野第二牧場 代　表　者：羽田野　隆志 所　在　地：中川郡美深町字班渓 181	電　　　　話：01656-2-1501 Ｆ Ａ Ｘ：01656-2-1251 Ｕ Ｒ Ｌ：－ メールアドレス：nikunohatano@gamil.com

---

北 海 道

根 釧 牛
（こんせんぎゅう）

品種または交雑種の交配様式
ホルスタイン種（去勢）

飼育管理
出荷月齢 　：20カ月齢前後 指定肥育地 　：－ 飼料の内容 　：－

GI登録・農場HACCP・JGAP
ＧＩ登　録：無 農場HACCP：2017 年 6 月 1 日 ＪＧＡＰ：2018 年 3 月 29 日

販売指定店制度について
指定店制度：無 販促ツール：－

商標登録の有無：無
登録取得年月日：－
銘柄規約の有無：無
規約設定年月日：－
規約改定年月日：－

主な流通経路および販売窓口
◆主なと畜場 　：北海道畜産公社北見工場
◆主な処理場 　：同上
◆格付等級 　：－
◆年間出荷頭数 　：1,300 頭
◆主要取扱企業 　：ホクレン農業協同組合連合会
◆輸出実績国・地域 　：無
◆今後の輸出意欲 　：無

特長	●地域内一貫生産を行い、肉牛生産の HACCP 的概念を導入し、古紙を敷料に使用。 ●たい肥を有効利用するなど地域内循環を行っています。

概要	管 理 主 体：㈱ホクチクファーム　標茶分場 代　表　者：吉田　英樹　代表取締役社長 所　在　地：川上郡標茶町字コッタロ 54-2	電　　　　話：015-488-4461 Ｆ Ａ Ｘ：015-488-4335 Ｕ Ｒ Ｌ：www.hokutiku.jp メールアドレス：－	

北 海 道

さとうさんちのかむいぎゅう
佐藤さんちの神居牛

品種または交雑種の交配様式	
交雑種	

飼育管理	
出荷月齢 ：約28カ月齢	
指定肥育地 ：北海道十勝清水・佐藤育成牧場	
飼料の内容 ：和牛用飼料「名人」、とうもろこし、大麦、ふすま、乾草	

GI登録・農場HACCP・JGAP	
GI登録：無	
農場HACCP：無	
JGAP：無	

販売指定店制度について	
指定店制度：有	
販促ツール：有	

商標登録の有無：有	
登録取得年月日：2010年 3月12日	
銘柄規約の有無：有	
規約設定年月日：－	
規約改定年月日：－	

主な流通経路および販売窓口
◆主なと畜場 ：北九州市立食肉センター
◆主な処理場 ：福永産業
◆格付等級 ：－
◆年間出荷頭数 ：1,500 頭
◆主要取扱企業 ：－
◆輸出実績国・地域 ：タイ
◆今後の輸出意欲 ：有

特長
- 北海道十勝清水の佐藤さんが和牛に近い味わいを出すため、限りなく和牛に近い肥育方法で育てられた牛。
- 恵まれた大自然の大地の上で、黒毛和種用飼料「名人」と日高山脈の天然水（活性水）、さらにストレスを与えない環境が上級の肉質を生み出す。

概要	管理主体：㈱福永産業 代表者：福永 真二 所在地：福岡県遠賀郡遠賀町広渡2434	電話：093-293-2299 FAX：093-293-2255 URL：www.fukunaga-brand.co.jp メールアドレス：info@fukunaga-brand.co.jp	

北 海 道

さろまくろうし
サロマ黒牛

品種または交雑種の交配様式	
交雑種 （黒毛和種 × 乳用種）	

飼育管理	
出荷月齢 ：23～27カ月齢	
指定肥育地 ：トップファームグループ	
飼料の内容 ：北海道産牧草、北海道産デントコーンサイレージ、国産ふすま、輸入（小麦、大麦、とうもろこし、大豆）	

GI登録・農場HACCP・JGAP	
GI登録：－	
農場HACCP：2012年 4月27日	
JGAP：2017年 11月30日	

販売指定店制度について	
指定店制度：無	
販促ツール：有	

商標登録の有無：有	
登録取得年月日：2007年 1月12日	
銘柄規約の有無：無	
規約設定年月日：－	
規約改定年月日：－	

主な流通経路および販売窓口
◆主なと畜場 ：北海道畜産公社 北見事業所
◆主な処理場 ：－
◆格付等級 ：－
◆年間出荷頭数 ：2,500 頭
◆主要取扱企業 ：ホクレン、スターゼン、東京食肉市場
◆輸出実績国・地域 ：無
◆今後の輸出意欲 ：有

特長
- トップファームの素牛をグループ内のサロマ牛肥育センターで肥育し、トップファームグループによる一貫飼育。
- 育成期の乳酸菌発酵のデントコーンサイレージ、肥育期の酵母発酵のサイレージ、通期の北海道産チモシーの給与による健康な牛づくりに努めています。
- 農場HACCP、JGAP認証牧場。

概要	管理主体：トップファームグループ（サロマ牛肥育センター㈱） 代表者：井上 登 所在地：常呂郡佐呂間町字富武士 555-3	電話：01587-2-3290 FAX：01587-2-1188 URL：www.top-farm.jp/ メールアドレス：info@top-farm.jp	

北　海　道
サロマ和牛
（さろまわぎゅう）

品種または交雑種の交配様式	
黒毛和種	

飼育管理	
出荷月齢	：24〜30カ月齢
指定肥育地	：トップファームグループ
飼料の内容	：北海道産牧草、北海道産デントコーンサイレージ、国産ふすま、輸入（小麦、大麦、とうもろこし、大豆）

GI登録・農場HACCP・JGAP	
ＧＩ登　録：－	
農場HACCP：　2015 年　4 月 27 日	
ＪＧＡＰ：　2017 年　11 月 30 日	

販売指定店制度について	
指定店制度：無	
販促ツール：－	

商標登録の有無：有
登録取得年月日：2011 年　7 月 1 日
銘柄規約の有無：無
規約設定年月日：－
規約改定年月日：－

主な流通経路および販売窓口

◆主なと畜場
　：北海道畜産公社　北見事業所

◆主な処理場
　：－

◆格付等級
　：－
◆年間出荷頭数
　：1,500 頭
◆主要取扱企業
　：ホクレン、東京食肉市場

◆輸出実績国・地域
　：台湾、シンガポール、ドバイ、アメリカ
◆今後の輸出意欲
　：有

特長
- 生後2カ月以内の北海道生まれの子牛またはトップファームグループで生まれた子牛を肥育する一貫生産。
- 育成期の乳酸菌発酵のデントコーンサイレージ、肥育期の酵母発酵のサイレージ、通期の北海道産チモシーの給与による健康な牛づくりに努めています。
- 農場 HACCP、JGAP 認証牧場。

概要	管理主体	：トップファームグループ（パシフィックファーム㈱）	電　　　　話	：01587-2-3290	
	代表者	：井上 登	ＦＡＸ	：01587-2-1188	
	所在地	：常呂郡佐呂間町字富武士 555-3	ＵＲＬ	：www.top-farm.jp	
			メールアドレス	：info@top-farm.jp	

北　海　道
茂野ウコン牛
（しげのうこんぎゅう）

品種または交雑種の交配様式	
ホルスタイン種（去勢）	

飼育管理	
出荷月齢	：20カ月齢前後
指定肥育地	：－
飼料の内容	：繊維質の吸収を多くし、ＥＭ菌を飼料に配合

GI登録・農場HACCP・JGAP	
ＧＩ登　録：無	
農場HACCP：無	
ＪＧＡＰ：無	

販売指定店制度について	
指定店制度：有	
販促ツール：－	

商標登録の有無：有
登録取得年月日：2012 年　5 月 25 日
銘柄規約の有無：有
規約設定年月日：2012 年　5 月 25 日
規約改定年月日：－

主な流通経路および販売窓口

◆主なと畜場
　：北海道畜産公社　上川事業所

◆主な処理場
　：同上

◆格付等級
　：2 等級以上
◆年間出荷頭数
　：500 頭
◆主要取扱企業
　：ホクレン

◆輸出実績国・地域
　：無

◆今後の輸出意欲
　：－

特長
- 秋ウコンを独自の製法で発行培養し有効成分のクルクミンを子牛の時点で摂取させるこで、疾病予防、健康管理を改善。
- 寒い冬でもヘッドライトをつけ、1 頭 1 頭の健康状態をチェック。繊維質の吸収を多くし、ＥＭ菌を飼料に混ぜるなど健康でおいしい牛肉となっている。

概要	管理主体	：㈲茂野牧場	電　　　　話	：01632-7-3650	
	代表者	：島内 一彦　代表取締役社長	ＦＡＸ	：01632-7-3650	
	所在地	：天塩郡遠別町字丸松	ＵＲＬ	：shigenobokujo.main.jp/	
			メールアドレス	：－	

北海道 しほろ牛（しほろぎゅう）

十勝 しほろ牛 SHIHOROBEEF

品種または交雑種の交配様式
ホルスタイン種

飼育管理
出荷月齢
：20カ月齢前後
指定肥育地
：JA士幌町の組合員
飼料の内容
：士幌牛飼育管理マニュアルに基づく

GI登録・農場HACCP・JGAP
ＧＩ登　録：－
農場HACCP：－
ＪＧＡＰ：－

販売指定店制度について
指 定 店 制 度 ： 無
販 促 ツ ー ル ： シール、のぼり、パネル、冊子

商標登録の有無：有（地域団体商標）
登録取得年月日：2019 年 3 月 5 日
銘柄規約の有無：無
規約設定年月日：－
規約改定年月日：－

主な流通経路および販売窓口
◆ 主なと畜場
：北海道畜産公社　十勝工場

◆ 主な処理場
：士幌町振興公社

◆ 格付等級
：2 等級以上
◆ 年間出荷頭数
：19,000 頭
◆ 主要取扱企業
：ホクレン、全農ミートフーズ

◆ 輸出実績国・地域
：－

◆ 今後の輸出意欲
：有

特長
● ホルスタイン種雄肥育を開始してから 50 年の歴史。
● 士幌牛飼養管理マニュアルに基づき、JA、系統、肉牛振興会（生産者組織）、町、普及センターおよび関係機関と一体になり、品質の安定と安定生産を目的に飼養管理技術の向上に努めております。

概要
管理主体： 士幌町農業協同組合
代 表 者： 國井　浩樹　代表理事組合長
所 在 地： 河東郡士幌町字士幌西 2 線 159
電　　　話： 01564-5-2311
Ｆ Ａ Ｘ： 01564-5-3374
Ｕ Ｒ Ｌ： www.ja-shihoro.or.jp/
メールアドレス： －

北海道 しほろ牛クロス（しほろぎゅうくろす）

十勝 しほろ牛

SHIHOROBEEF CROSS

品種または交雑種の交配様式
交雑種（ホルスタイン種雌 × 黒毛和種雄）

飼育管理
出荷月齢
：24カ月齢平均
指定肥育地
：JA士幌町の組合員
飼料の内容
：－

GI登録・農場HACCP・JGAP
ＧＩ登　録：未定
農場HACCP：未定
ＪＧＡＰ：未定

販売指定店制度について
指 定 店 制 度 ： 無
販 促 ツ ー ル ： シール、のぼり、パネル、冊子

商標登録の有無：無
登録取得年月日：－
銘柄規約の有無：無
規約設定年月日：－
規約改定年月日：－

主な流通経路および販売窓口
◆ 主なと畜場
：北海道畜産公社十勝工場

◆ 主な処理場
：士幌町振興公社

◆ 格付等級
：2 等級以上
◆ 年間出荷頭数
：4,500 頭
◆ 主要取扱企業
：ホクレン、全農ミートフーズ

◆ 輸出実績国・地域
：－

◆ 今後の輸出意欲
：有

特長
● この牛肉を通じて生産者と消費者の想いがクロスする懸け橋となってほしいという想いを込められております。
● 交雑種素牛の一大産地の士幌町だからこそ可能な、それぞれの飼養管理にあった素畜をセレクトしております。

概要
管理主体： 士幌町農業協同組合
代 表 者： 國井　浩樹　代表理事組合長
所 在 地： 河東郡士幌町字士幌西 2 線 159
電　　　話： 01564-5-2311
Ｆ Ａ Ｘ： 01564-5-3374
Ｕ Ｒ Ｌ： www.ja-shihoro.or.jp/
メールアドレス： －

北　海　道

しほろ牛若丸
しほろぎゅうわかまる

品種または交雑種の交配様式
ホルスタイン種

飼育管理
出荷月齢 ：14カ月齢平均 指定肥育地 ：JA士幌町の組合員 飼料の内容 ：しほろ牛若丸専用の配合飼料、デントコーンサイレージ

GI登録・農場HACCP・JGAP
ＧＩ登　録：未定 農場HACCP：未定 ＪＧＡＰ：未定

販売指定店制度について
指 定 店 制 度：無 販 促 ツ ー ル：シール、のぼり、パネル、冊子

商標登録の有無：無
登録取得年月日：－
銘柄規約の有無：無
規約設定年月日：－
規約改定年月日：－

主な流通経路および販売窓口
◆主なと畜場 ：北海道畜産公社十勝工場 ◆主な処理場 ：士幌町振興公社 ◆格付等級 ：2等級以上 ◆年間出荷頭数 ：1,100頭 ◆主要取扱企業 ：全農ミートフーズ、四日市ミートセンター ◆輸出実績国・地域 ：－ ◆今後の輸出意欲 ：有

特長
●出荷月齢を15カ月齢以内とすることで赤身の質、柔らかさ、色を追求しております。

概要	管理主体：士幌町農業協同組合 代表者：國井　浩樹　代表理事組合長 所在地：河東郡士幌町字士幌西2線159	電　　　　話：01564-5-2311 Ｆ　Ａ　Ｘ：01564-5-3374 Ｕ　Ｒ　Ｌ：www.ja-shihoro.or.jp/ メールアドレス：－

北　海　道

士幌黒牛
しほろくろうし

品種または交雑種の交配様式
交雑種

飼育管理
出荷月齢 ：－ 指定肥育地 ：北海道河東郡士幌町 飼料の内容 ：指定自家配合飼料

GI登録・農場HACCP・JGAP
ＧＩ登　録：無 農場HACCP：無 ＪＧＡＰ：無

販売指定店制度について
指 定 店 制 度：無 販 促 ツ ー ル：トレーシールほか

商標登録の有無：有
登録取得年月日：2016年 8月26日
銘柄規約の有無：無
規約設定年月日：－
規約改定年月日：－

主な流通経路および販売窓口
◆主なと畜場 ：北海道畜産公社北見工場 ◆主な処理場 ：スターゼンミートプロセッサー石狩工場 ◆格付等級 ：－ ◆年間出荷頭数 ：約1,200頭 ◆主要卸売企業 ：スターゼン ◆輸出実績国・地域 ：－ ◆今後の輸出意欲 ：有

特長
●ヌレ子から肥育する事で、品質にバラツキが少ない良質な牛肉。

概要	管 理 主 体：ポテもーふぁーむ㈱ 代　表　者：山田　純理 所　在　地：河東郡士幌町上音更196-2	電　　　　話：01564-5-3820 Ｆ　Ａ　Ｘ：同上 Ｕ　Ｒ　Ｌ：－ メールアドレス：－

品種または 交雑種の交配様式	北　海　道	主な流通経路および販売窓口
黒毛和種	しらおいぎゅう **白 老 牛**	◆主なと畜場 　：北海道畜産公社　早来工場、東京都食肉市場 ◆主な処理場 　：同上

北　海　道

しらおいぎゅう
白 老 牛

飼育管理

出荷月齢
　：36カ月齢以下
指定肥育地
　：白老町
飼料の内容
　：穀物類を中心に一部エコフィードを給与

◆格付等級
　：3等級以上
◆年間出荷頭数
　：1,500頭
◆主要取扱企業
　：ホクレン農業協同組合連合会

GI登録・農場HACCP・JGAP

Ｇ Ｉ 登 録：－
農場HACCP：－
Ｊ Ｇ Ａ Ｐ：－

商標登録の有無：有
登録取得年月日：2007年 4月27日
銘柄規約の有無：有
規約設定年月日：2008年 3月 6日
規約改定年月日：2016年 5月12日

◆輸出実績国・地域
　：タイ

◆今後の輸出意欲
　：有

販売指定店制度について

指定店制度：有
販促ツール：のぼり、ポスター

特長
●白老牛の生産から流通に至る関係者及び関係団体で白老牛銘柄推進協議会を組織し、生産者および販売店を指定することにより、消費者に喜ばれる安全で安心な白老牛を提供いたします。

概要
管 理 主 体：白老牛銘柄推進協議会
代 表 者：岩崎 考真 会長
所 在 地：白老郡白老町大町 1-1-1
　　　　　　白老町役場

電　　　　　話：0144-82-8214
Ｆ　Ａ　Ｘ：0144-82-4391
Ｕ　Ｒ　Ｌ：www.town.shiraoi.hokkaido.jp/meigara
メールアドレス：nousei@town.shiraoi.hokkaido.jp

品種または 交雑種の交配様式	北　海　道	主な流通経路および販売窓口
黒毛和種	しれとこぎゅう **知 床 牛**	◆主なと畜場 　：北海道畜産公社　北見工場 ◆主な処理場 　：－

北　海　道

しれとこぎゅう
知 床 牛

飼育管理

出荷月齢
　：30カ月齢前後
指定肥育地
　：－
飼料の内容
　：指定配合飼料

◆格付等級
　：3等級以上
◆年間出荷頭数
　：500頭
◆主要取扱企業
　：－

GI登録・農場HACCP・JGAP

Ｇ Ｉ 登 録：－
農場HACCP：2020年 8月20日
Ｊ Ｇ Ａ Ｐ：2021年 5月31日

商標登録の有無：有
登録取得年月日：2005年 7月15日
銘柄規約の有無：有
規約設定年月日：2005年10月 1日
規約改定年月日：－

◆輸出実績国・地域
　：有

◆今後の輸出意欲
　：有

販売指定店制度について

指定店制度：無
販促ツール：有

特長
●地元の牧草、麦わら、稲わらを中心に、飼料メーカーと共同で指定配合飼料をつくり、肉の"うまみ・あまみ"が特徴といえる。

概要
管 理 主 体：㈱カネダイ大橋牧場
代 表 者：大橋 博美
所 在 地：網走郡大空町東藻琴 344-16

電　　　　　話：0152-66-2661
Ｆ　Ａ　Ｘ：0152-66-2319
Ｕ　Ｒ　Ｌ：－
メールアドレス：info@shiretokogyu.com

北　海　道

宗谷黒牛
そうやくろうし

品種または交雑種の交配様式	
交雑種	

飼育管理

出荷月齢
：26カ月齢平均
指定肥育地
：宗谷岬牧場、産士牧場
飼料の内容
：指定配合飼料

GI登録・農場HACCP・JGAP

ＧＩ登　録：無
農場HACCP：無
ＪＧＡＰ：無

販売指定店制度について

指定店制度：有
販促ツール：－

商標登録の有無：有
登録取得年月日：2016 年 9 月 12 日
銘柄規約の有無：有
規約設定年月日：2007 年 6 月 27 日
規約改定年月日：2015 年 1 月 1 日

主な流通経路および販売窓口

◆主なと畜場
：北海道畜産公社　道央事業所
　上川工場
◆主な処理場
：同上

◆格付等級
：全等級
◆年間出荷頭数
：1,000 頭
◆主要取扱企業
：ＪＡ全農ミートフーズ

◆輸出実績国・地域
：無

◆今後の輸出意欲
：有

特長
- 生産体系は全農安心システムの認証を受けている。
- 「宗谷黒牛」の名称が使用できるのは交雑種（黒毛和種 × 乳用種）と黒毛和種 × 交雑種の２種類となっている。
  国際規格で SQF 認証№43436。

概要

管理主体：㈱宗谷岬牧場
代 表 者：新保 潔 代表取締役社長
所 在 地：稚内市宗谷岬 328
電　　話：0162-76-2456
Ｆ Ａ Ｘ：0162-76-2552
Ｕ Ｒ Ｌ：www.soyamisaki-farm.co.jp
メールアドレス：h.umetsu@soyamisaki-farm.co.jp

北　海　道

宗谷岬和牛
そうやみさきわぎゅう

品種または交雑種の交配様式	
黒毛種	

飼育管理

出荷月齢
：28カ月齢平均
指定肥育地
：宗谷岬牧場、産士牧場
飼料の内容
：指定配合飼料

GI登録・農場HACCP・JGAP

ＧＩ登　録：無
農場HACCP：無
ＪＧＡＰ：無

販売指定店制度について

指定店制度：無
販促ツール：－

商標登録の有無：有
登録取得年月日：2016 年 9 月 12 日
銘柄規約の有無：有
規約設定年月日：2007 年 6 月 27 日
規約改定年月日：2015 年 1 月 1 日

主な流通経路および販売窓口

◆主なと畜場
：アグリスワン
◆主な処理場
：同上

◆格付等級
：全等級
◆年間出荷頭数
：1,000 頭
◆主要取扱企業
：ＪＡ全農ミートフーズ

◆輸出実績国・地域
：無

◆今後の輸出意欲
：有

特長
- 「全農安心システム」認証。
- 黒毛和種のみ。
  国際規格である SQF 認証№43436。

概要

管理主体：㈱宗谷岬牧場
代 表 者：新保 潔 代表取締役社長
所 在 地：稚内市宗谷岬 328
電　　話：0162-76-2456
Ｆ Ａ Ｘ：0162-76-2552
Ｕ Ｒ Ｌ：www.soyamisaki-farm.co.jp
メールアドレス：h.umetsu@soyamisaki-farm.co.jp

北　海　道

大雪高原牛
だいせつこうげんぎゅう

品種または交雑種の交配様式
ホルスタイン種

飼育管理

出荷月齢
：19〜21カ月齢前後
指定肥育地
：上川町
飼料の内容
：専用配合飼料

GI登録・農場HACCP・JGAP

ＧＩ登　録：無
農場HACCP：無
ＪＧＡＰ：無

販売指定店制度について

指定店制度 ： 有
販促ツール ： 無

商標登録の有無：有
登録取得年月日：2000年 10月 13日
銘柄規約の有無：有
規約設定年月日：2000年 12月 4日
規約改定年月日：－

主な流通経路および販売窓口

◆ 主なと畜場
　：北海道畜産公社　上川事業所

◆ 主な処理場
　：同上

◆ 格付等級
　：B2
◆ 年間出荷頭数
　：300 頭
◆ 主要取扱企業
　：－

◆ 輸出実績国・地域
　：無

◆ 今後の輸出意欲
　：無

特長
- 上川町内で飼育された素牛（ホルスタイン種）を導入し、生後から出荷まで管理できる安心で安全な町内一貫飼育体制。
- 100％自家産、無農薬有機牧草、専用配合飼料の他ＳＧＳを給与し、大雪山山麓の広大な自然の中で育った安心な牛肉です。

概要	管　理　主　体　：㈲グリーンサポート	電　　　　　話 ： 01658-2-3451
	代　　表　　者　：新井　隆嗣　代表取締役	Ｆ　Ａ　Ｘ ： 01658-2-3451
	所　　在　　地　：上川郡上川町北町 189	Ｕ　Ｒ　Ｌ ： －
		メールアドレス ： －

北　海　道

ちとせ和牛 千美
ちとせわぎゅう せんび

CHITOSE WAGYU SEMBI

品種または交雑種の交配様式
黒毛和種

飼育管理

出荷月齢
：28カ月齢以上
指定肥育地
：千歳市駒里
飼料の内容
：北海道産の牧草や稲わら、千歳市で醸造するビール粕やビール酵母を入れた専用の配合飼料、千歳市のワイナリーにて製造するワインの副産物など

GI登録・農場HACCP・JGAP

ＧＩ登　録：無
農場HACCP：無
ＪＧＡＰ：無

販売指定店制度について

指定店制度 ： 無
販促ツール ： －

商標登録の有無：無
登録取得年月日：－
銘柄規約の有無：有
規約設定年月日：－
規約改定年月日：－

主な流通経路および販売窓口

◆ 主なと畜場
　：北海道畜産公社

◆ 主な処理場
　：同上

◆ 格付等級
　：A3 等級以上
◆ 年間出荷頭数
　：60 頭
◆ 主要取扱企業
　：肉の山本、アントワーカー

◆ 輸出実績国・地域
　：無

◆ 今後の輸出意欲
　：有

特長
- ビールやワインを生産する際の副産物を飼料として再利用し、豊富に含まれるたんぱく質（アミノ酸）や繊維質による体質改善、肉質の向上を図るとともに、地域のSDGsにも貢献。
- 「ちとせ和牛千美（せんび）」の名前の由来は、生産者の社名であるファームズ千代田の「千」と、生産牧場がある千歳市の「千」、ファームズ千代田の本社所在地である北海道美瑛町の「美」と、食の安心安全と「おいしさ」を追求し、それを極めた「美」から命名。
- 北海道の玄関口ともいわれる新千歳空港所在地の千歳市より、世界へと羽ばたくブランドづくりを目ざす。

概要	管　理　主　体　：㈱ファームズ千代田　千歳牧場	電　　　　　話 ： 0123-29-5957	
	代　　表　　者　：アブガンドロージン・	Ｆ　Ａ　Ｘ ： 0123-29-5958	
	：アバラゼデ　代表取締役社長	Ｕ　Ｒ　Ｌ ： f-chiyoda.com/	
	所　　在　　地　：千歳市駒里 2216	メールアドレス ： info@f-chiyoda.com	

北　海　道

つるい牛
（つるいぎゅう）

品種または交雑種の交配様式
ホルスタイン種（去勢）

飼育管理
出荷月齢 ：19カ月齢前後 指定肥育地 ：－ 飼料の内容 ：－

GI登録・農場HACCP・JGAP
ＧＩ登録：無 農場HACCP：2021年9月22日 ＪＧＡＰ：無

販売指定店制度について
指定店制度：－ 販売促進ツール：－

商標登録の有無：無
登録取得年月日：－
銘柄規約の有無：無
規約設定年月日：－
規約改定年月日：－

特長
● 生産ベースのHACCP的手法をいち早く導入、近隣の畑作農家と地域還元型農家を実践しています。

主な流通経路および販売窓口
◆ 主なと畜場
：北海道畜産公社北見工場

◆ 主な処理場
：同上

◆ 格付等級
：2等級以上
◆ 年間出荷頭数
：650頭
◆ 主要取扱企業
：ホクレン農業協同組合連合会

◆ 輸出実績国・地域
：－

◆ 今後の輸出意欲
：－

概要	管理主体：㈱ホクチクファーム鶴居分場 代表者：吉田　英樹　代表取締役社長 所在地：阿寒郡鶴居村鶴居南1-3	電話：0154-64-2961 ＦＡＸ：0154-64-2961 ＵＲＬ：www.hokutiku.jp メールアドレス：－

北　海　道

とうや湖和牛
（とうやこわぎゅう）

品種または交雑種の交配様式
黒毛和種

飼育管理
出荷月齢 ：28～32カ月齢 指定肥育地 ：JAとうや湖管内 飼料の内容 ：－

GI登録・農場HACCP・JGAP
ＧＩ登録：無 農場HACCP：無 ＪＧＡＰ：無

販売指定店制度について
指定店制度：無 販売促進ツール：有

商標登録の有無：有
登録取得年月日：2018年11月9日
銘柄規約の有無：無
規約設定年月日：－
規約改定年月日：－

特長
● 黒毛和種の繁殖から肥育まで一貫生産を主体とし、サミット会場の「ザ・ウィンザーホテル洞爺」の眼下に雄大な自然の中で、地域の方々とともに資源の有効利用と有機物の地域還元により健康で安心、安全な牛肉生産に取り組んでいます。

主な流通経路および販売窓口
◆ 主なと畜場
：東京都食肉市場

◆ 主な処理場
：同上

◆ 格付等級
：B.M.S. №5以上
◆ 年間出荷頭数
：約200頭
◆ 主要取扱企業
：小部産業

◆ 輸出実績国・地域
：－

◆ 今後の輸出意欲
：－

概要	管理主体：とうや湖農業協同組合 代表者：髙井　一英　代表理事組合長 管理主体：とうや湖黒毛和牛肥育部会 代表者：近江　義和　会長 所在地：虻田郡洞爺湖町香川55-7	電話：0142-89-2468 ＦＡＸ：0142-87-2505 ＵＲＬ：－ メールアドレス：－

北海道

とかちあおぞらぎゅう
十勝あおぞら牛

品種または 交雑種の交配様式
ホルスタイン種

飼育管理
出荷月齢 ：18カ月齢 指定肥育地 ：－ 飼料の内容 ：自家製チモシー、道内産チモシー、道内の農家と提携し、委託生産した乳酸菌発酵のデントコーンサイレージ給与

GI登録・農場HACCP・JGAP
ＧＩ登録：無 農場HACCP：無 ＪＧＡＰ：無

販売指定店制度について
指定店制度 ：無 販促ツール ：有

商標登録の有無：有
登録取得年月日：－
銘柄規約の有無：無
規約設定年月日：－
規約改定年月日：－

主な流通経路および販売窓口

◆ 主なと畜場
：北海道畜産公社早来工場

◆ 主な処理場
：スターゼンミートプロセッサー
石狩工場

◆ 格付等級
：－

◆ 年間出荷頭数
：1,900 頭

◆ 主要取扱企業
：スターゼン

◆ 輸出実績国・地域
：無

◆ 今後の輸出意欲
：有

特長	●自家製チモシー、道内産チモシー、道内の農家と提携し、委託生産した乳酸菌発酵のデントコーンサイレージ給与による健康な牛づくりを目ざしている。

概要	管理主体：十勝あおぞら牛出荷協同組合 代表者：①㈱イーストフィールド 　　　　東原 賢二 代表取締役社長 　　　　②㈱アルムシステム清信畜産育成牧場 　　　　清信 祐司 代表取締役社長 所在地：①河西郡芽室町東芽室南 1 線 7-7 　　　　②広尾郡広尾町字紋別 20 線 77-3	電　話：①0155-62-0250 　　　　②0155-47-0953 ＦＡＸ：①0155-62-0259 　　　　②0155-47-2271 ＵＲＬ：①www.higashiharachikusan.co.jp 　　　　②www.armsystem.co.jp メールアドレス：－

北海道

とかちしかおいぎゅう
とかち鹿追牛

品種または 交雑種の交配様式
ホルスタイン種(去勢) 交雑種(ホルスタイン種 × 黒毛和種)

飼育管理
出荷月齢 ：ホルスタイン種18～19カ月齢、交雑種25カ月齢前後 指定肥育地 ：鹿追町内 飼料の内容 ：農場独自の指定配合飼料

GI登録・農場HACCP・JGAP
ＧＩ登録：無 農場HACCP：無 ＪＧＡＰ：無

販売指定店制度について
指定店制度 ：無 販促ツール ：条件付きで有り

商標登録の有無：無
登録取得年月日：－
銘柄規約の有無：無
規約設定年月日：－
規約改定年月日：－

主な流通経路および販売窓口

◆ 主なと畜場
：北海道畜産公社　十勝工場

◆ 主な処理場
：同上

◆ 格付等級
：2 等級以上

◆ 年間出荷頭数
：ホルスタイン種 3,300 頭、交雑種 1,700 頭

◆ 主要取扱企業
：ホクレン

◆ 輸出実績国・地域
：無

◆ 今後の輸出意欲
：有

特長	●町内で生産されている健康な子牛のみを集団で哺育から肥育まで一貫した町内完結型の経営方式による生産。 ●配合飼料は農場独自の指定配合飼料を使用し、肉質の向上を目ざしている。

概要	管理主体：鹿追町農業協同組合 代表者：木幡 浩喜 代表理事組合長 所在地：河東郡鹿追町新町 4-51	電　話：0156-66-2131 ＦＡＸ：0156-66-3194 ＵＲＬ：－ メールアドレス：－

北 海 道

とかちしきさいぎゅう
十勝四季彩牛

品種または 交雑種の交配様式
交雑種（黒毛和種 × ホルスタイン種）

飼育管理
出荷月齢 　：25カ月齢前後 指定肥育地 　：帯広有機 西帯広牧場、幕別牧場 飼料の内容 　：－

GI登録・農場HACCP・JGAP
ＧＩ登　録：－ 農場HACCP：－ ＪＧＡＰ：－

販売指定店制度について
指定店制度：有 販促ツール：有

商標登録の有無：有
登録取得年月日：2004 年 2 月 6 日
銘柄規約の有無：有
規約設定年月日：－
規約改定年月日：－

主な流通経路および販売窓口
◆主なと畜場 　：北海道畜産公社（十勝工場） ◆主な処理場 　：佐々木畜産食肉加工センター ◆格付等級 　：－ ◆年間出荷頭数 　：約 850 頭 ◆主要取扱企業 　：東京都食肉市場、プリマハム ◆輸出実績国・地域 　：タイ、ベトナム ◆今後の輸出意欲 　：－

特長	●十勝の恵まれた環境の下、牧場と飼料部門、食肉部門とが一体で品質の向上に取り組んでいます。 ●2022 年 BMS 平均 4.7、BCS 平均 3.74、4・5 等級率 41%。 ●2022 年度上物率 83%。

概要	管 理 主 体： 佐々木畜産㈱ 代 表 者： 佐々木　章哲 代表 所 在 地： 帯広市西 24 条南 1-1-1	電　　　　話： 0155-37-5111 Ｆ　Ａ　Ｘ： 0155-37-5714 Ｕ　Ｒ　Ｌ： www.sasaki-web.net/ メールアドレス： －	

北 海 道

とかちないたいわぎゅう
十勝ナイタイ和牛

品種または 交雑種の交配様式
黒毛和種

飼育管理
出荷月齢 　：30カ月齢 指定肥育地 　：上士幌町 飼料の内容 　：町内産乾草、道内産稲わら、濃厚 　　飼料（全畜連名人）

GI登録・農場HACCP・JGAP
ＧＩ登　録：無 農場HACCP：無 ＪＧＡＰ：無

販売指定店制度について
指定店制度：無 販促ツール：有

商標登録の有無：有
登録取得年月日：2012 年 8 月 10 日
銘柄規約の有無：有
規約設定年月日：2009 年 8 月 1 日
規約改定年月日：－

主な流通経路および販売窓口
◆主なと畜場 　：北海道畜産公社　道東事業所 　　十勝工場 ◆主な処理場 　：十勝清水フードサービス ◆格付等級 　：4、5 等級 ◆年間出荷頭数 　：120 頭 ◆主要取扱企業 　：田村精肉店 ◆輸出実績国・地域 　：アメリカ ◆今後の輸出意欲 　：有

特長	●十勝生まれの牛を厳選して上士幌で肥育。 ●そのすべてが 4、5 等級のみ。

概要	管 理 主 体： 上士幌町農業協同組合 代 表 者： 小椋　茂敏 代表理事組合長 所 在 地： 河東郡上士幌町字上士幌 2 線 238	電　　　　話： 01564-2-2131 Ｆ　Ａ　Ｘ： 01564-2-4963 Ｕ　Ｒ　Ｌ： ja-kamishihoro.or.jp/know/cow/ メールアドレス： usami-m@ja-kami.nokyoren.or.jp	

北 海 道

十勝ハーブ牛
とかちはーぶぎゅう

品種または交雑種の交配様式	
交雑種雌（一産取り肥育）	

飼育管理

出荷月齢
：32カ月齢以上
指定肥育地
：北海道十勝地域、ノベルズ牧場
飼料の内容
：肥育期の飼料にハーブを添加

GI登録・農場HACCP・JGAP

GI登　録：－
農場HACCP：－
JGAP：－

販売指定店制度について

指 定 店 制 度 ： 無
販 促 ツ ー ル ： シール、ポスター、のぼり

商標登録の有無：有
登録取得年月日：2009 年 3 月 3 日
銘柄規約の有無：無
規約設定年月日：－
規約改定年月日：未定

特長
- 交雑種雌一産取り肥育。
- 肥育期の飼料にハーブを添加。

主な流通経路および販売窓口

◆ 主なと畜場
：池田町食肉センター

◆ 主な処理場
：同上

◆ 格付等級
：－
◆ 年間出荷頭数
：3,000 頭
◆ 主要取扱企業
：十勝いけだミートパッカー

◆ 輸出実績国・地域
：ベトナム、タイ

◆ 今後の輸出意欲
：有

概要			
管理主体：㈱ノベルズ		電　話：0155-22-2918（ノベルズグループ帯広本社）	
代 表 者：延與　雄一郎　代表取締役		F A X：0155-22-2900（ノベルズグループ帯広本社）	
所 在 地：河東郡上士幌町東 3 線 259		U R L：tokachi-herb.com/	
		メールアドレス：pr@nobelsgroup.com	

北 海 道

とかちポロシリ黒牛
とかちぽろしりくろうし

品種または交雑種の交配様式	
交雑種（ホルスタイン種雌 × 黒毛和種雄）	

飼育管理

出荷月齢
：28カ月齢平均
指定肥育地
：自社牧場
飼料の内容
：指定の配合飼料

GI登録・農場HACCP・JGAP

GI登　録：無
農場HACCP：無
JGAP：無

販売指定店制度について

指 定 店 制 度 ： 有
販 促 ツ ー ル ： シール、ポスター、のぼり、リーフレット、パネル

商標登録の有無：有
登録取得年月日：2012 年 1 月 27 日
銘柄規約の有無：無
規約設定年月日：－
規約改定年月日：－

特長
- 単独農場による生産。

主な流通経路および販売窓口

◆ 主なと畜場
：羽曳野と畜場

◆ 主な処理場
：同上

◆ 格付等級
：－
◆ 年間出荷頭数
：3,000 頭
◆ 主要取扱企業
：ハニューフーズ、エスフーズ、マスダ食品
◆ 輸出実績国・地域
：アメリカ、香港、マカオ、ＵＡＥ

◆ 今後の輸出意欲
：有

概要			
管理主体：㈲ダイマルファーム		電　話：0156-63-3777	
代 表 者：長内　清　代表取締役		F A X：0156-63-3788	
所 在 地：上川郡清水町字旭山 614		U R L：www.tokachidaimaru-gyu.jp	
		メールアドレス：daimaru_shimizu@ab.auone-net.jp	

北　海　道
とかちポロシリ和牛
（とかちぽろしりわぎゅう）

品種または交雑種の交配様式	
黒毛和種	
飼育管理	
出荷月齢　：29カ月齢平均	
指定肥育地　：自社牧場	
飼料の内容　：指定の配合飼料	
GI登録・農場HACCP・JGAP	
ＧＩ登　録：無	
農場HACCP：無	
ＪＧＡＰ：無	
販売指定店制度について	
指定店制度　：　有	
販促ツール　：　シール、ポスター、のぼり、リーフレット、パネル	

商標登録の有無：有
登録取得年月日：2012 年 1 月 27 日
銘柄規約の有無：無
規約設定年月日：－
規約改定年月日：－

特長	●単独農場による生産。

主な流通経路および販売窓口

◆主なと畜場
　：東京都食肉市場

◆主な処理場
　：同上

◆格付等級
　：－
◆年間出荷頭数
　：3,000 頭
◆主要取扱企業
　：ハニューフーズ、エスフーズ、東京食肉市場
◆輸出実績国・地域
　：アメリカ、香港、カナダ、シンガポール、ＵＡＥ、タイ、マカオ
◆今後の輸出意欲
　：有

概要	管理主体：㈲ダイマルファーム	電　　話：0156-63-3777	
	代表者：長内 清 代表取締役	ＦＡＸ：0156-63-3788	
	所在地：上川郡清水町字旭山 614	ＵＲＬ：www.tokachidaimaru-gyu.jp	
		メールアドレス：daimaru_shimizu@ab.auone-net.jp	

北　海　道
十　勝　和　牛
（とかちわぎゅう）

大地の恵み

品種または交雑種の交配様式	
黒毛和種	
飼育管理	
出荷月齢　：原則24～36カ月齢	
指定肥育地　：十勝和牛振興協議会会員	
飼料の内容　：粗飼料は牧草、稲わら、麦稈（むぎわら）など	
GI登録・農場HACCP・JGAP	
ＧＩ登　録：無	
農場HACCP：無	
ＪＧＡＰ：無	
販売指定店制度について	
指定店制度　：　無	
販促ツール　：　有	

商標登録の有無：有
登録取得年月日：2011 年 10 月 8 日
銘柄規約の有無：有
規約設定年月日：－
規約改定年月日：－

特長	●北海道内で生産され、十勝平野の雄大な自然環境の中で良質飼料を十分に与えられて肥育された上質な牛肉です。 ●十勝和牛の条件は①十勝和牛振興協議会の会員によって肥育され、ホクレン十勝枝肉市場に上場された黒毛和種、または会が特別に認めたもの②道内で生産、十勝管内で肥育されたもの③粗飼料は牧草、稲わら、麦稈（むぎわら）などがふんだんに与えられたものなどです。

主な流通経路および販売窓口

◆主なと畜場
　：北海道畜産公社　十勝工場

◆主な処理場
　：同上

◆格付等級
　：日格協規格
◆年間出荷頭数
　：1,500 頭以上
◆主要取扱企業
　：ホクレン

◆輸出実績国・地域
　：無

◆今後の輸出意欲
　：有

概要	管理主体：十勝和牛振興協議会	電　　話：0155-65-0542	
	代表者：宮前 裕治 会長	ＦＡＸ：0155-65-0543	
	所在地：帯広市西 12 条南 6-3-1	ＵＲＬ：tokachiwagyu.com	
		メールアドレス：－	

北　海　道

はこだておおぬまぎゅう
はこだて 大沼牛

品種または交雑種の交配様式
乳用種

飼育管理

出荷月齢
　：20カ月齢前後
指定肥育地
　：小澤牧場グループ
飼料の内容
　：自家産乾牧草、デントコーンサ
　　イレージ、オリジナル配合飼料
　　など

GI登録・農場HACCP・JGAP

ＧＩ登録：無
農場HACCP：無
ＪＧＡＰ：無

商標登録の有無：有
登録取得年月日：1995 年 12 月 26 日
銘柄規約の有無：有
規約設定年月日：1995 年 12 月 26 日
規約改定年月日：2019 年 1 月 1 日

販売指定店制度について

指定店制度 ： 有
販促ツール ： 条件付きで有り

主な流通経路および販売窓口

◆主なと畜場
　：北海道畜産公社　函館工場

◆主な処理場
　：同上

◆格付等級
　：－
◆年間出荷頭数
　：約 5,200 頭
◆主要取扱企業
　：ホクレン、相馬商事、名古屋市食
　　肉市場、フタガワフーズ
◆輸出実績国・地域
　：無

◆今後の輸出意欲
　：無

特長
●「消費者の健康」「牛の健康」「大地の健康」を心がけ、健康に肥育した牛肉です。
●オリジナル配合飼料にハーブ・飼料米を添加。自家産たい肥を還元した農地で、粗飼料の約90％を自家生産し、安心・安全な飼料と乳酸菌を十分に与え、牛にストレスを与えないよう衛生的に肥育します。
●赤身は軟らかで味わい深く、甘みのある脂は肉本来のうま味、風味を堪能できる牛肉としてご好評いただいております。

概要
管理主体　：㈲大沼肉牛ファーム
代表者　：小澤 孔仁 代表取締役社長
所在地　：亀田郡七飯町字上軍川 619-4
電話　：0138-67-2127
ＦＡＸ　：0138-67-3848
ＵＲＬ　：－
メールアドレス　：－

北　海　道

はこだておおぬまくろうし
はこだて大沼黒牛

大沼黒牛
はこだて
HAKODATE ONUMA KUROUSHI

品種または交雑種の交配様式
交雑種

飼育管理

出荷月齢
　：25カ月齢前後
指定肥育地
　：小澤牧場グループ
飼料の内容
　：オリジナル配合飼料、自家産牧
　　草、自家産デントコーンサイレ
　　ージなど

GI登録・農場HACCP・JGAP

ＧＩ登録：無
農場HACCP：無
ＪＧＡＰ：無

商標登録の有無：有
登録取得年月日：2006 年 7 月 7 日
銘柄規約の有無：有
規約設定年月日：2006 年 7 月 7 日
規約改定年月日：2019 年 1 月 1 日

販売指定店制度について

指定店制度 ： 有
販促ツール ： 条件付きで有り

主な流通経路および販売窓口

◆主なと畜場
　：北海道畜産公社　函館工場

◆主な処理場
　：同上

◆格付等級
　：－
◆年間出荷頭数
　：約 3,500 頭
◆主要取扱企業
　：ホクレン、相馬商事、名古屋市食
　　肉市場、フタガワフーズ、スター
　　ゼンミート
◆輸出実績国・地域
　：無
◆今後の輸出意欲
　：無

特長
●「消費者の健康」「牛の健康」「大地の健康」を心がけ、健康に肥育した牛肉です。
●オリジナル配合飼料にハーブ・飼料米を添加。自家産たい肥を還元した農地で粗飼料の約 90％を自家生産し、安心・安全な飼料と乳酸菌を十分に与え、牛にストレスを与えないよう衛生的に肥育しています。
●赤身は柔らかで味わい深く、甘みのある脂は肉本来のうま味、風味を堪能できる牛肉としてご好評いただいております。

概要
管理主体　：小澤牧場㈱
代表者　：小澤 孔仁 代表取締役社長
所在地　：亀田郡七飯町字軍川 407
電話　：0138-67-3600
ＦＡＸ　：0138-67-3848
ＵＲＬ　：－
メールアドレス　：－

北　海　道

はこだてわぎゅう

はこだて和牛

品種または 交雑種の交配様式
褐毛和種
飼育管理

出荷月齢
　：24〜26カ月齢
指定肥育地
　：木古内町
飼料の内容
　：粗飼料（自家産）、配合飼料

GI登録・農場HACCP・JGAP

ＧＩ登　録：無
農場HACCP：無
ＪＧＡＰ：無

販売指定店制度について

指定店制度：有
販促ツール：無

商標登録の有無：有
登録取得年月日：2013 年 7 月 26 日
銘柄規約の有無：無
規約設定年月日：－
規約改定年月日：－

主な流通経路および販売窓口

◆主なと畜場
　：北海道畜産公社　函館工場

◆主な処理場
　：同上

◆格付等級
　：2 等級以上
◆年間出荷頭数
　：220 頭
◆主要取扱企業
　：ホクレン

◆輸出実績国・地域
　：無

◆今後の輸出意欲
　：無

特 長	●生産者が心を込めて飼育し、肉質が軟らかく上品な風味と手ごろ価格の牛肉で、とくに「健康的で安心できる牛肉」と評判です。

概 要	管　理　主　体：新函館農業協同組合 代　　表　　者：横道　重人　代表理事組合長 所　　在　　地：北斗市本町 1-1-21	電　　　　　話：0138-77-5555 Ｆ　Ａ　Ｘ：0138-77-5566 Ｕ　Ｒ　Ｌ：－ メールアドレス：－

北　海　道

はまなかぎゅう

浜中牛

品種または 交雑種の交配様式
ホルスタイン種
飼育管理

出荷月齢
　：指定なし
指定肥育地
　：北海道浜中町農協協同組合管内
飼料の内容
　：－

GI登録・農場HACCP・JGAP

ＧＩ登　録：無
農場HACCP：無
ＪＧＡＰ：無

販売指定店制度について

指定店制度：無
販促ツール：トレーシール

商標登録の有無：有
登録取得年月日：－
銘柄規約の有無：有
規約設定年月日：2016 年 4 月
規約改定年月日：－

主な流通経路および販売窓口

◆主なと畜場
　：北海道畜産公社北見工場

◆主な処理場
　：－

◆格付等級
　：－
◆年間出荷頭数
　：700 頭
◆主要卸売企業
　：－

◆輸出実績国・地域
　：－

◆今後の輸出意欲
　：無

特 長	●浜中の栄養豊富な牧草で育ちました。

概 要	管　理　主　体：浜中町農業協同組合 代　　表　　者：髙岡　透 所　　在　　地：厚岸郡浜中町茶内栄 61	電　　　　　話：0153-65-2121 Ｆ　Ａ　Ｘ：0153-65-2128 Ｕ　Ｒ　Ｌ：－ メールアドレス：－

北　海　道

浜中黒牛
（はまなかくろうし）

品種または交雑種の交配様式	
交雑種	

飼育管理	
出荷月齢 ：24カ月齢以上 指定肥育地 ：厚岸郡浜中町熊牛西2線91 飼料の内容 ：－	

GI登録・農場HACCP・JGAP	
ＧＩ登　録：無 農場HACCP：無 ＪＧＡＰ：無	

販売指定店制度について	
指定店制度　：無 販促ツール：トレーシールほか	

商標登録の有無：有
登録取得年月日：2017 年 12 月 22 日
銘柄規約の有無：無
規約設定年月日：－
規約改定年月日：－

主な流通経路および販売窓口
◆主なと畜場 　：北海道畜産公社十勝工場
◆主な処理場 　：スターゼンミートプロセッサー石狩工場
◆格付等級 　：－
◆年間出荷頭数 　：280 頭
◆主要卸売企業 　：スターゼン
◆輸出実績国・地域 　：無
◆今後の輸出意欲 　：有

特長
● 浜中町農業協同組合管内で生まれ哺育・育成し、肉牛牧場で肥育しています。
● 農場周辺の草地で収穫したチモシーを主体に与え、配合飼料には牛の健康に配慮した酒かすも与えています。

概要	管　理　主　体　：北海道はまなか肉牛牧場㈱ 代　　表　　者　：渕　達朗 所　　在　　地　：厚岸郡浜中町茶内栄 -61	電　　　　　話　：0153-64-3029 Ｆ　Ａ　Ｘ　：0153-64-3030 Ｕ　Ｒ　Ｌ　：－ メールアドレス：－

北　海　道

美　夢　牛
（びーむぎゅう）

おいしい、安心 北海道ビーフ
美夢牛
生産者：㈲美夢舎　北海道 美瑛町
ＵＲＬ：http://www.beamsya.com

品種または交雑種の交配様式	
ホルスタイン種（去勢）	

飼育管理	
出荷月齢 ：20カ月齢前後 指定肥育地 ：－ 飼料の内容 ：ネッカミルク、ミルクフードB、美夢舎育成M、美夢舎後期M、ビートパルプ、ビールかす、米ぬか、自家産乾牧草	

GI登録・農場HACCP・JGAP	
ＧＩ登　録：無 農場HACCP：無 ＪＧＡＰ：無	

販売指定店制度について	
指定店制度　：無 販促ツール：－	

商標登録の有無：有
登録取得年月日：2006 年 5 月 16 日
銘柄規約の有無：無
規約設定年月日：－
規約改定年月日：－

主な流通経路および販売窓口
◆主なと畜場 　：北海道畜産公社　上川事業所
◆主な処理場 　：同上
◆格付等級 　：日格協枝肉取引規格による
◆年間出荷頭数 　：2,600 頭
◆主要取扱企業 　：ホクレン
◆輸出実績国・地域 　：－
◆今後の輸出意欲 　：有

特長
● 大雪連邦の麓でおいしい水と空気でホルスタイン種を愛情込めて肉用牛として育てました。
● 丘の町美瑛（びえい）で育ちました。

概要	管　理　主　体　：㈲美夢舎 代　　表　　者　：上田　利政　代表取締役 所　　在　　地　：上川郡美瑛町字北瑛 2	電　　　　　話　：0166-92-0308 Ｆ　Ａ　Ｘ　：0166-92-0553 Ｕ　Ｒ　Ｌ　：www.beamsya.jp/ メールアドレス：－	

北 海 道
びえいぎゅう
びえい牛

品種または交雑種の交配様式		主な流通経路および販売窓口

品種または 交雑種の交配様式
交雑種 （ホルスタイン種 × 黒毛和種）

飼育管理
出荷月齢 ：26カ月齢以上 指定肥育地 ：美瑛町 飼料の内容 ：配合飼料に日本酒の酒粕を添加

GI登録・農場HACCP・JGAP
GI登録：－ 農場HACCP：－ JGAP：－

商標登録の有無：有
登録取得年月日：2008 年 12 月 29 日
銘柄規約の有無：有
規約設定年月日：－
規約改定年月日：－

主な流通経路および販売窓口
◆主なと畜場
：東京都食肉市場、北海道畜産公社　上川事業所
◆主な処理場
：同上

◆格付等級
：日格協取引規格による
◆年間出荷頭数
：50 頭
◆主要取扱企業
：東京都食肉市場、ホクレン

◆輸出実績国・地域
：無

◆今後の輸出意欲
：有

販売指定店制度について
指定店制度：無 販促ツール：－

特長
● 丘の町「びえい」の恵まれた自然環境に育ち、飼料に日本酒酵母を添加することにより、風味豊かでまろやかな味が特徴です。
● 2008 年 12 月 29 日付で商標登録（5250222 号）を取得しました。

概要	管理主体：㈱ファームズ千代田 代表者：アバラゼデ・アガバンドルジ 所在地：上川郡美瑛町春日台 4221	電話：0166-92-7015 FAX：0166-92-7016 URL：f-chiyoda.com/ メールアドレス：info@f-chiyoda.com

---

北 海 道
びえいくろうし
びえい黒牛

品種または 交雑種の交配様式
交雑種 （ジャージー種 × 黒毛和種）

飼育管理
出荷月齢 ：24カ月齢以上 指定肥育地 ：美瑛町 飼料の内容 ：配合飼料に日本酒の酒粕を添加

GI登録・農場HACCP・JGAP
GI登録：－ 農場HACCP：－ JGAP：－

BIEI KURO USHI

商標登録の有無：有
登録取得年月日：2018 年 7 月 13 日
銘柄規約の有無：有
規約設定年月日：－
規約改定年月日：－

主な流通経路および販売窓口
◆主なと畜場
：北海道畜産公社　上川事業所

◆主な処理場
：同上

◆格付等級
：日格協取引規格による
◆年間出荷頭数
：50 頭
◆主要取扱企業
：サンリョウ

◆輸出実績国・地域
：無

◆今後の輸出意欲
：無

販売指定店制度について
指定店制度：無 販促ツール：－

特長
● 丘の町「びえい」の恵まれた自然環境に育ち、飼料に日本酒酵母を添加することにより、風味豊かでまろやかな味が特徴です。
● 商標登録（6060810 号）を取得しました。

概要	管理主体：㈱ファームズ千代田 代表者：アバラゼデ・アガバンドルジ 所在地：上川郡美瑛町春日台 4221	電話：0166-92-7015 FAX：0166-92-7016 URL：www.f-chiyoda.com メールアドレス：info@f-chiyoda.com

北　海　道
びえい和牛
（びえいわぎゅう）

品種または交雑種の交配様式		主な流通経路および販売窓口
黒毛和種		◆主なと畜場 　：東京都食肉市場、北海道畜産公社、山形県食肉公社

飼育管理

出荷月齢
　：28カ月齢以上
指定肥育地
　：美瑛町
飼料の内容
　：飼料の中に酒かすを配合

◆主な処理場
　：－

◆格付等級
　：A3等級以上
◆年間出荷頭数
　：800頭
◆主要取扱企業
　：東京食肉市場、ホクレン

GI登録・農場HACCP・JGAP

GI登　録：－
農場HACCP：－
JGAP：－

商標登録の有無：有
登録取得年月日：2008年12月29日
銘柄規約の有無：有
規約設定年月日：－
規約改定年月日：－

◆輸出実績国・地域
　：無

◆今後の輸出意欲
　：有

販売指定店制度について

指定店制度：無
販促ツール：－

特長
- 繁殖一貫生産。
- 飼料の中に酒かすを配合し、28カ月以上肥育した牛。
- 2008年12月29日に商標登録を取得（5250221）

概要		
管理主体：㈱ファームズ千代田	電　話：0166-92-7015	
代表者：アバラゼデ・アバガンドルジーン	FAX：0166-92-7016	
所在地：上川郡美瑛町春日台4221	URL：www.f-chiyoda.com メールアドレス：info@f-chiyoda.com	

北　海　道
東 藻 琴 牛
（ひがしもことぎゅう）

品種または交雑種の交配様式		主な流通経路および販売窓口
ホルスタイン種（去勢）		◆主なと畜場 　：北海道畜産公社北見工場

飼育管理

出荷月齢
　：20カ月齢前後
指定肥育地
　：－
飼料の内容
　：くみあい配合飼料と良質粗飼料を給与

◆主な処理場
　：同上

◆格付等級
　：日格協の枝肉取引規格に準ずる
◆年間出荷頭数
　：900頭
◆主要取扱企業
　：ホクレン農業協同組合連合会

GI登録・農場HACCP・JGAP

GI登　録：無
農場HACCP：無
JGAP：無

商標登録の有無：無
登録取得年月日：－
銘柄規約の有無：無
規約設定年月日：－
規約改定年月日：－

◆輸出実績国・地域
　：無

◆今後の輸出意欲
　：有

販売指定店制度について

指定店制度：無
販促ツール：－

特長
- 農協センターから導入された素牛を中心に東藻琴の9軒の肥育農家により、くみあい配合飼料と地元産良質粗飼料を与えられて育てられた牛肉です。

概要		
管理主体：JAオホーツク網走肉牛部会	電　話：0152-45-5523	
代表者：楠目　純一　部会長	FAX：0152-44-8113	
所在地：網走市南4条東2-10	URL：－ メールアドレス：－	

北 海 道

びらとり和牛
びらとりわぎゅう

品種または 交雑種の交配様式
黒毛和種

飼育管理
出荷月齢 ：30カ月齢前後 **指定肥育地** ：びらとり農業協同組合域内 **飼料の内容** ：名人ほか

GI登録・農場HACCP・JGAP
GI登録：無 農場HACCP：無 JGAP：無

販売指定店制度について
指定店制度：無 販促ツール：－

商標登録の有無：無
登録取得年月日：－
銘柄規約の有無：無
規約設定年月日：－
規約改定年月日：－

主な流通経路および販売窓口

◆ 主なと畜場
：北海道畜産公社　道央事業所

◆ 主な処理場
：同上

◆ 格付等級
：A3 等級以上
◆ 年間出荷頭数
：300 頭
◆ 主要取扱企業
：北海道プリマハム

◆ 輸出実績国・地域
：イタリア、台湾

◆ 今後の輸出意欲
：有

特長
● 風味豊かで味わい濃厚な牛肉。

概要		
管理主体：びらとり農業協同組合	電　　話：01457-2-2211	
代表者：仲山 浩 代表理事組合長	FAX：01457-2-3792	
所在地：沙流郡平取町本町 40-1	URL：www.nishipa.or.jp/agri03/ メールアドレス：jachikusan@nishipa.or.jp	

北 海 道

ふらの大地和牛
ふらのだいちわぎゅう

品種または 交雑種の交配様式
黒毛和種

飼育管理
出荷月齢 ：30カ月齢前後 **指定肥育地** ：－ **飼料の内容** ：ふらの産もち米（粉砕）

GI登録・農場HACCP・JGAP
GI登録：無 農場HACCP：無 JGAP：無

販売指定店制度について
指定店制度：無 販促ツール：シール、のぼり

商標登録の有無：無
登録取得年月日：－
銘柄規約の有無：無
規約設定年月日：－
規約改定年月日：－

主な流通経路および販売窓口

◆ 主なと畜場
：北海道畜産公社十勝工場

◆ 主な処理場
：同上

◆ 格付等級
：3 等級以上
◆ 年間出荷頭数
：約 60 頭
◆ 主要取扱企業
：ホクレン

◆ 輸出実績国・地域
：－

◆ 今後の輸出意欲
：－

特長
● 黒毛和牛を肥育する農家（愛澤忠、、加茂博昭、福岡元春、ささき農畜産）がふらの産もち米を与えることにより、脂肪の風味を増し「さらにおいしい和牛の肉」を目指したものです。

概要		
管理主体：ふらの農業協同組合	電　　話：0167-22-0793	
代表者：佐々木 殖 生産者代表	FAX：0167-39-2020	
所在地：富良野市朝日町 3-1	URL：－ メールアドレス：－	

北　海　道

ふらの和牛
（ふらのわぎゅう）

品種または交雑種の交配様式
黒毛和種

飼育管理

出荷月齢
：30カ月齢前後
指定肥育地
：谷口ファーム、ふらのファーム
飼料の内容
：とうもろこし、大麦、大豆粕、おから、ホミニーフィード、米ぬか、ふすま、稲わら、麦わら、牧草、ビール粕など

GI登録・農場HACCP・JGAP

ＧＩ登　録：無
農場HACCP：無
ＪＧＡＰ：無

販売指定店制度について

指 定 店 制 度　：　無
販 促 ツ ー ル　：　有

商標登録の有無：有
登録取得年月日：2004年10月1日
銘柄規約の有無：有
規約設定年月日：2004年10月1日
規約改定年月日：－

主な流通経路および販売窓口

◆ 主なと畜場
：北海道畜産公社　道央事業所　上川工場、協同組合水戸ミートセンター、東京食肉市場、和牛マスター食肉センター
◆ 主な処理場
：－
◆ 格付等級
：３等級以上
◆ 年間出荷頭数
：3,800 頭
◆ 主要取扱企業
：東京食肉市場、伊藤ハム、エスフーズ、ホクレン
◆ 輸出実績国・地域
：香港、マカオ、タイ、ベトナム、シンガポール、台湾
◆ 今後の輸出意欲
：有

特長
● 清らかな水、澄み切った空気、緑豊かな大地の中で無添加自家配合飼料を与え、丹精込めて飼育
● 脂質にこだわり、甘味、うま味があり、サシが入っていても、溶けの良いくどさのない和牛肉。
● 商標登録 4807548 号

概要

管理主体：㈲谷口ファーム	電　　　　話：0167-45-2306
代 表 者：谷口 喜章 代表取締役	ＦＡＸ：0167-45-9820
	ＵＲＬ：tf-g.co.jp/
所 在 地：空知郡上富良野町東3線北24	メールアドレス：taniguchi-farm@furano-wagyu.com

北　海　道

北 海 黄 金 和 牛
（ほっかいおうごんわぎゅう）

品種または交雑種の交配様式
黒毛和種

飼育管理

出荷月齢
：30カ月齢
指定肥育地
：－
飼料の内容
：－

GI登録・農場HACCP・JGAP

ＧＩ登　録：無
農場HACCP：無
ＪＧＡＰ：無

販売指定店制度について

指 定 店 制 度　：　有
販 促 ツ ー ル　：　－

商標登録の有無：有
登録取得年月日：2014年5月9日
銘柄規約の有無：－
規約設定年月日：－
規約改定年月日：－

主な流通経路および販売窓口

◆ 主なと畜場
：－
◆ 主な処理場
：－
◆ 格付等級
：－
◆ 年間出荷頭数
：－
◆ 主要取扱企業
：－
◆ 輸出実績国・地域
：－
◆ 今後の輸出意欲
：有

特長

概要

管 理 主 体：農業生産法人㈲うしちゃんファーム	電　　　　話：0225-98-8829
代 表 者：佐藤 一貴 代表取締役社長	ＦＡＸ：0225-98-8929
	ＵＲＬ：ushichan.jp/
所 在 地：宮城県石巻市須江字畳石前 1-11	メールアドレス：info@ushichan.jp

品種または 交雑種の交配様式	北　海　道 ほっかいどうわぎゅう 北海道和牛	主な流通経路および販売窓口
黒毛和種		◆主なと畜場 　：北海道畜産公社
飼育管理		◆主な処理場 　：－
出荷月齢 　：－ 指定肥育地 　：－ 飼料の内容 　：指定なし		◆格付等級 　：日格協取引規格による ◆年間出荷頭数 　：－ ◆主要取扱企業 　：ホクレン
GI登録・農場HACCP・JGAP	商標登録の有無：有	◆輸出実績国・地域 　：無
ＧＩ登　録：－ 農場HACCP：－ ＪＧＡＰ：－	登録取得年月日：－ 銘柄規約の有無：無 規約設定年月日：－ 規約改定年月日：－	◆今後の輸出意欲 　：有
販売指定店制度について	特 長	●北海道で肥育を目的として生産された黒毛和牛の総称です。
指定店制度　：無 販促ツール　：有		

概要	管　理　主　体　：　ホクレン農業協同組合連合会 代　　表　　者　：　篠原　末治　会長 所　　在　　地　：　札幌市中央区北４条西１	電　　　　　話　：　011-218-1755 Ｆ　Ａ　Ｘ　：　011-251-5173 Ｕ　Ｒ　Ｌ　：　－ メールアドレス　：　－

品種または 交雑種の交配様式	北　海　道 ほっかいわぎゅう 北　海　和　牛	主な流通経路および販売窓口
黒毛和種		◆主なと畜場 　：－
飼育管理		◆主な処理場 　：－
出荷月齢 　：30カ月齢以上 指定肥育地 　：－ 飼料の内容 　：－		◆格付等級 　：－ ◆年間出荷頭数 　：－ ◆主要取扱企業 　：－
GI登録・農場HACCP・JGAP	商標登録の有無：－	◆輸出実績国・地域 　：－
ＧＩ登　録：無 農場HACCP：無 ＪＧＡＰ：無	登録取得年月日：－ 銘柄規約の有無：有 規約設定年月日：2014年　2月21日 規約改定年月日：－	◆今後の輸出意欲 　：有
販売指定店制度について	特 長	
指定店制度　：－ 販促ツール　：－		

概要	管　理　主　体　：　農業生産法人㈲うしちゃんファーム 代　　表　　者　：　佐藤　一貴　代表取締役社長 所　　在　　地　：　宮城県石巻市須江字畳石前 1-11	電　　　　　話　：　0225-98-8829 Ｆ　Ａ　Ｘ　：　0225-98-8929 Ｕ　Ｒ　Ｌ　：　www.ushichan.jp メールアドレス　：　info@ushichan.jp	

北　海　道

馬追和牛
まおいわぎゅう

品種または 交雑種の交配様式	主な流通経路および販売窓口
黒毛和種	◆ 主なと畜場 ：西宮食肉センター、高松食肉センター
飼育管理	◆ 主な処理場 ：北海道家畜公社道央事業所早来工場、高松食肉センター、西宮市食肉センター
出荷月齢 ：28カ月齢前後 指定肥育地 ：夕張郡長沼町東7線北5番地 飼料の内容 ：日清丸紅飼料	◆ 格付等級 ：－ ◆ 年間出荷頭数 ：300 頭 ◆ 主要取扱企業 ：なりさわフードコンシェル、アジミネ、フタガワフーズ

GI登録・農場HACCP・JGAP	商標登録の有無：有	主な流通経路（続き）
ＧＩ登　録：無 農場HACCP： 2019 年 5 月 7 日 ＪＧＡＰ： 2019 年 9 月 13 日	登録取得年月日：2019 年 7 月 19 日 銘柄規約の有無：無 規約設定年月日：－ 規約改定年月日：－	◆ 輸出実績国・地域 ：香港 ◆ 今後の輸出意欲 ：有

販売指定店制度について	特長
指 定 店 制 度 ： － 販 促 ツ ー ル ： シール	● 生まれる所から最後までを自社で行う一貫肥育なので、母親からの徹底した衛生管理からくる自信を持った安心・安全を提供できます。 ● 肉と脂の味にこだわった、あらゆる発酵飼料を取り入れた飼料管理。

概要	管 理 主 体 ： ㈲長沼ファーム 代 表 者 ： 森崎　睦博 所 在 地 ： 夕張郡長沼町東 7 線北 5	電　　　　話： 0123-88-3698 Ｆ Ａ Ｘ： 0123-88-3808 Ｕ Ｒ Ｌ： www.naganumafarm.jp/ メールアドレス： naganuma-f@tiara.ocn.ne.jp	

北　海　道

みついし牛
みついしぎゅう

品種または 交雑種の交配様式	主な流通経路および販売窓口
黒毛和種	◆ 主なと畜場 ：東京都食肉市場
飼育管理	◆ 主な処理場 ：－
出荷月齢 ：28〜31カ月齢 指定肥育地 ：－ 飼料の内容 ：配合飼料「名人」	◆ 格付等級 ：3 等級以上 ◆ 年間出荷頭数 ：600 頭 ◆ 主要取扱企業 ：－

GI登録・農場HACCP・JGAP	商標登録の有無：有	主な流通経路（続き）
ＧＩ登　録：無 農場HACCP：無 ＪＧＡＰ：無	登録取得年月日：－ 銘柄規約の有無：無 規約設定年月日：－ 規約改定年月日：－	◆ 輸出実績国・地域 ：－ ◆ 今後の輸出意欲 ：無

販売指定店制度について	特長
指 定 店 制 度 ： 推奨店制度有 販 促 ツ ー ル ： －	● 豊かな自然と小雨夏冷涼の気候風土を生かして黒毛和牛の肥育に取り組んでいる。

概要	管 理 主 体： みついし和牛肥育組合 代 表 者： 森 誠　組合長 所 在 地： 日高郡新ひだか町三石本桐 224-6	電　　　　話： 0146-34-2011 Ｆ Ａ Ｘ： 0146-34-2306 Ｕ Ｒ Ｌ： www.jamitsuishi.com/beef/ メールアドレス： －	

北　海　道

みらいぎゅう
みらい牛

品種または交雑種の交配様式
ホルスタイン種

飼育管理
出荷月齢 　：18〜22カ月齢 指定肥育地 　：－ 飼料の内容 　：非遺伝子組み換え（NON-GM）飼料

GI登録・農場HACCP・JGAP
GI登録：－ 農場HACCP：2020年3月6日 JGAP：2020年3月6日

販売指定店制度について
指定店制度：有 販促ツール：－

主な流通経路および販売窓口

◆ 主なと畜場
　：北海道畜産公社　十勝工場

◆ 主な処理場
　：同上

◆ 格付等級
　：－
◆ 年間出荷頭数
　：450頭
◆ 主要取扱企業
　：ホクレン

◆ 輸出実績国・地域
　：無

◆ 今後の輸出意欲
　：有

商標登録の有無：有
登録取得年月日：－
銘柄規約の有無：有
規約設定年月日：－
規約改定年月日：－

特長
● 子牛から育てる一貫生産を行い、非遺伝子組み換え（NON-GM）飼料、抗生物質無添加のミルク、飼料で育てている。
● オープンな牛肉生産を目指して、飼育履歴を公開しています。

概要	管理主体　：㈱大野ファーム 代表者　：大野　泰裕　代表取締役 所在地　：河西郡芽室町祥栄北 8-23	電話　：0155-62-4159 FAX　：0155-62-6068 URL　：oonofarm.jp/ メールアドレス　：－	

北　海　道

みらいくろうし
みらい黒牛

品種または交雑種の交配様式
交雑種

飼育管理
出荷月齢 　：18〜22カ月齢 指定肥育地 　：－ 飼料の内容 　：非遺伝子組み換え（NON-GM）飼料

GI登録・農場HACCP・JGAP
GI登録：－ 農場HACCP：2020年3月6日 JGAP：2020年3月6日

販売指定店制度について
指定店制度：無 販促ツール：－

主な流通経路および販売窓口

◆ 主なと畜場
　：北海道畜産公社　十勝工場

◆ 主な処理場
　：同上

◆ 格付等級
　：－
◆ 年間出荷頭数
　：450頭
◆ 主要取扱企業
　：－

◆ 輸出実績国・地域
　：無

◆ 今後の輸出意欲
　：有

商標登録の有無：有
登録取得年月日：－
銘柄規約の有無：有
規約設定年月日：－
規約改定年月日：－

特長
● 子牛から育てる一貫生産を行い、非遺伝子組み換え（NON-GM）飼料、抗生物質無添加のミルク、飼料で育てている。
● オープンな牛肉生産を目指して、飼育履歴を公開しています。

概要	管理主体　：㈱大野ファーム 代表者　：大野　泰裕　代表取締役 所在地　：河西郡芽室町祥栄北 8-23	電話　：0155-62-4159 FAX　：0155-62-6068 URL　：oonofarm.jp メールアドレス　：－	

北 海 道

むかわ和牛
（むかわわぎゅう）

品種または交雑種の交配様式		主な流通経路および販売窓口
黒毛和種		◆ 主なと畜場 ：北海道畜産公社
飼育管理		◆ 主な処理場 ：同上
出荷月齢 ：28カ月齢平均		◆ 格付等級 ：－
指定肥育地 ：むかわ町鵡川地区		◆ 年間出荷頭数 ：30 頭
飼料の内容 ：地元産稲わら		◆ 主要取扱企業 ：ホクレン
GI登録・農場HACCP・JGAP	商標登録の有無：無	◆ 輸出実績国・地域 ：無
ＧＩ登 録：－	登録取得年月日：－	
農場HACCP：－	銘柄規約の有無：無	◆ 今後の輸出意欲 ：無
ＪＧＡＰ：－	規約設定年月日：－	
	規約改定年月日：－	

販売指定店制度について	特長
指定店制度 ： 無 販促ツール ： シール、のぼり	● 和牛の資質改良に取り組んで 50 年。 ● 豊富な草を食べてのびのびと育成された牛を、地元産稲わらと穀物でじっくり仕上げた。 ● 安全、安心、風味ある絶品。

概要					
	管 理 主 体 ： 鵡川和牛改良組合		電 話 ： 0145-42-3311		
	代 表 者 ： 柴田 文広		Ｆ Ａ Ｘ ： 0145-42-2655		
	所 在 地 ： 勇払郡むかわ町文京 2-2-1		Ｕ Ｒ Ｌ ： －		
			メールアドレス ： －		

北 海 道

流 氷 牛
（りゅうひょうぎゅう）

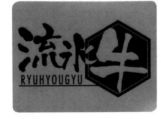

品種または交雑種の交配様式		主な流通経路および販売窓口
黒毛和種		◆ 主なと畜場 ：東京食肉市場
飼育管理		◆ 主な処理場 ：同上
出荷月齢 ：30月齢平均		◆ 格付等級 ：－
指定肥育地 ：北海道津別町		◆ 年間出荷頭数 ：500 頭
飼料の内容 ：流氷牛専用指定配合飼料		◆ 主要取扱企業 ：－
GI登録・農場HACCP・JGAP	商標登録の有無：有	◆ 輸出実績国・地域 ：－
ＧＩ登 録：無	登録取得年月日：2006 年 9 月 15 日	
農場HACCP：無	銘柄規約の有無：無	◆ 今後の輸出意欲 ：－
ＪＧＡＰ：無	規約設定年月日：－	
	規約改定年月日：－	

販売指定店制度について	特長
指定店制度 ： － 販促ツール ： ポスター、リーフレット、シール、旗、小旗	● 指定された牧場のみで飼育された黒毛和種。 ● 指定されたマニュアルと配合飼料を給与。

概要					
	管 理 主 体 ： 流氷ファーム		電 話 ： 0152-76-3901		
	代 表 者 ： 石井 純		Ｆ Ａ Ｘ ： 同上		
	所 在 地 ： 網走郡津別町字共和 11-14		Ｕ Ｒ Ｌ ： －		
			メールアドレス ： －		

青　森　県

あおもりくらいしぎゅう
あおもり倉石牛

品種または 交雑種の交配様式
黒毛和種 第 1 花国 等

飼育管理
出荷月齢 　：28カ月齢前後 指定肥育地 　：五戸町および新郷村 飼料の内容 　：－

GI登録・農場HACCP・JGAP
GI登　録：無 農場HACCP：無 JGAP：無

販売指定店制度について
指定店制度　：有 販促ツール　：有

商標登録の有無：有
登録取得年月日：2005 年 4 月 8 日
銘柄規約の有無：有
規約設定年月日：1992 年 4 月 8 日
規約改定年月日：2020 年 2 月 5 日

主な流通経路および販売窓口

- ◆主なと畜場
  ：東京都食肉市場、仙台市食肉市場
- ◆主な処理場
  ：同上
- ◆格付等級
  ：4 等級以上
- ◆年間出荷頭数
  ：400 頭
- ◆主要取扱企業
  ：日本ハム、伊藤ハム、スターゼン
- ◆輸出実績国・地域
  ：シンガポール
- ◆今後の輸出意欲
  ：有

特長
- ●消費地での枝肉品評会、共励会の開催。
- ●東京食肉市場において枝肉格付等級 4 以上の枝肉に「倉石牛」のスタンプ押印実施。
- ●小売販売店において履歴証明書を表示して販売

概要	管理主体：あおもり倉石牛銘柄推進協議会 代表者：若宮 佳一 会長 所在地：三戸郡五戸町字古舘 21-1 　　　　五戸町役場農林課内	電　　　　話：0178-62-2111 FAX：0178-62-2215 URL：www.gonohe-kankou.jp/food/kuraishigyu/ メールアドレス：norin@town.gonohe.aomori.jp	

青　森　県

あおもりとわだこわぎゅう
あおもり十和田湖和牛

品種または 交雑種の交配様式
黒毛和種

飼育管理
出荷月齢 　：28カ月齢以上 指定肥育地 　：協議会加入農場 飼料の内容 　：－

GI登録・農場HACCP・JGAP
GI登　録：無 農場HACCP：無 JGAP：無

販売指定店制度について
指定店制度　：有 販促ツール　：－

商標登録の有無：無
登録取得年月日：－
銘柄規約の有無：有
規約設定年月日：1999 年 9 月 27 日
規約改定年月日：2008 年 5 月 29 日

主な流通経路および販売窓口

- ◆主なと畜場
  ：東京都食肉市場
- ◆主な処理場
  ：－
- ◆格付等級
  ：AB・4 等級以上
- ◆年間出荷頭数
  ：150 頭
- ◆主要取扱企業
  ：－
- ◆輸出実績国・地域
  ：無
- ◆今後の輸出意欲
  ：有

特長
- ●生産者顔写真付きの「出荷牛の履歴証明書」を添付し、「新鮮・美味・安心そして安全」をお届けします。

概要	管理主体：十和田湖和牛銘柄推進協議会 代表者：畠山 一男 所在地：十和田市西十三番町 4-28	電　　　　話：0176-23-0332 FAX：0176-24-1829 URL：－ メールアドレス：－

青森県

さんのへ・たっこぎゅう
三戸・田子牛

品種または交雑種の交配様式
黒毛和種
気高系、中土井系、清国系

飼育管理
出荷月齢 ：27～29カ月齢
指定肥育地 ：－
飼料の内容 ：ジューシービーフ後期

GI登録・農場HACCP・JGAP
GI登録：無
農場HACCP：無
JGAP：無

販売指定店制度について
指定店制度 ：無
販促ツール ：－

商標登録の有無：有
登録取得年月日：－
銘柄規約の有無：有
規約設定年月日：2003 年 12 月 1 日
規約改定年月日：2010 年 4 月 1 日

主な流通経路および販売窓口
◆主なと畜場 ：スターゼンミートプロセッサー青森工場、三戸ビーフセンター
◆主な処理場 ：スターゼンミートプロセッサー青森工場三戸ビーフセンター
◆格付等級 ：AB・4 等級以上
◆年間出荷頭数 ：200 頭
◆主要取扱企業 ：スターゼンミートプロセッサー青森工場　三戸ビーフセンター
◆輸出実績国・地域 ：無
◆今後の輸出意欲 ：有

特長	●広大な山並みの緑と透き通る青空、清澄な空気と湧き水。 ●三戸・田子牛は大自然に囲まれ、ストレスを受けずにのびのびと育っています。 ●また定期的な健康診断の実施など、手間ひまを惜しまず愛情を持って育てられた自慢の牛です。

概要	管　理　主　体　：三戸地方黒毛和種改良組合	電　　　　話　：0179-32-2041
	代　　表　　者　：欠端　則夫　組合長	F　A　X　：0179-32-4046
	所　在　地　：三戸郡田子町大字田子字西舘野	U R L　：－ メールアドレス　：sanchiku@hi-net.ne.jp

---

青森県

なみきわぎゅう、なみきぎゅう
なみきびーふ
NAMIKI和牛
NAMIKI牛
NAMIKIビーフ

品種または交雑種の交配様式
黒毛和種
交雑種（乳用種 × 黒毛和種）
ホルスタイン種

飼育管理
出荷月齢 ：－
指定肥育地 ：自社牧場
飼料の内容 ：－

GI登録・農場HACCP・JGAP
GI登録：無
農場HACCP：無
JGAP：無

販売指定店制度について
指定店制度 ：無
販促ツール ：シール

商標登録の有無：有
登録取得年月日：－
銘柄規約の有無：無
規約設定年月日：－
規約改定年月日：－

主な流通経路および販売窓口
◆主なと畜場 ：東京食肉市場
◆主な処理場 ：－
◆格付等級 ：－
◆年間出荷頭数 ：10,000 頭
◆主要取扱企業 ：－
◆輸出実績国・地域 ：－
◆今後の輸出意欲 ：有

特長	●NAMIKIブランドの牛肉は安心・安全と肉のうまみにこだわった飼料を用いて大切に育てています。 ●【受賞歴】平成 28 年度全国肉用牛枝肉共励会第 3 部最優秀賞受賞。 令和2年度横浜食肉市場ミートフェア（共励会）和牛の部名誉賞受賞

概要	管　理　主　体　：㈲金子ファーム	電　　　　話　：0176-62-6393	
	代　　表　　者　：金子　吉行　代表取締役	F　A　X　：0176-62-6915	
	所　在　地　：上北郡七戸町荒熊内 150-2	U R L　：www.kaneko-farm.jp/ メールアドレス　：info@kaneko-farm.jp	

青 森 県

八甲田牛
(はっこうだぎゅう)

品種または交雑種の交配様式
日本短角種

飼育管理
出荷月齢 ：18〜36カ月齢 **指定肥育地** ：青森市 **飼料の内容** ：夏は八甲田山の牧場に放牧、冬は牛舎で地元産の乾草や稲わらが主体の飼料

GI登録・農場HACCP・JGAP
GI 登 録：無 農場HACCP：無 JGAP：無

販売指定店制度について
指定店制度 ： 無 販促ツール ： シール、のぼり

商標登録の有無：有
登録取得年月日：1993 年 7 月 30 日
銘柄規約の有無：有
規約設定年月日：1989 年 10 月 23 日
規約改定年月日：2022 年 5 月 24 日

主な流通経路および販売窓口

◆ 主なと畜場
：十和田食肉センター

◆ 主な処理場
：同上

◆ 格付等級
：2 等級以上
◆ 年間出荷頭数
：24 頭
◆ 主要取扱企業
：十和田ミート、いしおか

◆ 輸出実績国・地域
：無

◆ 今後の輸出意欲
：無

特長
● 夏は八甲田山麓に放牧し、冬は人里に戻して牛舎で飼育する「夏山冬里方式」で育てられ、自然交配により生産される、「安心・安全・ヘルシー」な牛肉。
● うま味成分グルタミン酸などのアミノ酸に富んだ赤身肉が魅力。

概要	管理主体：八甲田牛消費拡大協議会 代 表 者：長谷川 春樹 会長 所 在 地：青森市四戸橋字磯部 243-319 　　　　　青森市農林水産部農業振興センター内	電　　　　話：017-754-3596 F　A　X：017-754-3595 U　R　L：hakkodagyu.com メールアドレス：nogyo-center@city.aomori.aomori.jp	

青 森 県

東 通 牛
(ひがしどおりぎゅう)

東通牛

品種または交雑種の交配様式
黒毛和種

飼育管理
出荷月齢 ：29カ月齢平均 **指定肥育地** ：東通村（村営第2牧場） **飼料の内容** ：−

GI登録・農場HACCP・JGAP
GI 登 録：− 農場HACCP： 2020 年 12 月 23 日 JGAP：−

販売指定店制度について
指定店制度 ： 無 販促ツール ： シール、のぼり

商標登録の有無：有
登録取得年月日：2021 年 12 月 6 日
銘柄規約の有無：無
規約設定年月日：−
規約改定年月日：−

主な流通経路および販売窓口

◆ 主なと畜場
：十和田食肉センター、三戸食肉センター
◆ 主な処理場
：同上

◆ 格付等級
：−
◆ 年間出荷頭数
：35 頭
◆ 主要取扱企業
：東通村産業振興公社

◆ 輸出実績国・地域
：無

◆ 今後の輸出意欲
：無

特長
● 東通牛は、東通村内で生産された子牛だけを購入し、当公社で肥育管理しています。
● 牛の成育に恵まれた気候・地形と行き届いた飼養管理でストレスを与えない良質な東通牛を育てています。
● 販売日は、毎月3回9の付く日、野牛川レストハウスで販売、その他村内イベント等で販売。

概要	管 理 主 体： （一社）東通村産業振興公社 代　表　者： 畑中 稔朗 理事長 所　在　地： 下北郡東通村大字野牛字野牛川 　　　　　　 61-6	電　　　　話： 0175-47-2115 F　A　X： 0175-47-2113 U　R　L： − メールアドレス： −

青森県

みちのくわぎゅう
みちのく和牛

品種または交雑種の交配様式
黒毛和種

飼育管理
出荷月齢 ：27～30カ月齢 指定肥育地 ：青森県 飼料の内容 ：指定配合飼料

GI登録・農場HACCP・JGAP
ＧＩ登　録：無 農場HACCP： 2019 年 10月27日 ＪＧＡＰ：無

販売指定店制度について
指定店制度：無 販促ツール：－

商標登録の有無：有
登録取得年月日：2018 年 8 月 3 日
銘柄規約の有無：無
規約設定年月日：－
規約改定年月日：－

主な流通経路および販売窓口
◆主なと畜場 ：スターゼンミートプロセッサー 青森工場三戸ビーフセンター ◆主な処理場 ：同上

◆格付等級
　：A・B4等級以上
◆年間出荷頭数
　：2,000 頭
◆主要取扱企業
　：スターゼン

◆輸出実績国・地域
　：－

◆今後の輸出意欲
　：有

特長	●自然豊かで、穏やかな環境の中、独自の配合飼料とアミノ酸の含有率の高い飼料を給仕し、赤身の美味しい健康的な牛づくりをしています。

概要	管 理 主 体 ： ㈱田原ファーム 代 表 者 ： 田原　博文 所 在 地 ： 上北郡七戸町字倉岡 83-1	電　　　　　話 ： 0176-62-9055 Ｆ Ａ Ｘ ： 同上 Ｕ Ｒ Ｌ ： － メールアドレス ： －

岩手県

あじわいびーふ
あじわいビーフ

品種または交雑種の交配様式
黒毛和種（経産牛）

飼育管理
出荷月齢 ：約25カ月齢以上 指定肥育地 ：－ 飼料の内容 ：－

GI登録・農場HACCP・JGAP
ＧＩ登　録：無 農場HACCP：無 ＪＧＡＰ：無

販売指定店制度について
指定店制度：有 販促ツール：有

商標登録の有無：有
登録取得年月日：2008 年 3 月 7 日
銘柄規約の有無：無
規約設定年月日：－
規約改定年月日：－

主な流通経路および販売窓口
◆主なと畜場 ：仙台市食肉市場、岩手畜産流通センター ◆主な処理場 ：同上

◆格付等級
　：－
◆年間出荷頭数
　：200 頭
◆主要取扱企業
　：ヴィアンドコーポレーション

◆輸出実績国・地域
　：－

◆今後の輸出意欲
　：無

特長	●肉の熟成がよく、コク、風味がある牛肉。

概要	管 理 主 体 ： 農業生産法人㈲うしちゃんファーム 代 表 者 ： 佐藤　一貴　代表取締役社長 所 在 地 ： 宮城県石巻市須江字畳石前 1-11	電　　　　　話 ： 0225-98-8829 Ｆ Ａ Ｘ ： 0225-98-8929 Ｕ Ｒ Ｌ ： www.ushichan.jp メールアドレス ： info@ushichan.jp

岩　手　県

いわちく純情牛
いわちくじゅんじょうぎゅう

品種または交雑種の交配様式	
交雑種 （ホルスタイン種 × 黒毛和種）	
飼育管理	
出荷月齢 　：27カ月齢	
指定肥育地 　：岩手県内（いわちくファーム）	
飼料の内容 　：JA全農北日本くみあい飼料	
GI登録・農場HACCP・JGAP	
ＧＩ登録：－ 農場HACCP：－ ＪＧＡＰ：－	
販売指定店制度について	
指定店制度　：無 販促ツール　：MDシール	

商標登録の有無：無
登録取得年月日：－
銘柄規約の有無：無
規約設定年月日：－
規約改定年月日：－

主な流通経路および販売窓口

- ◆主なと畜場
  ：いわちく
- ◆主な処理場
  ：同上
- ◆格付等級
  ：2等級以上
- ◆年間出荷頭数
  ：650頭
- ◆主要取扱企業
  ：JA全農ミートフーズ
- ◆輸出実績国・地域
  ：ニュージーランド
- ◆今後の輸出意欲
  ：有

特長
- ●県内4つの指定農場でこだわりの飼料を与えて育てられ、と畜および部分肉加工は対米輸出認定工場で徹底した衛生管理のもと行われている。
- ●肥育から販売まで"いわちくグループ"が責任をもって一元管理している。

概要	管　理　主　体　：㈱いわちくファーム	電　　　　話　：019-676-3670	
	代　　表　　者　：大橋　秀一	Ｆ　Ａ　Ｘ　：019-676-6879	
	所　　在　　地　：紫波郡紫波町犬渕字南谷地120	Ｕ　Ｒ　Ｌ　：www.iwachiku.co.jp メールアドレス　：－	

岩　手　県

いわていわいずみ短角牛
いわていわいずみたんかくぎゅう

品種または交雑種の交配様式	
日本短角種	
飼育管理	
出荷月齢 　：22～34カ月齢	
指定肥育地 　：岩泉町	
飼料の内容 　：短角肥育用（北日本くみあい飼料）、稲わら	
GI登録・農場HACCP・JGAP	
ＧＩ登録：無 農場HACCP：無 ＪＧＡＰ：無	
販売指定店制度について	
指定店制度　：有 販促ツール　：条件付きで有り	

商標登録の有無：有
登録取得年月日：－
銘柄規約の有無：有
規約設定年月日：2008年5月1日
規約改定年月日：－

主な流通経路および販売窓口

- ◆主なと畜場
  ：岩手畜産流通センター
- ◆主な処理場
  ：同上
- ◆格付等級
  ：AB・2等級以上
- ◆年間出荷頭数
  ：100頭
- ◆主要取扱企業
  ：岩泉産業開発、岩手畜産流通センター
- ◆輸出実績国・地域
  ：無
- ◆今後の輸出意欲
  ：無

特長
- ●夏は親牛と一緒に大自然の放牧地で育ち、肥育期間は粗飼料をたっぷりと与え、専用飼料で育てます。
- ●肉質は脂肪分が少なく、タンパク質が多いのが特徴で、牛肉のおいしさの素となるイノシン酸、グルタミン酸が他の品種より多く含まれているヘルシーでナチュラルな味わいです。

概要	管　理　主　体　：新岩手農業協同組合 　　　　　　　　　肥育牛生産部会　宮古支部	電　　　　話　：0194-22-2315	
	代　　表　　者　：畠山　利勝	Ｆ　Ａ　Ｘ　：0194-22-5189	
	所　　在　　地　：下閉伊郡岩泉町岩泉字天間15-1	Ｕ　Ｒ　Ｌ　：www.jaiwate.or.jp/ メールアドレス　：－	

岩 手 県

いわて奥州牛
いわておうしゅうぎゅう

商標登録第5085075号

品種または交雑種の交配様式
黒毛和種

飼育管理
出荷月齢 ：30カ月齢平均 指定肥育地 ：奥州市、金ヶ崎町 飼料の内容 ：－

GI登録・農場HACCP・JGAP
ＧＩ登 録：－ 農場HACCP：－ ＪＧＡＰ：－

販売指定店制度について
指 定 店 制 度 ： 有 販 促 ツ ー ル ： 有

商標登録の有無：有
登録取得年月日：2007 年 10 月 19 日
銘柄規約の有無：有
規約設定年月日：2006 年 6 月 30 日
規約改定年月日：－

主な流通経路および販売窓口

◆主なと畜場
　：東京都食肉市場、岩手畜産流通
　センター
◆主な処理場
　：－

◆格付等級
　：4 等級以上
◆年間出荷頭数
　：900 頭
◆主要取扱企業
　：吉澤畜産、コシヅカ、明治屋

◆輸出実績国・地域
　：無
◆今後の輸出意欲
　：有

特長	●脂のうまみ、良質な地元稲をわらを給与。

概要	管理主体： 岩手ふるさと農業協同組合 代表者： 後藤 元夫 所在地： 奥州市胆沢小山字菅谷地 131-1	電　　　話： 0197-47-3462 Ｆ Ａ Ｘ： 0197-47-3463 Ｕ Ｒ Ｌ： www.iwate-oshugyu.jp/ メールアドレス：－

岩 手 県

いわてきたかみ牛
いわてきたかみぎゅう

商標登録 第4745845号

品種または交雑種の交配様式
黒毛和種

飼育管理
出荷月齢 ：28〜34カ月齢 指定肥育地 ：管内農家 飼料の内容 ：－

GI登録・農場HACCP・JGAP
ＧＩ登 録：－ 農場HACCP：－ ＪＧＡＰ：－

販売指定店制度について
指 定 店 制 度 ： 有 販 促 ツ ー ル ： 有

商標登録の有無：有
登録取得年月日：1994 年 2 月 6 日
銘柄規約の有無：有
規約設定年月日：1995 年 6 月 26 日
規約改定年月日：－

主な流通経路および販売窓口

◆主なと畜場
　：東京都食肉市場、いわちく
◆主な処理場
　：いわちく

◆格付等級
　：AB・4 等級以上
◆年間出荷頭数
　：250 頭
◆主要取扱企業
　：東京都食肉市場買参各社、いわ
　ちく
◆輸出実績国・地域
　：無

◆今後の輸出意欲
　：有

特長	●恵まれた自然環境に育ち、畜産農家の情熱と高い肥育技術により、上質の牛肉として人気がある。 ●肉色は淡く、脂質に優れ、あま味のある牛肉。

概要	管 理 主 体： 花巻農業協同組合 代 表 者： 伊藤 清孝 代表理事組合長 所 在 地： 花巻市桜町 1-294-5	電　　　話： 0198-23-3672 Ｆ Ａ Ｘ： 0198-24-9536 Ｕ Ｒ Ｌ： www.jahanamaki.or.jp メールアドレス：－

岩 手 県
いわて牛
（いわてぎゅう）

商標登録:5029319号
いわて牛普及推進協議会
http://www.iwategyu.jp/

品種または交雑種の交配様式
黒毛和種

飼育管理
出荷月齢 ：28～34カ月齢 指定肥育地 ：協議会会員農場 飼料の内容 ：規定は特になし

GI登録・農場HACCP・JGAP
GI登録：無 農場HACCP：無 JGAP：2019年3月28日

販売指定店制度について
指定店制度：有 販促ツール：条件付きで有り

商標登録の有無：有
登録取得年月日：2007年3月2日
銘柄規約の有無：有
規約設定年月日：1990年7月11日
規約改定年月日：2015年5月29日

主な流通経路および販売窓口
◆主なと畜場
　：東京都食肉市場、いわちく

◆主な処理場
　：同上

◆格付等級
　：AB・3等級以上
◆年間出荷頭数
　：7,000頭
◆主要取扱企業
　：東京都食肉市場、いわちく、全農ミートフーズ
◆輸出実績国・地域
　：シンガポール、アメリカ、香港、台湾等
◆今後の輸出意欲
　：有

特長
● 「いわて牛」は全国肉用牛枝肉共励会で全国最多の11回、日本一に輝いている。

概要	管理主体：いわて牛普及推進協議会 代表者：藤代克彦会長 所在地：盛岡市内丸10-1	電話：019-629-5735 FAX：019-623-0201 URL：iwategyu.jp/ メールアドレス：info@iwategyu.jp	

岩 手 県
いわて雫石牛
（いわてしずくいしぎゅう）

いわて雫石牛

品種または交雑種の交配様式
黒毛和種

飼育管理
出荷月齢 ：－ 指定肥育地 ：雫石町 飼料の内容 ：配合飼料（北日本くみあい飼料）、稲わら

GI登録・農場HACCP・JGAP
GI登録：無 農場HACCP：無 JGAP：無

販売指定店制度について
指定店制度：無 販促ツール：条件付きで有り

商標登録の有無：有
登録取得年月日：－
銘柄規約の有無：有
規約設定年月日：－
規約改定年月日：－

主な流通経路および販売窓口
◆主なと畜場
　：東京都食肉市場、いわちく

◆主な処理場
　：いわちく

◆格付等級
　：4等級以上
◆年間出荷頭数
　：200頭
◆主要取扱企業
　：いわちく、全農ミートフーズ、東日本フード
◆輸出実績国・地域
　：シンガポール、アメリカ、香港

◆今後の輸出意欲
　：有

特長
● 育成から肥育まで、雫石町内の畜産農家が育てた黒毛和牛で、岩手山麓のきれいな水と雫石の緑豊かな環境の中で、おいしい肉をたっぷりと身につけた牛。

概要	管理主体：新岩手農業協同組合 　　　　　雫石牛肥育部会 代表者：瀧沢卓 所在地：岩手郡雫石町高前田152	電話：019-692-3380 FAX：019-692-1106 URL：www.town.shizukuishi.iwate.jp/docs/2014112900217/ メールアドレス：－	

岩 手 県

いわてしわぎゅう
岩手しわ牛

品種または交雑種の交配様式	
黒毛和種	

飼育管理	
出荷月齢	：27～32カ月齢
指定肥育地	：岩手中央農協管内
飼料の内容	：配合飼料、地元の稲わら

GI登録・農場HACCP・JGAP	
ＧＩ登 録	：－
農場HACCP	：－
ＪＧＡＰ	：－

販売指定店制度について	
指定店制度	：有
販促ツール	：シール、のぼり、パンフレット

商標登録の有無	：無
登録取得年月日	：－
銘柄規約の有無	：有
規約設定年月日	：1989 年 4 月 1 日
規約改定年月日	：－

特長
- 緑豊かな自然、清らかな水、澄んだ大気の飼育環境を最大限活かし、きめ細かな人情あふれる素朴な心など、丹精込めて育て上げた高級和牛。
- ステーキをはじめ、すべての牛肉料理を、満足させる特選牛肉です。

主な流通経路および販売窓口
- ◆ 主なと畜場
  ：いわちく、東京都食肉市場
- ◆ 主な処理場
  ：同上
- ◆ 格付等級
  ：3 等級以上
- ◆ 年間出荷頭数
  ：250 頭
- ◆ 主要取扱企業
  ：いわちく、全農、東京都食肉市場
- ◆ 輸出実績国・地域
  ：－
- ◆ 今後の輸出意欲
  ：有

概要		
管 理 主 体	：岩手中央農業協同組合	
代 表 者	：浅沼 清一 代表理事組合長	
所 在 地	：紫波郡紫波町土舘字沖田 98-20	
電 話	：019-676-3512	
Ｆ Ａ Ｘ	：019-672-1595	
Ｕ Ｒ Ｌ	：ja-iwatechuoh.or.jp/	
メールアドレス	：－	

岩 手 県

いわてしわ もちもちぎゅう
岩手しわ　もちもち牛

品種または交雑種の交配様式	
黒毛和種	

飼育管理	
出荷月齢	：29カ月齢
指定肥育地	：岩手中央農協管内
飼料の内容	：粉砕したもち米、稲ホールクロップサイレージ・配合飼料

GI登録・農場HACCP・JGAP	
ＧＩ登 録	：－
農場HACCP	：－
ＪＧＡＰ	：－

販売指定店制度について	
指定店制度	：有
販促ツール	：シール、のぼり、パンフレット

商標登録の有無	：有
登録取得年月日	：2014 年 7 月 11 日
銘柄規約の有無	：有
規約設定年月日	：1999 年 4 月 1 日
規約改定年月日	：－

特長
- もち米産地である地の利を生かし、そのもち米を食べて育ったもちもち牛は肉のうま味と軟らかさが逸品です。

主な流通経路および販売窓口
- ◆ 主なと畜場
  ：いわちく、東京食肉市場
- ◆ 主な処理場
  ：同上
- ◆ 格付等級
  ：3 等級以上
- ◆ 年間出荷頭数
  ：200 頭
- ◆ 主要取扱企業
  ：いわちく、全農、ＪＡシンセラ
- ◆ 輸出実績国・地域
  ：－
- ◆ 今後の輸出意欲
  ：有

概要		
管 理 主 体	：岩手中央農業協同組合	
代 表 者	：浅沼 清一 代表理事組合長	
所 在 地	：紫波郡紫波町土舘字沖田 98-20	
電 話	：019-676-3512	
Ｆ Ａ Ｘ	：019-672-1595	
Ｕ Ｒ Ｌ	：ja-iwatechuoh.or.jp/	
メールアドレス	：－	

品種または 交雑種の交配様式	岩　手　県 いわてたんかくわぎゅう いわて短角和牛	主な流通経路および販売窓口
日本短角種		◆主なと畜場 　：いわちく
飼育管理		◆主な処理場 　：同上
出荷月齢 　：20～30カ月齢 指定肥育地 　：協議会会員牧場 飼料の内容 　：規定は特に無し		◆格付等級 　：AB・2等級以上 ◆年間出荷頭数 　：400頭 ◆主要取扱企業 　：いわちくほか
GI登録・農場HACCP・JGAP	商標登録の有無：有 登録取得年月日：2007年 3月 2日	◆輸出実績国・地域 　：無
GI登　録：無 農場HACCP：無 JGAP：無	銘柄規約の有無：有 規約設定年月日：1998年 6月 11日 規約改定年月日：2015年 6月 4日	◆今後の輸出意欲 　：有
販売指定店制度について	特長	●岩手の自然と風土の中で育ち、母子放牧と自然交配で子牛を生産する（夏山冬里方式）のエシカルな牛肉。 ●脂肪分が少なくヘルシーな赤身肉で、かみしめる食感と肉のうま味が特長。
指定店制度　：有 販促ツール　：条件付きで有り		

概要	管　理　主　体　：　いわて牛普及推進協議会 代　　表　　者　：　藤代　克彦　会長 所　　在　　地　：　盛岡市内丸 10-1	電　　　　　話　：　019-629-5732 F　A　X　：　019-651-7172 U　R　L　：　iwategyu.jp メールアドレス：　info@iwategyu.jp	

品種または 交雑種の交配様式	岩　手　県 いわてっこ　たんかくわぎゅう なんぶのあかうし いわてっ子　短角和牛 南部の赤牛	主な流通経路および販売窓口
日本短角種		◆主なと畜場 　：仙台市食肉市場
飼育管理		◆主な処理場 　：同上
出荷月齢 　：24カ月齢平均 指定肥育地 　：岩手県内の指定牧場 飼料の内容 　：－		◆格付等級 　：－ ◆年間出荷頭数 　：300頭 ◆主要取扱企業 　：日本ハム、東日本フード
GI登録・農場HACCP・JGAP	商標登録の有無：有 登録取得年月日：2012年 10月 26日	◆輸出実績国・地域 　：－
GI登　録：無 農場HACCP：無 JGAP：無	銘柄規約の有無：無 規約設定年月日：－ 規約改定年月日：－	◆今後の輸出意欲 　：有
販売指定店制度について	特長	●赤身主体の牛肉で昔ながらの味が特徴。
指定店制度　：－ 販促ツール　：のぼり、パックシール、ポスターなど		

概要	管　理　主　体　：　農業生産法人㈲うしちゃんファーム 代　　表　　者　：　佐藤　一貴　代表取締役社長 所　　在　　地　：　宮城県石巻市須江字畳石前 1-11	電　　　　　話　：　0225-98-8829 F　A　X　：　0225-98-8929 U　R　L　：　www.ushichan.jp メールアドレス：　info@ushichan.jp	

岩手県

いわて遠野牛（いわてとおのぎゅう）

品種または交雑種の交配様式	
黒毛和種	
飼育管理	
出荷月齢	：30カ月齢
指定肥育地	：遠野市内
飼料の内容	：配合飼料および出荷半年前から遠野産飼料米を給与
GI登録・農場HACCP・JGAP	
ＧＩ登　録：無	
農場HACCP：－	
ＪＧＡＰ：2020年3月30日	
販売指定店制度について	
指定店制度：無	
販促ツール：－	

商標登録の有無：有
登録取得年月日：2012年12月28日
銘柄規約の有無：無
規約設定年月日：－
規約改定年月日：－

主な流通経路および販売窓口
◆主なと畜場
：水戸ミートセンター
◆主な処理場
：－
◆格付等級
：－
◆年間出荷頭数
：1,000頭
◆主要取扱企業
：エスフーズ
◆輸出実績国・地域
：無
◆今後の輸出意欲
：無

特長
- 広大な高原放牧地と清流で育まれた子牛を全国各地へ供給しており、全国的に高い評価を得ている。
- 舌ざわりが良く、とろけるようなまろやかさが口いっぱいに広がる脂肪の甘さが特長。

概要	管 理 主 体：遠野市	電　　　話：0198-62-2111
	代　表　者：多田　一彦　遠野市長	Ｆ Ａ Ｘ：0198-60-1523
	所　在　地：遠野市中央通り9番1号	Ｕ Ｒ Ｌ：－
		メールアドレス：－

岩手県

いわて八幡平牛（いわてはちまんたいぎゅう）

品種または交雑種の交配様式	
黒毛和種	
飼育管理	
出荷月齢	：30カ月齢
指定肥育地	：八幡平市
飼料の内容	：配合飼料、稲わら、飼料米（試験中）
GI登録・農場HACCP・JGAP	
ＧＩ登　録：無	
農場HACCP：無	
ＪＧＡＰ：無	
販売指定店制度について	
指定店制度：無	
販促ツール：条件付きで有り	

商標登録の有無：有
登録取得年月日：－
銘柄規約の有無：有
規約設定年月日：－
規約改定年月日：－

主な流通経路および販売窓口
◆主なと畜場
：東京都食肉市場、いわちく
◆主な処理場
：いわちく
◆格付等級
：2023年4等級以上へ変更予定
◆年間出荷頭数
：150頭
◆主要取扱企業
：いわちく、ＪＡ全農ミートフーズ
◆輸出実績国・地域
：シンガポール、アメリカ、香港
◆今後の輸出意欲
：有

特長
- 「自然が母、名水が父」をキャッチフレーズに地元産の子牛を市場で購入して、丹念に、日々健康状態に気を配り、約30カ月齢出荷。
- 上物率7割後半で、共励会、研究会において入賞を果たす。

概要	管理主体：八幡平市牛肉推進協議会	電　　　話：0195-75-1111	
	代　表　者：佐々木　孝弘	Ｆ Ａ Ｘ：0195-75-2127	
	所　在　地：八幡平市大更35-62	Ｕ Ｒ Ｌ：www.jaiwate.or.jp/shin-iwate/hachimantai-gyu/	
		メールアドレス：－	

岩手県

いわて南牛
（いわてみなみぎゅう）

品種または交雑種の交配様式	
黒毛和種	

飼育管理	
出荷月齢 ：29〜32カ月齢平均	
指定肥育地 ：一関市、平泉町管内、40戸	
飼料の内容 ：みなみビーフ	

GI登録・農場HACCP・JGAP	
ＧＩ登録：無	
農場HACCP：無	
ＪＧＡＰ：無	

販売指定店制度について	
指定店制度：有	
販促ツール：シール、ポスター、のぼり	

商標登録の有無：有
登録取得年月日：2010 年 3 月 12 日
銘柄規約の有無：有
規約設定年月日：2009 年 2 月 7 日
規約改定年月日：－

主な流通経路および販売窓口

◆主なと畜場
：東京食肉市場

◆主な処理場
：同上

◆格付等級
：A3 等級以上
◆年間出荷頭数
：600 頭
◆主要取扱企業
：東京都食肉市場、いわちく

◆輸出実績国・地域
：－

◆今後の輸出意欲
：有

特長
●岩手県内産の子牛を主産地として良質な粗飼料を与え、安全・安心、味わいにこだわった逸品の極上和牛。

概要	
管理主体：いわて南牛振興協会	電話：0191-21-8427
代表者：佐藤 善仁 会長 一関市市長	FAX：0191-21-4221
所在地：一関市竹山町 7-2	URL：－
	メールアドレス：－

岩手県

江刺牛
（えさしぎゅう）

品種または交雑種の交配様式	
黒毛和種	

飼育管理	
出荷月齢 ：30カ月齢	
指定肥育地 ：－	
飼料の内容 ：－	

GI登録・農場HACCP・JGAP	
ＧＩ登録：無	
農場HACCP：無	
ＪＧＡＰ：無	

販売指定店制度について	
指定店制度：無	
販促ツール：－	

商標登録の有無：有
登録取得年月日：2005 年 10 月
銘柄規約の有無：無
規約設定年月日：－
規約改定年月日：－

主な流通経路および販売窓口

◆主なと畜場
：東京都食肉市場、いわちく

◆主な処理場
：同上

◆格付等級
：4 等級以上
◆年間出荷頭数
：300 頭
◆主要取扱企業
：不特定

◆輸出実績国・地域
：無

◆今後の輸出意欲
：有

特長
●肥沃な土地と恵まれた自然環境に中で乾草と稲わらを豊富に与え、「自然がスパイス」をキャッチフレーズに、健康な牛づくりを目標に、肉質と脂質の良さを特徴として売り出している肉が「江刺牛」である。

概要	
管理主体：岩手江刺農業協同組合	電話：0197-35-1006
代表者：小川 節男 代表理事組合長	FAX：0197-35-7370
所在地：奥州市江刺岩谷堂字反町 362-1	URL：www.jaesashi.or.jp/
	メールアドレス：－

岩 手 県

奥中山高原牛
おくなかやまこうげんぎゅう

品種または交雑種の交配様式	主な流通経路および販売窓口

品種または 交雑種の交配様式
交雑種 （ホルスタイン種 × 黒毛和種）

飼育管理
出荷月齢 ：27～29カ月齢 指定肥育地 ：岩手県内 飼料の内容 ：カナン牧場独自配合飼料

GI登録・農場HACCP・JGAP
ＧＩ登　録：無 農場HACCP：無 ＪＧＡＰ：無

販売指定店制度について
指定店制度：無 販促ツール：有

商標登録の有無：無
登録取得年月日：－
銘柄規約の有無：有
規約設定年月日：－
規約改定年月日：－

主な流通経路および販売窓口

◆ 主なと畜場
　：スターゼンミートプロセッサー
　　青森工場三戸ビーフセンター

◆ 主な処理場
　：同上
◆ 格付等級
　：2等級以上
◆ 年間出荷頭数
　：700頭
◆ 主要取扱企業
　：スターゼン

◆ 輸出実績国・地域
　：無

◆ 今後の輸出意欲
　：有

特 長	●岩手県北部に位置し、奥中山高原の夏季冷涼な気候や自然豊かな風土を生かした肥育生産を行っています。

概 要	管　理　主　体：新岩手農業協同組合 　　　　　　　　　奥中山肥育牛生産部会 代　表　者：木戸　幸一 所　在　地：二戸郡一戸町中山字大塚 82-2	電　　　　　話：0195-35-2212 Ｆ　Ａ　Ｘ：0195-35-2414 Ｕ　Ｒ　Ｌ：－ メールアドレス：－

岩 手 県

玄米育ち
岩手めんこい黒牛
げんまいそだちいわてめんこいくろぎゅう

品種または交雑種の交配様式	主な流通経路および販売窓口

品種または 交雑種の交配様式
交雑種 （ホルスタイン種 × 黒毛和種）

飼育管理
出荷月齢 ：27カ月齢平均 指定肥育地 ：岩手県内 飼料の内容 ：独自配合飼料および飼料米を5 　％以上

GI登録・農場HACCP・JGAP
ＧＩ登　録：無 農場HACCP：無 ＪＧＡＰ：無

販売指定店制度について
指定店制度：有 販促ツール：銘柄名称のシー 　　　　　　ル、のぼりなど

商標登録の有無：有
登録取得年月日：2012 年 6 月 15 日
銘柄規約の有無：有
規約設定年月日：2012 年 6 月 15 日
規約改定年月日：－

主な流通経路および販売窓口

◆ 主なと畜場
　：本庄食肉センター

◆ 主な処理場
　：同上

◆ 格付等級
　：2等級以上
◆ 年間出荷頭数
　：3,000頭
◆ 主要取扱企業
　：米久

◆ 輸出実績国・地域
　：シンガポール、アメリカ、香港、
　　台湾
◆ 今後の輸出意欲
　：有

特 長	●定期的に1頭ごとの体重測定など徹底した健康・衛生管理のもとで飼育。 ●循環型農業で地元農業活性化に取り組んで、たい肥を水田に施肥し、生産された飼料用米を使用。 ●最長飼養地が岩手県であること。 ●飼料米比率5％以上であること。

概 要	管　理　主　体：㈲キロサ肉畜生産センター 代　表　者：金森　史浩　代表取締役 所　在　地：岩手郡岩手町大字川口 22-80-38	電　　　　　話：0195-68-7766 Ｆ　Ａ　Ｘ：0195-68-7767 Ｕ　Ｒ　Ｌ：kirosa.jp メールアドレス：info@kirosa.jp	

品種または 交雑種の交配様式	岩　手　県 げんまいそだちいわてめんこいひめうし **玄米育ち 岩手めんこい姫牛**	主な流通経路および販売窓口

品種または 交雑種の交配様式
交雑種（雌） （ホルスタイン種 × 黒毛和種）

飼育管理
出荷月齢 　：27カ月齢平均 指定肥育地 　：岩手県内 飼料の内容 　：独自配合飼料および飼料米を5 　　％以上

GI登録・農場HACCP・JGAP
ＧＩ登　録：未定 農場HACCP：未定 ＪＧＡＰ：未定

販売指定店制度について
指定店制度：有 販促ツール：銘柄名称シール、 　　　　　　のぼりなど

商標登録の有無：有
登録取得年月日：2018年11月
銘柄規約の有無：無
規約設定年月日：－
規約改定年月日：－

主な流通経路および販売窓口
- ◆主なと畜場
　：本庄食肉センター
- ◆主な処理場
　：同上
- ◆格付等級
　：2等級以上
- ◆年間出荷頭数
　：－
- ◆主要取扱企業
　：米久
- ◆輸出実績国・地域
　：シンガポール香港
- ◆今後の輸出意欲
　：有

特 長	●定期的に1頭ごとの体重測定を実施、徹底した健康・衛生管理のもとで飼育。 ●循環型農業で地元農業活性化に取り組み、堆肥を水田に施肥し、生産された飼料 　用米を使用。 ●最長飼養地が岩手県であること。 ●飼料米比率5％以上であること。

概 要	管　理　主　体：㈲キロサ肉畜生産センター 代　　表　　者：金森　史浩　代表取締役 所　　在　　地：岩手郡岩手町大字川口22-80-38	電　　　　　　話：0195-68-7766 Ｆ　Ａ　Ｘ：0195-68-7767 Ｕ　Ｒ　Ｌ：kirosa.jp メールアドレス：info@kirosa.jp	

品種または 交雑種の交配様式	岩　手　県 たいようさんさんぎゅう **太陽サンサン牛**	主な流通経路および販売窓口

品種または 交雑種の交配様式
日本短角種

飼育管理
出荷月齢 　：26カ月齢 指定肥育地 　：－ 飼料の内容 　：－

GI登録・農場HACCP・JGAP
ＧＩ登　録：無 農場HACCP：無 ＪＧＡＰ：無

販売指定店制度について
指定店制度：有 販促ツール：シール、のぼり、 　　　　　　ポスター

商標登録の有無：有
登録取得年月日：2013年3月8日
銘柄規約の有無：無
規約設定年月日：－
規約改定年月日：－

主な流通経路および販売窓口
- ◆主なと畜場
　：－
- ◆主な処理場
　：－
- ◆格付等級
　：－
- ◆年間出荷頭数
　：250頭
- ◆主要取扱企業
　：－
- ◆輸出実績国・地域
　：－
- ◆今後の輸出意欲
　：有

特 長	

概 要	管　理　主　体：農業生産法人㈲うしちゃんファーム 代　　表　　者：佐藤　一貴　代表取締役社長 所　　在　　地：宮城県石巻市須江字畳石前1-11	電　　　　　　話：0225-98-8829 Ｆ　Ａ　Ｘ：0225-98-8829 Ｕ　Ｒ　Ｌ：www.ushichan.jp メールアドレス：info@ushichan.jp	

岩手県

たんかくわぎゅう
短角和牛

品種または交雑種の交配様式	
日本短角種	

飼育管理	
出荷月齢 ：26カ月齢	
指定肥育地 ：岩手県内の指定牧場	
飼料の内容 ：−	

GI登録・農場HACCP・JGAP	
GI登録：無	
農場HACCP：無	
JGAP：無	

販売指定店制度について	
指定店制度：−	
販促ツール：シール、ミニのぼり、ポスター	

商標登録の有無：無
登録取得年月日：−
銘柄規約の有無：無
規約設定年月日：−
規約改定年月日：−

特長

主な流通経路および販売窓口

- ◆主なと畜場 ：仙台市食肉市場
- ◆主な処理場 ：同上
- ◆格付等級 ：−
- ◆年間出荷頭数 ：250頭
- ◆主要取扱企業 ：日本ハム、東日本フード
- ◆輸出実績国・地域 ：台湾、ベトナム
- ◆今後の輸出意欲 ：有

概要	管理主体 ： 農業生産法人㈲うしちゃんファーム	電話 ： 0225-98-8829
	代表者 ： 佐藤 一貴 代表取締役社長	FAX ： 0225-98-8929
	所在地 ： 宮城県石巻市須江字畳石前 1-11	URL ： www.ushichan.jp メールアドレス ： info@ushichan.jp

---

岩手県

とうほくびーふ
東北ビーフ

品種または交雑種の交配様式	
交雑種（ホルスタイン種雌 × 黒毛和種雄）ホルスタイン種	

飼育管理	
出荷月齢 ：28カ月齢	
指定肥育地 ：−	
飼料の内容 ：−	

GI登録・農場HACCP・JGAP	
GI登録：無	
農場HACCP：無	
JGAP：無	

販売指定店制度について	
指定店制度：−	
販促ツール：シール、のぼり、ポスター	

商標登録の有無：有
登録取得年月日：2011年 1 月14日
銘柄規約の有無：無
規約設定年月日：−
規約改定年月日：−

特長

主な流通経路および販売窓口

- ◆主なと畜場 ：仙台市食肉市場
- ◆主な処理場 ：同上
- ◆格付等級 ：−
- ◆年間出荷頭数 ：500頭
- ◆主要取扱企業 ：−
- ◆輸出実績国・地域 ：−
- ◆今後の輸出意欲 ：有

概要	管理主体 ： 農業生産法人㈲うしちゃんファーム	電話 ： 0225-98-8829
	代表者 ： 佐藤 一貴 代表取締役社長	FAX ： 0225-98-8929
	所在地 ： 宮城県石巻市須江字畳石前 1-11	URL ： www.ushichan.jp メールアドレス ： info@ushichan.jp

岩　手　県

七　牛
（ななぎゅう）

品種または交雑種の交配様式	主な流通経路および販売窓口

品種または 交雑種の交配様式
交雑種 （ホルスタイン種雌 × 黒毛和種雄） ホルスタイン種

飼育管理
出荷月齢 　：28カ月齢 指定肥育地 　：－ 飼料の内容 　：－

GI登録・農場HACCP・JGAP
GI登　録：無 農場HACCP：無 JGAP：無

販売指定店制度について
指定店制度　：　－ 販促ツール　：　シール、ミニのぼ 　　　　　　　　り、ポスター

商標登録の有無：有
登録取得年月日：2009 年 2 月 3 日
銘柄規約の有無：無
規約設定年月日：－
規約改定年月日：－

特長

主な流通経路および販売窓口

◆ 主なと畜場
　：－

◆ 主な処理場
　：－

◆ 格付等級
　：－
◆ 年間出荷頭数
　：250 頭
◆ 主要取扱企業
　：－

◆ 輸出実績国・地域
　：－

◆ 今後の輸出意欲
　：有

概要	管 理 主 体　：　農業生産法人㈲うしちゃんファーム 代　　表　　者　：　佐藤　一貴　代表取締役社長 所　　在　　地　：　宮城県石巻市須江字畳石前 1-11	電　　　　　話　：　0225-98-8829 F　A　X　：　0225-98-8929 U　R　L　：　www.ushichan.jp メールアドレス　：　info@ushichan.jp

---

岩　手　県

花巻黄金和牛
（はなまきおうごんわぎゅう）

品種または交雑種の交配様式	主な流通経路および販売窓口

品種または 交雑種の交配様式
黒毛和種

飼育管理
出荷月齢 　：30カ月齢 指定肥育地 　：－ 飼料の内容 　：－

GI登録・農場HACCP・JGAP
GI登　録：無 農場HACCP：無 JGAP：無

販売指定店制度について
指定店制度　：　－ 販促ツール　：　シール、ミニのぼ 　　　　　　　　り、ポスター

商標登録の有無：有
登録取得年月日：2014 年 5 月 9 日
銘柄規約の有無：無
規約設定年月日：－
規約改定年月日：－

特長

主な流通経路および販売窓口

◆ 主なと畜場
　：－

◆ 主な処理場
　：－

◆ 格付等級
　：－
◆ 年間出荷頭数
　：－
◆ 主要取扱企業
　：－

◆ 輸出実績国・地域
　：－

◆ 今後の輸出意欲
　：有

概要	管 理 主 体　：　農業生産法人㈲うしちゃんファーム 代　　表　　者　：　佐藤　一貴　代表取締役社長 所　　在　　地　：　宮城県石巻市須江字畳石前 1-11	電　　　　　話　：　0225-98-8829 F　A　X　：　0225-98-8929 U　R　L　：　www.ushichan.jp メールアドレス　：　info@ushichan.jp

岩 手 県

早池峰ビーフ
（はやちねびーふ）

品種または 交雑種の交配様式
黒毛和種

飼育管理
出荷月齢 　：28カ月齢平均 指定肥育地 　：岩手県内の指定牧場 飼料の内容 　：－

GI登録・農場HACCP・JGAP
GI登　録：無 農場HACCP：無 JGAP：無

販売指定店制度について
指 定 店 制 度 ： － 販 促 ツ ー ル ： シール、ミニのぼ 　　　　　　　　り、ポスター

商標登録の有無：有
登録取得年月日：2011 年 1 月 14 日
銘柄規約の有無：無
規約設定年月日：－
規約改定年月日：－

特長

主な流通経路および販売窓口

◆ 主なと畜場
　：仙台市食肉市場、岩手畜産流通
　センター
◆ 主な処理場
　：－

◆ 格付等級
　：－
◆ 年間出荷頭数
　：650 頭
◆ 主要取扱企業
　：日本ハム、東日本フード

◆ 輸出実績国・地域
　：－

◆ 今後の輸出意欲
　：有

概要	管 理 主 体 ： 農業生産法人㈲うしちゃんファーム	電　　　話 ： 0225-98-8829
	代 表 者 ： 佐藤 一貴 代表取締役社長	FAX ： 0225-98-8929
	所 在 地 ： 宮城県石巻市須江字畳石前 1-11	URL ： www.ushichan.jp メールアドレス ： info@ushichan.jp

---

岩 手 県

早池峰和牛
（はやちねわぎゅう）

品種または 交雑種の交配様式
黒毛和種

飼育管理
出荷月齢 　：28カ月齢平均 指定肥育地 　：岩手県内の指定牧場 飼料の内容 　：－

GI登録・農場HACCP・JGAP
GI登　録：無 農場HACCP：無 JGAP：無

販売指定店制度について
指 定 店 制 度 ： － 販 促 ツ ー ル ： のぼり、パックシ 　　　　　　　　ールなど

商標登録の有無：有
登録取得年月日：2011 年 1 月 14 日
銘柄規約の有無：無
規約設定年月日：－
規約改定年月日：－

特長
●早池峰山の周辺で肥育された黒毛和牛。

主な流通経路および販売窓口

◆ 主なと畜場
　：仙台市食肉市場、岩手畜産流通
　センター
◆ 主な処理場
　：同上

◆ 格付等級
　：－
◆ 年間出荷頭数
　：500 頭
◆ 主要取扱企業
　：日本ハム、東日本フード

◆ 輸出実績国・地域
　：－

◆ 今後の輸出意欲
　：有

概要	管 理 主 体 ： 農業生産法人㈲うしちゃんファーム	電　　　話 ： 0225-98-8829
	代 表 者 ： 佐藤 一貴 代表取締役社長	FAX ： 0225-98-8929
	所 在 地 ： 宮城県石巻市須江字畳石前 1-11	URL ： www.ushichan.jp メールアドレス ： info@ushichan.jp

岩 手 県

まえさわぎゅう
前 沢 牛

品種または 交雑種の交配様式
黒毛和種

飼育管理
出荷月齢 ：30～34カ月齢 指定肥育地 ：前沢地域内（変更予定） 飼料の内容 ：稲わら、牧草、とうもろこし、大麦、飼料用米など

GI登録・農場HACCP・JGAP
GI登録：2017年 3月 3日 農場HACCP：無 JGAP：無

商標登録の有無：有
登録取得年月日：1990年 6月 28日
銘柄規約の有無：有
規約設定年月日：1987年 4月 1日
規約改定年月日：2019年 4月 12日

販売指定店制度について
指定店制度 ： 有 販促ツール ： 条件付きで有り

特長
● 全国肉用牛枝肉共励会において全国最多の通算 6度の名誉賞に裏付けされた確かな肉質。
● 生産者が一頭一頭丹精込めて育てた「味の芸術品」

主な流通経路および販売窓口

◆主なと畜場
：東京都食肉市場、岩手畜産流通センター
◆主な処理場
：－

◆格付等級
：4等級以上
◆年間出荷頭数
：800～900頭
◆主要取扱企業
：東京都食肉市場、いわちく

◆輸出実績国・地域
：台湾

◆今後の輸出意欲
：有

概要	管 理 主 体 ： 岩手前沢牛協会	電 話 ： 0197-34-0263	
	代 表 者 ： 倉成 淳	FAX ： 0197-56-2171	
	所 在 地 ： 奥州市前沢字七日町裏 71	URL ： www.maesawagyu.net メールアドレス ： gyu-ta@city-oshu.iwate.jp	

宮 城 県

いしのまきおうごんわぎゅう
石巻黄金和牛

品種または 交雑種の交配様式
黒毛和種

飼育管理
出荷月齢 ：28カ月齢平均 指定肥育地 ：宮城県内の指定牧場 飼料の内容 ：宮城県石巻地方の稲わらを給与

GI登録・農場HACCP・JGAP
GI登録：無 農場HACCP：無 JGAP：無

商標登録の有無：有
登録取得年月日：2013年 8月 9日
銘柄規約の有無：無
規約設定年月日：－
規約改定年月日：－

販売指定店制度について
指定店制度 ： － 販促ツール ： のぼり、パックシール

特長
● 石巻地方の稲わらを給与し、国産飼料米を与えた牛。

主な流通経路および販売窓口

◆主なと畜場
：仙台市食肉市場

◆主な処理場
：同上

◆格付等級
：－
◆年間出荷頭数
：500頭
◆主要取扱企業
：日本ハム、東日本フード

◆輸出実績国・地域
：－

◆今後の輸出意欲
：有

概要	管 理 主 体 ： 農業生産法人㈲うしちゃんファーム	電 話 ： 0225-98-8829	
	代 表 者 ： 佐藤 一貴 代表取締役社長	FAX ： 0225-98-8929	
	所 在 地 ： 宮城県石巻市須江字畳石前 1-11	URL ： www.ushichan.jp メールアドレス ： info@ushichan.jp	

宮城県

いしのまきぎゅうたくみおうごんわぎゅう

石巻牛匠黄金和牛

品種または交雑種の交配様式		主な流通経路および販売窓口
黒毛和種		◆主なと畜場　：－
飼育管理		◆主な処理場　：－
出荷月齢 　：30カ月齢 指定肥育地 　：宮城県内の指定牧場 飼料の内容 　：－		◆格付等級 ◆年間出荷頭数 　：100 頭 ◆主要取扱企業 　：－
GI登録・農場HACCP・JGAP	商標登録の有無：有	◆輸出実績国・地域 　：－
ＧＩ登　録：無 農場HACCP：無 ＪＧＡＰ：無	登録取得年月日：2013 年 8 月 9 日 銘柄規約の有無：無 規約設定年月日：－ 規約改定年月日：－	◆今後の輸出意欲 　：－
販売指定店制度について	特	
指定店制度：有 販促ツール：－	長	
概 要	管　理　主　体：農業生産法人㈲うしちゃんファーム 代　　表　　者：佐藤　一貴　代表取締役社長 所　　在　　地：宮城県石巻市須江字畳石前 1-11	電　　　　　話：0225-98-8829 Ｆ　Ａ　Ｘ：0225-98-8929 Ｕ　Ｒ　Ｌ：www.ushichan.jp メールアドレス：info@ushichan.jp

宮城県

うしちゃん

うしちゃん

品種または交雑種の交配様式		主な流通経路および販売窓口
黒毛和種、交雑種		◆主なと畜場　：－
飼育管理		◆主な処理場　：－
出荷月齢 　：約24カ月齢以上 指定肥育地 　：－ 飼料の内容 　：－		◆格付等級 　：－ ◆年間出荷頭数 　：－ ◆主要取扱企業 　：－
GI登録・農場HACCP・JGAP	商標登録の有無：有	◆輸出実績国・地域 　：無
ＧＩ登　録：無 農場HACCP：無 ＪＧＡＰ：無	登録取得年月日：2003 年 10 月 17 日 銘柄規約の有無：無 規約設定年月日：－ 規約改定年月日：－	◆今後の輸出意欲 　：有
販売指定店制度について	特	●うしちゃんファームが定め、統一した適正な管理のもと、安全な飼料と良質な稲わらをふんだんに与え、真心込めて育んだ牛。
指定店制度：無 販促ツール：条件付きで有り	長	
概 要	管　理　主　体：農業生産法人㈲うしちゃんファーム 代　　表　　者：佐藤　一貴　代表取締役社長 所　　在　　地：宮城県石巻市須江字畳石前 1-11	電　　　　　話：0225-98-8829 Ｆ　Ａ　Ｘ：0225-98-8929 Ｕ　Ｒ　Ｌ：www.ushichan.jp メールアドレス：info@ushichan.jp

宮 城 県

黒毛和牛日高見
くろげわぎゅうひだかみ

品種または 交雑種の交配様式
黒毛和種

飼育管理
出荷月齢 ：30～32カ月齢平均 指定肥育地 ：－ 飼料の内容 ：－

GI登録・農場HACCP・JGAP
GI登　録：無 農場HACCP：無 JGAP：無

販売指定店制度について
指定店制度：無 販促ツール：シール、パンフレット

商標登録の有無：有
登録取得年月日：2002 年 11 月 22 日
銘柄規約の有無：有
規約設定年月日：2014 年 7 月 1 日
規約改定年月日：－

特長
● 生活習慣病の予防に役立つものとして注目されている、オレイン酸、パルミトレイン酸などの不飽和脂肪酸の値が高く、サラリとして口飽きしない、ジューシーで、体に優しいうま味のある牛肉。

主な流通経路および販売窓口
◆ 主なと畜場
：仙台市食肉市場、東京都食肉市場、横浜市食肉市場、京都市食肉市場、いわちく、和牛マスター食肉センター
◆ 主な処理場
：－
◆ 格付等級
：3 等級以上
◆ 年間出荷頭数
：1,600 頭
◆ 主要取扱企業
：仙台市食肉市場、東京都食肉市場、横浜市食肉市場、京都市食肉市場
◆ 輸出実績国・地域
：香港
◆ 今後の輸出意欲
：有

概要	管 理 主 体	：㈱日高見牧場
	代　表　者	：佐藤　健
	所　在　地	：登米市登米町寺池銀山 108-1

電　　　話：0220-52-3971
F　A　X：0220-52-2885
U　R　L：www.hidakami.co.jp
メールアドレス：sato@hidakami.co.jp

宮 城 県

こめこめう米牛
こめこめうまいぎゅう

品種または 交雑種の交配様式
黒毛和種

飼育管理
出荷月齢 ：30カ月齢 指定肥育地 ：－ 飼料の内容 ：－

GI登録・農場HACCP・JGAP
GI登　録：無 農場HACCP：無 JGAP：無

販売指定店制度について
指定店制度：有 販促ツール：シール、のぼり、ポスター

商標登録の有無：有
登録取得年月日：2013 年 5 月 31 日
銘柄規約の有無：無
規約設定年月日：－
規約改定年月日：－

特長

主な流通経路および販売窓口
◆ 主なと畜場
：－
◆ 主な処理場
：－
◆ 格付等級
：－
◆ 年間出荷頭数
：－
◆ 主要取扱企業
：－
◆ 輸出実績国・地域
：－
◆ 今後の輸出意欲
：－

概要	管 理 主 体	：農業生産法人㈲うしちゃんファーム
	代　表　者	：佐藤　一貴　代表取締役社長
	所　在　地	：宮城県石巻市須江字畳石前 1-11

電　　　話：0225-98-8829
F　A　X：0225-98-8929
U　R　L：www.ushichan.jp
メールアドレス：info@ushichan.jp

宮城県

蔵王牛（ざおうぎゅう）

品種または交雑種の交配様式
黒毛和種を父牛とした交雑種または肉専用種

飼育管理

出荷月齢
：27カ月齢

指定肥育地
：蔵王高原牧場、宮城蔵王牧場

飼料の内容
：国産大麦、宮城県産飼料米、東北産稲わらなど、飼料原料の国産化を目ざしている

GI登録・農場HACCP・JGAP

GI登録：無
農場HACCP：2018年3月30日
JGAP：無

販売指定店制度について

指定店制度：有
販促ツール：有

商標登録の有無：有
登録取得年月日：2001年10月19日
銘柄規約の有無：有
規約設定年月日：2001年10月18日
規約改定年月日：2008年12月1日

主な流通経路および販売窓口

◆主なと畜場
：山形県食肉公社ほか

◆主な処理場
：山形ビーフセンター（自社加工場）

◆格付等級
：3等級以上（生後27カ月齢以上は2等級も含める）

◆年間出荷頭数
：800頭

◆主要取扱企業
：高橋畜産食肉

◆輸出実績国・地域
：台湾

◆今後の輸出意欲
：有

特長
- 作り手のコンセプトや技術がそのまま肉の個性になる蔵王牧場という、たった一つの生産者から出荷されるブランド。
- 品質はバラツキなく安定し、牧場環境から育て方、飼料、安全性に至るまで些細なこだわりを積み重ね最高品質を目ざして本来の個性を最大限に発揮するよう丁寧に仕上げている。
- 徹底した衛生管理行う農場HACCPの認証農場から安心・安全をお届けする。
- 商標登録（平成13年10月19日）第4514164号

概要

管理主体	高橋畜産食肉㈱ ㈱蔵王高原牧場	電話	023-666-8429
代表者	髙橋 勝幸 代表取締役	FAX	023-685-1665
所在地	山形市青田1-1-44	URL	www.takahashi-chikusan.co.jp
		メールアドレス	info@takachiku.jp

宮城県

三陸金華和牛（さんりくきんかわぎゅう）

品種または交雑種の交配様式
黒毛和種

飼育管理

出荷月齢
：26〜34カ月齢

指定肥育地
：－

飼料の内容
：－

GI登録・農場HACCP・JGAP

GI登録：無
農場HACCP：無
JGAP：無

販売指定店制度について

指定店制度：有
販促ツール：有

商標登録の有無：有
登録取得年月日：2007年8月31日
銘柄規約の有無：有
規約設定年月日：－
規約改定年月日：－

主な流通経路および販売窓口

◆主なと畜場
：仙台市食肉市場

◆主な処理場
：同上

◆格付等級
：3等級以上

◆年間出荷頭数
：480頭

◆主要取扱企業
：－

◆輸出実績国・地域
：香港、ベトナム、ロシア

◆今後の輸出意欲
：有

特長
- 三陸海岸の恵みを受けた緑豊かな気候の中で、適正管理のもと、安全な飼料と良質な稲わらを与え、愛情込めて育んだ牛肉です。

概要

管理主体	農業生産法人㈲うしちゃんファーム	電話	0225-98-8829
代表者	佐藤 一貴 代表取締役社長	FAX	0225-98-8929
所在地	宮城県石巻市須江字畳石前1-11	URL	www.ushichan.jp
		メールアドレス	info@ushichan.jp

品種または 交雑種の交配様式	宮　城　県	主な流通経路および販売窓口

宮　城　県

しんせいかんぽうぎゅう

新生漢方牛

品種または 交雑種の交配様式
黒毛和種、褐毛和種 黒毛和種 × 褐毛和種 交雑種（ホルスタイン種 × 黒毛和種） 日本短角種、そのほか
飼育管理
出荷月齢 　：27～33カ月齢 指定肥育地 　：宮城、山形、岩手、熊本 飼料の内容 　：配合飼料、漢方草14種類を自家配合
GI登録・農場HACCP・JGAP
ＧＩ登　録：無 農場HACCP：無 ＪＧＡＰ：無
販売指定店制度について
指定店制度：－ 販促ツール：－

商標登録の有無：有
登録取得年月日：－
銘柄規約の有無：有
規約設定年月日：－
規約改定年月日：－

主な流通経路および販売窓口
◆主なと畜場 　：仙台市食肉市場、山形県食肉公社
◆主な処理場 　：同上
◆格付等級 　：交雑種（AB2～AB5）、黒毛 × 褐毛（AB2～AB5）、黒毛和種（A2～A5）
◆年間出荷頭数 　：700 頭
◆主要取扱企業 　：新生漢方牛販売指定店舗
◆輸出実績国・地域 　：－
◆今後の輸出意欲 　：－

特長：●漢方のクコ、サンザシ、ナツメ、鹿角霊芝、ハトムギ、エゴマの実、桑の葉、半ぬか、クマザサ、ソバ、昆布、ハブ茶、ステビアの 14 種類を自家配合して漢方飼料として与えています。

概要	管理主体：関村畜産 代表者：関村　清幸 所在地：栗原郡築館町字照越午房森 24	電話：0228-22-2879 FAX：0228-22-6400 URL：－ メールアドレス：－

宮　城　県

せんだいぎゅう

仙　台　牛

品種または 交雑種の交配様式
黒毛和種
飼育管理
出荷月齢 　：30カ月齢 指定肥育地 　：－ 飼料の内容 　：大麦を中心とした飼料給与と良質な稲わら
GI登録・農場HACCP・JGAP
ＧＩ登　録：無 農場HACCP：無 ＪＧＡＰ：無
販売指定店制度について
指定店制度：有 販促ツール：シール、のぼり、ポスター

商標登録の有無：有
登録取得年月日：2007 年 8 月 10 日
銘柄規約の有無：有
規約設定年月日：1978 年 4 月 1 日
規約改定年月日：2017 年 4 月 1 日

主な流通経路および販売窓口
◆主なと畜場 　：仙台市食肉市場、東京都食肉市場
◆主な処理場 　：－
◆格付等級 　：AB・5 等級
◆年間出荷頭数 　：10,000 頭
◆主要取扱企業 　：－
◆輸出実績国・地域 　：香港、アメリカ、シンガポール、台湾、タイ、ベトナム、マカオ
◆今後の輸出意欲 　：有

特長：●仙台牛生産登録農家が宮城県（最長・最終飼養）で肥育した黒毛和種。
●大麦を中心とした飼料給与と米どころである宮城県の良質な水と稲わらにより、風味豊かなでキメ細やか、柔らかな霜降り牛肉の逸品である。
●5 等級の肉質のみが仙台牛の称号を名乗ることができる全国屈指のブランド牛である。

概要	管理主体：仙台牛銘柄推進協議会 代表者：村井　嘉浩　会長　宮城県知事 所在地：遠田郡美里町北浦字生地 22- 1 　　　　（JA 全農みやぎ畜産部内）	電話：0229-35-2720 FAX：0229-35-2677 URL：sendaigyu.jp メールアドレス：－	

宮 城 県

せんだいくろげわぎゅう
仙台黒毛和牛

品種または 交雑種の交配様式
黒毛和種

飼育管理
出荷月齢 　：30カ月齢 指定肥育地 　：－ 飼料の内容 　：大麦を中心とした飼料給与と良 　　質な稲わら

GI登録・農場HACCP・JGAP
ＧＩ登録：無 農場HACCP：無 ＪＧＡＰ：無

販売指定店制度について
指定店制度：有 販促ツール：シール、のぼり、 　　　　　　ポスター

商標登録の有無：有
登録取得年月日：2007 年 8 月 10 日
銘柄規約の有無：有
規約設定年月日：1978 年 4 月 1 日
規約改定年月日：2017 年 4 月 1 日

主な流通経路および販売窓口
◆主なと畜場 　：仙台市食肉市場、東京都食肉市 　　場 ◆主な処理場 　：－ ◆格付等級 　：A・B3 以上等級 ◆年間出荷頭数 　：16,000 頭 ◆主要取扱企業 　：－ ◆輸出実績国・地域 　：香港、アメリカ、シンガポール、 　　台湾、タイ、ベトナム、マカオ ◆今後の輸出意欲 　：有

特 長	●仙台牛生産登録農家が宮城県（最長・最終飼養）で肥育した黒毛和種。 ●大麦を中心とした飼料給与と米どころである宮城県の良質な水と稲わらに 　より、風味豊かでキメ細やか、柔らかな霜降り牛肉の逸品である。

概 要	管　理　主　体　：　仙台牛銘柄推進協議会 代　　表　　者　：　村井　嘉浩　会長　宮城県知事 所　　在　　地　：　遠田郡美里町北浦字生地 22-1 　　　　　　　　　（JA 全農みやぎ畜産部内）	電　　　　　話　：　0229-35-2720 Ｆ　Ａ　　Ｘ　：　0229-35-2677 Ｕ　Ｒ　　Ｌ　：　sendaigyu.jp メールアドレス　：　－	

宮 城 県

だてのあか
伊達の赤

品種または 交雑種の交配様式
黒毛和種、褐毛和種

飼育管理
出荷月齢 　：28カ月齢 指定肥育地 　：宮城県内の指定牧場 飼料の内容 　：－

GI登録・農場HACCP・JGAP
ＧＩ登録：無 農場HACCP：無 ＪＧＡＰ：無

販売指定店制度について
指定店制度：有 販促ツール：－

商標登録の有無：－
登録取得年月日：－
銘柄規約の有無：－
規約設定年月日：－
規約改定年月日：－

主な流通経路および販売窓口
◆主なと畜場 　：仙台市食肉市場 ◆主な処理場 　：同上 ◆格付等級 　：－ ◆年間出荷頭数 　：100 頭 ◆主要取扱企業 　：－ ◆輸出実績国・地域 　：－ ◆今後の輸出意欲 　：有

特 長	

概 要	管　理　主　体　：　農業生産法人㈲うしちゃんファーム 代　　表　　者　：　佐藤　一貴　代表取締役社長 所　　在　　地　：　宮城県石巻市須江字畳石前 1-11	電　　　　　話　：　0225-98-8829 Ｆ　Ａ　　Ｘ　：　0225-98-8829 Ｕ　Ｒ　　Ｌ　：　www.ushichan.jp メールアドレス　：　info@ushichan.jp	

宮 城 県

だてのしのび
伊達の忍

品種または交雑種の交配様式		主な流通経路および販売窓口
黒毛和種		◆主なと畜場 ：－

飼育管理
出荷月齢 ：－ 指定肥育地 ：宮城県内の指定牧場 飼料の内容 ：－

◆主な処理場
：－

◆格付等級
：－

◆年間出荷頭数
：200 頭

◆主要取扱企業
：－

GI登録・農場HACCP・JGAP
ＧＩ登　録：無 農場HACCP：無 ＪＧＡＰ：無

商標登録の有無：有
登録取得年月日：2012 年 10 月 26 日
銘柄規約の有無：無
規約設定年月日：－
規約改定年月日：－

◆輸出実績国・地域
：－

◆今後の輸出意欲
：－

販売指定店制度について
指 定 店 制 度：－ 販 促 ツ ー ル：シール、ミニのぼり、ポスター

特長

概要	管　理　主　体：農業生産法人㈲うしちゃんファーム 代　　表　　者：佐藤　一貴　代表取締役社長 所　　在　　地：宮城県石巻市須江字畳石前 1-11	電　　　　　　話：0225-98-8829 Ｆ　Ａ　Ｘ：0225-98-8929 Ｕ　Ｒ　Ｌ：www.ushichan.jp メールアドレス：info@ushichan.jp

---

宮 城 県

たんちぎゅう
たんち牛

品種または交雑種の交配様式		主な流通経路および販売窓口
黒毛和種		◆主なと畜場 ：宮城県食肉流通公社

飼育管理
出荷月齢 ：30カ月齢 指定肥育地 ：－ 飼料の内容 ：－

◆主な処理場
：自社精肉店

◆格付等級
：3 等級以上

◆年間出荷頭数
：750 頭

◆主要取扱企業
：－

GI登録・農場HACCP・JGAP
ＧＩ登　録：無 農場HACCP：無 ＪＧＡＰ：無

商標登録の有無：有
登録取得年月日：－
銘柄規約の有無：有
規約設定年月日：－
規約改定年月日：－

◆輸出実績国・地域
：－

◆今後の輸出意欲
：有

販売指定店制度について
指 定 店 制 度：無 販 促 ツ ー ル：－

特長　●優れた血統をもった黒毛和種をサンバンエ牧場で 30 カ月前後肥育した A3〜A5（B3〜B5）等級の枝肉。

概要	管　理　主　体：千葉忠畜産㈱ 代　　表　　者：千葉　忠浩 所　　在　　地：登米市米山町西野字三番江 35-10	電　　　　　　話：0220-55-5029 Ｆ　Ａ　Ｘ：0220-55-5129 Ｕ　Ｒ　Ｌ：準備中 メールアドレス：chibachu@mild.ocn.ne.jp

宮 城 県

まつしまわぎゅう
松 島 和 牛

品種または 交雑種の交配様式
黒毛和種

飼育管理
出荷月齢 ：約26〜34カ月齢以上 指定肥育地 ：－ 飼料の内容 ：指定配合飼料"特選シリーズ"を 給与し、適正管理を行う

GI登録・農場HACCP・JGAP
GI登録：無 農場HACCP：無 JGAP：無

販売指定店制度について
指定店制度：無 販促ツール：無

商標登録の有無：有
登録取得年月日：2008 年 3 月 7 日
銘柄規約の有無：無
規約設定年月日：－
規約改定年月日：－

特長	●高温でゆっくり蒸して熟成させて作る配合飼料、"特選シリーズ"を給与した牛。 ●アルファカードが高く低温度で脂肪が溶けるうま味のある牛肉。

主な流通経路および販売窓口

◆主なと畜場
：仙台市食肉市場

◆主な処理場
：同上

◆格付等級
：－
◆年間出荷頭数
：250 頭
◆主要取扱企業
：－

◆輸出実績国・地域
：無

◆今後の輸出意欲
：有

概要	管 理 主 体：農業生産法人㈲うしちゃんファーム 代 表 者：佐藤 一貴 代表取締役社長 所 在 地：宮城県石巻市須江字畳石前 1-11	電 話：0225-98-8829 FAX：0225-98-8929 URL：www.ushichan.jp メールアドレス：info@ushichan.jp

---

宮 城 県

みちのくひだかみぎゅう
みちのく日高見牛

品種または 交雑種の交配様式
交雑種 （ホルスタイン種 × 黒毛和種）

飼育管理
出荷月齢 ：約26〜28カ月齢 指定肥育地 ：－ 飼料の内容 ：－

GI登録・農場HACCP・JGAP
GI登録：無 農場HACCP：無 JGAP：無

販売指定店制度について
指定店制度：無 販促ツール：シール、パンフレット

商標登録の有無：有
登録取得年月日：2002 年 11 月 22 日
銘柄規約の有無：有
規約設定年月日：2002 年 11 月 22 日
規約改定年月日：－

特長	●宮城、北海道から健康な子牛を導入し、通常より長めの 26〜28 カ月飼育。 ●オレイン酸やリノール酸が多い、さらりとした味わいの健康的な牛肉。

主な流通経路および販売窓口

◆主なと畜場
：仙台市食肉市場、東京食肉市場、横浜市食肉市場、京都市食肉市場、いわちく、和牛マスター食肉センター
◆主な処理場
：－
◆格付等級
：2 等級以上
◆年間出荷頭数
：3,500 頭
◆主要取扱企業
：仙台市食肉市場、東京食肉市場、横浜市食肉市場、京都市食肉市場
◆輸出実績国・地域
：タイ、マカオ、アメリカ。シンガポール
◆今後の輸出意欲
：有

概要	管 理 主 体：㈱日高見牧場 代 表 者：佐藤 健 所 在 地：登米市登米町寺池銀山 108-1	電 話：0220-52-3971 FAX：0220-52-2885 URL：www.hidakami.co.jp メールアドレス：sato@hidakami.co.jp

秋 田 県

あきたぎゅう
秋 田 牛

品種または交雑種の交配様式
黒毛和種

飼育管理
出荷月齢 ：28カ月齢平均 指定肥育地 ：秋田県内 飼料の内容 ：出荷前の６カ月以上の間に米を給与

GI登録・農場HACCP・JGAP
ＧＩ登　録：無 農場HACCP：無 ＪＧＡＰ：無

販売指定店制度について
指定店制度：取扱登録店 販促ツール：シール、のぼり、はんてん、ポスター

商標登録の有無：有
登録取得年月日：2015 年 7 月 3 日
銘柄規約の有無：有
規約設定年月日：2014 年 10 月 6 日
規約改定年月日：－

主な流通経路および販売窓口
◆主なと畜場 ：秋田県食肉流通公社ほか
◆主な処理場 ：同上
◆格付等級 ：3 等級以上 ◆年間出荷頭数 ：3,000 頭 ◆主要取扱企業 ：－
◆輸出実績国・地域 ：タイ、台湾
◆今後の輸出意欲 ：有

特長
●米の国秋田を象徴する米をキーワードにしたオール秋田の県産牛ブランド。
●登録農家にて、餌として米を一定量与えられ、「軟らかい」「うまみが強い」「脂の口溶けが良い」のが特徴。

概要	管理主体：秋田牛ブランド推進協議会 代表者：佐竹 敬久 会長（秋田県知事） 所在地：秋田市河辺神内字堂坂 2-1 　　　　㈱秋田県食肉流通公社	電　　　　　話：018-882-2161 Ｆ　Ａ　　　Ｘ：018-882-2164 Ｕ　Ｒ　　　Ｌ：common3.pref.akita.lg.jp/akitagyuu/ メールアドレス：asrk@asrk.co.jp

---

秋 田 県

あきたにしきぎゅう
秋 田 錦 牛

品種または交雑種の交配様式
黒毛和種

飼育管理
出荷月齢 ：約25カ月齢以上 指定肥育地 ：秋田県内 飼料の内容 ：－

GI登録・農場HACCP・JGAP
ＧＩ登　録：無 農場HACCP：無 ＪＧＡＰ：無

販売指定店制度について
指定店制度：無 販促ツール：シール、のぼり、ポスター、看板

商標登録の有無：有
登録取得年月日：1999 年 6 月 4 日
銘柄規約の有無：無
規約設定年月日：－
規約改定年月日：－

主な流通経路および販売窓口
◆主なと畜場 ：秋田県食肉流通公社、越谷食肉センター
◆主な処理場 ：同上
◆格付等級 ：3 等級以上 ◆年間出荷頭数 ：2,000 頭 ◆主要取扱企業 ：伊藤ハム、県内指定店
◆輸出実績国・地域 ：－
◆今後の輸出意欲 ：有

特長
●秋田の風土の中で飼育され、肉色淡く、肉のきめが細かいことが特徴。
●秋田県を代表する銘柄の一つ。

概要	管理主体：秋田県畜産農業協同組合 代表者：加藤 義康 代表理事組合長 所在地：秋田市中通 6-7-9	電　　　　　話：018-833-7261 Ｆ　Ａ　　　Ｘ：018-831-2641 Ｕ　Ｒ　　　Ｌ：www.akb.or.jp/nishikigyu/ メールアドレス：nisiki-g@cna.ne.jp

秋　田　県

秋田由利牛
（あきたゆりぎゅう）

品種または交雑種の交配様式
黒毛和種

飼育管理
出荷月齢 　：30カ月齢前後 指定肥育地 　：由利本荘市、にかほ市 飼料の内容 　：－

GI登録・農場HACCP・JGAP
GI登録：無 農場HACCP：無 JGAP：無

販売指定店制度について
指定店制度：有 販促ツール：有

商標登録の有無：有
登録取得年月日：2007年 3 月
銘柄規約の有無：有
規約設定年月日：－
規約改定年月日：－

主な流通経路および販売窓口

- ◆主なと畜場
　：秋田県食肉流通公社
- ◆主な処理場
　：－
- ◆格付等級
　：AB・4 等級以上。3 等級の場合生後30カ月以上のもの
- ◆年間出荷頭数
　200 頭
- ◆主要取扱企業
　秋田県食肉流通公社
- ◆輸出実績国・地域
　－
- ◆今後の輸出意欲
　－

特長
●さらなるおいしさを追求するために、出荷 6 カ月前から「飼料用米」を 1 日 1 kg以上与えて、さっぱりとした脂身を目ざし、安全でおいしい牛肉生産をしています。

概要
管理主体：秋田由利牛振興協議会
代表者：湊 貴信 会長
所在地：由利本荘市尾崎17
電話：0184-24-6354
FAX：0184-22-5107
URL：yurigyu.yurihonjo-kanko.jp/
メールアドレス：nosui@city.yurihonjo.lg.jp

秋　田　県

羽　後　牛
（うごぎゅう）

品種または交雑種の交配様式
黒毛和種

飼育管理
出荷月齢 　：30カ月齢前後 指定肥育地 　：－ 飼料の内容 　：新銀河プレミアム

GI登録・農場HACCP・JGAP
GI登録：無 農場HACCP：無 JGAP：無

販売指定店制度について
指定店制度：無 販促ツール：有

商標登録の有無：無
登録取得年月日：－
銘柄規約の有無：有
規約設定年月日：－
規約改定年月日：－

主な流通経路および販売窓口

- ◆主なと畜場
　：秋田県食肉流通公社
- ◆主な処理場
　：同上
- ◆格付等級
　：－
- ◆年間出荷頭数
　：100 頭
- ◆主要取扱企業
　：秋田県食肉流通公社
- ◆輸出実績国・地域
　：－
- ◆今後の輸出意欲
　：有

特長
●当牧場では山林や川、平坦な牧草地や放牧地など自然環境に恵まれた広大な敷地を有効に使い、適正管理のもと、安全な飼料と良質な稲わらを与え、愛情込めて育んだ牛肉です。

概要
管理主体：羽後町肥育牛組合
代表者：千葉 義彰
所在地：羽後町足田字泉田 45-1
電話：0183-62-5827
FAX：0183-62-5828
URL：－
メールアドレス：－

秋 田 県

かづのぎゅう
かづの牛

品種または 交雑種の交配様式
日本短角種

飼育管理
出荷月齢 　：26カ月齢平均 指定肥育地 　：鹿角市、小坂町 飼料の内容 　：かづの牛スペシャル、アミノビ 　　ーフ、WCS、地元牧草

GI登録・農場HACCP・JGAP
GI登録：無 農場HACCP：無 JGAP：無

販売指定店制度について
指定店制度　：無 販促ツール　：のぼり、ポスター、シ 　　　　　　　ール、パンフレット

商標登録の有無：無
登録取得年月日：—
銘柄規約の有無：有
規約設定年月日：1992 年 8 月 12 日
規約改定年月日：2018 年 12 月 21 日

主な流通経路および販売窓口
◆主なと畜場 　：秋田県食肉流通公社
◆主な処理場 　：同上
◆格付等級 　：— ◆年間出荷頭数 　：80 頭 ◆主要取扱企業 　：伊藤ハムミート販売東、大門商 　　店、グローバルフーズ ◆輸出実績国・地域 　：無
◆今後の輸出意欲 　：有

特長	●十和田・八幡平の清らかな水と空気の中、「自然放牧」で太陽をいっぱいに浴び、牧場を駆け巡り、のびのびと育つ「かづの牛」は低脂肪、高タンパクで安全・安心なヘルシー牛肉。

概要	管理主体	： 秋田県畜産農業協同組合 　鹿角支所	電話	： 0186-25-3311	
			FAX	： 0186-25-3312	
	代表者	： 加藤 義康 代表理事組合長	URL	： akb.or.jp/kazunogyu/	
	所在地	： 鹿角市花輪字菩提野 1-2	メールアドレス	： tikusan@ink.or.jp	

秋 田 県

べごどろぼう
べゴどろぼう

品種または 交雑種の交配様式
黒毛和種

飼育管理
出荷月齢 　：28～31カ月齢 指定肥育地 　：秋田市内 飼料の内容 　：—

GI登録・農場HACCP・JGAP
GI登録：無 農場HACCP：無 JGAP：無

販売指定店制度について
指定店制度　：無 販促ツール　：—

商標登録の有無：有
登録取得年月日：2004 年 12 月 9 日
銘柄規約の有無：無
規約設定年月日：—
規約改定年月日：—

主な流通経路および販売窓口
◆主なと畜場 　：秋田県食肉流通公社
◆主な処理場 　：同上
◆格付等級 　：A3 等級以上 ◆年間出荷頭数 　：360 頭 ◆主要取扱企業 　：伊藤ハム、エスフーズ
◆輸出実績国・地域 　：台湾
◆今後の輸出意欲 　：—

特長	●牛舎の周りは自然環境に恵まれ、湧き水を牛に与えている。 ●秋田県内で産出する 2：1 型モンモリナイトを全期間、一定給与している。 ●肉の熟成期間を守っているため、肉の風味がよく、甘い肉に仕上がっている。

概要	管理主体	： ㈱寿牧場	電話	： 0188-82-5088
	代表者	： 高橋 長寿	FAX	： 0188-82-5088
	所在地	： 秋田市上北手字寺村	URL	： —
			メールアドレス	： —

山 形 県

尾花沢牛
おばなざわぎゅう

品種または 交雑種の交配様式
黒毛和種

飼育管理

出荷月齢
：30カ月齢平均
指定肥育地
：－
飼料の内容
：稲わら、ＪＡ独自配合飼料

GI登録・農場HACCP・JGAP

ＧＩ登　録：－
農場HACCP：－
ＪＧＡＰ：－

販売指定店制度について

指定店制度：有
販促ツール：シール、パンフレット、ポスター

商標登録の有無：有
登録取得年月日：－
銘柄規約の有無：有
規約設定年月日：1997 年 1 月 31 日
規約改定年月日：2012 年 2 月 3 日

主な流通経路および販売窓口

◆ 主なと畜場
：山形県食肉公社

◆ 主な処理場
：同上

◆ 格付等級
：3 等級以上
◆ 年間出荷頭数
：3,300 頭
◆ 主要取扱企業
：全国

◆ 輸出実績国・地域
：－

◆ 今後の輸出意欲
：有

特長
●奥羽山系から湧き出る豊潤な水、昼夜の寒暖差が大きい夏、日本三雪地の厳しい冬を 2 回乗り越えた肥育牛は、牛飼いたちの高い技術により、芸術品ともいうべき、きめ細かなサシを生み出します。

概要
管理主体：尾花沢牛振興協議会
代表者：結城 裕 会長
所在地：尾花沢市若葉町 1-2-3
電話：0237-22-1111
ＦＡＸ：0237-22-1237
ＵＲＬ：www.yukifuri-obanazawa.jp/
メールアドレス：HP 上の問い合わせフォーム

山 形 県

蔵 王 和 牛
ざおうわぎゅう

品種または 交雑種の交配様式
和牛または和牛間交雑種 (黒毛和種、日本短角種、褐毛和種または 黒毛和種を父牛とする和牛間交雑種)

飼育管理

出荷月齢
：－
指定肥育地
：蔵王ファーム、山形蔵王牧場、山形第 2 農場、蔵王高原牧場、宮城蔵王牧場
飼料の内容
：地元産わらを使用し、長年の研究から独自の割合で配合

GI登録・農場HACCP・JGAP

ＧＩ登　録：無
農場HACCP：2018 年 3 月 30 日
ＪＧＡＰ：2019 年 3 月 28 日
（一部農場）

販売指定店制度について

指定店制度：有
販促ツール：有

商標登録の有無：有
登録取得年月日：2010 年 11 月 5 日
銘柄規約の有無：有
規約設定年月日：2008 年 12 月 1 日
規約改定年月日：2022 年 11 月 29 日

主な流通経路および販売窓口

◆ 主なと畜場
：山形県食肉公社ほか

◆ 主な処理場
：山形ビーフセンター（自社加工場）ほか
◆ 格付等級
：－

◆ 年間出荷頭数
：約 400 頭
◆ 主要取扱企業
：高橋畜産食肉

◆ 輸出実績国・地域
：シンガポール

◆ 今後の輸出意欲
：有

特長
●蔵王山麓の大自然の中、直営牧場においてのびのびスクスクと丹精を込めて育まれた「蔵王和牛」
●生産、加工、卸、小売まで一貫して行っており、農場 HACCP 取得の牧場で安心・安全な生産を心がけている。
●商標登録(平成 22 年 11 月 5 日)第 5366465 号

概要
管理主体：高橋畜産食肉㈱、蔵王高原牧場、㈱蔵王ファーム
代表者：髙橋 勝幸 代表取締役
所在地：山形市青田 1-1-44
電話：023-666-8429
ＦＡＸ：023-685-1665
ＵＲＬ：www.takahashi-chikusan.co.jp
メールアドレス：info@takachiku.jp

山 形 県
山形牛
やまがたぎゅう

品種または 交雑種の交配様式		主な流通経路および販売窓口
黒毛和種 幸紀陸、翼満開、美結喜、冬影21等		◆主なと畜場 ：県内3と畜場ほか全国のと畜場

飼育管理

出荷月齢
：30カ月齢前後
指定肥育地
：県内一円
飼料の内容
：稲わら、穀物など

◆主な処理場
：－

◆格付等級
：4等級以上とし、3等級も準ずる
◆年間出荷頭数
：18,000頭
◆主要取扱企業
：全国主要食肉卸、販売業者（取扱
登録指定店204店舗）

GI登録・農場HACCP・JGAP

GI登録：無
農場HACCP：－
JGAP：－

商標登録の有無：有
登録取得年月日：2004年 9 月10日
銘柄規約の有無：有
規約設定年月日：1965年 5 月31日
規約改定年月日：2006年 8 月 9 日

◆輸出実績国・地域
：タイ、香港、アメリカ、台湾

◆今後の輸出意欲
：有

販売指定店制度について

指定店制度：有
販促ツール：有

特長
- 総称「山形牛」の産地山形県の自然は、四季がはっきりしており、「夏暑く、冬寒く」また、「昼夜の寒暖の差が大きく」、その風土の中で丹精込め長期にわたり肥育された黒毛和種は、きめ細かく霜降りがあり、食べては軟らかく、まろやかなおいしい牛肉といわれている。
- 流通の明確化を図るため基準を満たした総称「山形牛」について産地証明書を発行している。

概要

管理主体：山形肉牛協会	電 話：023-634-8151
代表者：吉村 美栄子 会長（山形県知事）	FAX：023-631-5451 URL：www.yamagata-gyu.org
所在地：山形市七日町3-1-16	メールアドレス：info4129@yamagata-gyu.org

山 形 県
雪降り和牛 尾花沢
ゆきふりわぎゅう　おばなざわ

品種または 交雑種の交配様式		主な流通経路および販売窓口
黒毛和種（雌）		◆主なと畜場 ：山形県食肉公社

飼育管理

出荷月齢
：32カ月齢以上
指定肥育地
：－
飼料の内容
：稲わら、ＪＡ独自配合飼料

◆主な処理場
：同上

◆格付等級
：3等級以上
◆年間出荷頭数
：1,100頭
◆主要取扱企業
：全国

GI登録・農場HACCP・JGAP

GI登録：－
農場HACCP：－
JGAP：－

商標登録の有無：有
登録取得年月日：2010年 9 月24日
銘柄規約の有無：有
規約設定年月日：1997年 1 月31日
規約改定年月日：2012年 2 月 3 日

◆輸出実績国・地域
：－

◆今後の輸出意欲
：有

販売指定店制度について

指定店制度：有
販促ツール：シール、パンフレット、ポスター

特長
- 尾花沢牛のなかでも特に月齢32カ月以上で、未経産の雌牛だけが「雪降り和牛 尾花沢」と呼ばれる資格を持ちます。
- きめ細かなサシと、粉雪のように軽やかな口どけが特徴です。

概要

管理主体：尾花沢牛振興協議会	電 話：0237-22-1111
代表者：結城 裕 会長	FAX：0237-22-1237 URL：www.yukifuri-obanazawa.jp/
所在地：尾花沢市若葉町1-2-3	メールアドレス：HP上の問い合わせフォーム

品種または 交雑種の交配様式	山 形 県 よねざわぎゅう **米 沢 牛**	主な流通経路および販売窓口

<table>
<tr><td colspan="2">品種または
交雑種の交配様式</td><td rowspan="6">山 形 県
よねざわぎゅう
米 沢 牛
</td><td colspan="2">主な流通経路および販売窓口</td></tr>
</table>

山 形 県
よねざわぎゅう
米 沢 牛

品種または交雑種の交配様式

黒毛和種(雌)

飼育管理

出荷月齢
：32カ月齢以上
指定肥育地
：置賜3市5町(米沢市、南陽市、長井市、高畠町、川西町、飯豊町、白鷹町、小国町)
飼料の内容
：－

GI登録・農場HACCP・JGAP

ＧＩ登録： 2017 年 3 月 3 日
農場HACCP：－
ＪＧＡＰ：－

販売指定店制度について

指定店制度 ： 有
販促ツール ： 証明書、シール、のぼり、のれん、ポスターほか

商標登録の有無：有
登録取得年月日：1981 年 3 月 31 日
銘柄規約の有無：有
規約設定年月日：1992 年 11 月 30 日
規約改定年月日：2014 年 12 月 1 日

主な流通経路および販売窓口

◆ 主なと畜場
：米沢市食肉センター、東京都食肉市場
◆ 主な処理場
：同上

◆ 格付等級
：米沢牛定義による
◆ 年間出荷頭数
：2,500 頭
◆ 主要取扱企業
：県内および首都圏

◆ 輸出実績国・地域
：タイ、香港、アメリカ

◆ 今後の輸出意欲
：有

特長
● 黒毛和種、未経産の雌牛 32 カ月齢以上の長期肥育により食味が濃い。
● 米沢盆地特有の豊かな自然、百有余年培われた飼育技術と愛情込めた管理、厳しい認定定義により豊かな香り、おいしさを持つ伝統の逸品「米沢牛」が生産される。

概要

管 理 主 体 ： 米沢牛銘柄推進協議会	電 話 ： 0238-46-5303	
代 表 者 ： 中川 勝 会長 米沢市長	Ｆ Ａ Ｘ ： 0238-46-5312	
所 在 地 ： 東置賜郡川西町大字上小松 978-1	Ｕ Ｒ Ｌ ： yonezawagyu.jp メールアドレス ： info@yonezwagyu.jp	

福 島 県
うねめぎゅう
うねめ牛

品種または交雑種の交配様式

黒毛和種(雌)

飼育管理

出荷月齢
：約30カ月齢
指定肥育地
：郡山市内
飼料の内容
：－

GI登録・農場HACCP・JGAP

ＧＩ登録：無
農場HACCP：無
ＪＧＡＰ：無

販売指定店制度について

指定店制度 ： 有
販促ツール ： －

商標登録の有無：有
登録取得年月日：2007 年 3 月 10 日
銘柄規約の有無：有
規約設定年月日：2006 年 8 月 5 日
規約改定年月日：－

主な流通経路および販売窓口

◆ 主なと畜場
：福島県食肉流通センター

◆ 主な処理場
：同上

◆ 格付等級
：4、5 等級
◆ 年間出荷頭数
：100 頭
◆ 主要取扱企業
：ビーフふくしま

◆ 輸出実績国・地域
：－

◆ 今後の輸出意欲
：有

特長
● 食肉のプロに認知された和牛

概要

管 理 主 体 ： 采女牛を育てる会	電 話 ： 024-944-1581
代 表 者 ： 会長 武田 晃一	Ｆ Ａ Ｘ ： 024-944-6686
所 在 地 ： 郡山市富久山町久保田字古坦 120-1	Ｕ Ｒ Ｌ ： － メールアドレス ： beef.fukusima1017@plum.ocn.ne.jp

福 島 県

しゃくなげ和牛
しゃくなげわぎゅう

品種または 交雑種の交配様式
黒毛和種

飼育管理
出荷月齢 　：30カ月齢平均 指定肥育地 　：福島県内 飼料の内容 　：大麦、フスマ、大豆を中心とした 　　配合飼料と自家産稲わらを給与

GI登録・農場HACCP・JGAP
GI登録：無 農場HACCP：無 JGAP：無

販売指定店制度について
指定店制度：無 販促ツール：シール、ミニのぼり

商標登録の有無：有
登録取得年月日：2009 年 2 月 27 日
銘柄規約の有無：有
規約設定年月日：2008 年 6 月 1 日
規約改定年月日：2020 年 2 月 1 日

	特長
●	緑豊かな自然に囲まれた環境で、牛にストレスを与えず育てた肉牛で色鮮やかで良質の霜降りをもち、風味豊かな牛肉。

主な流通経路および販売窓口

◆ 主なと畜場
　：東京都食肉市場

◆ 主な処理場
　：同上

◆ 格付等級
　：A3 等級以上
◆ 年間出荷頭数
　：350 頭
◆ 主要取扱企業
　：コシヅカ、小川畜産興業、サガミヤホールセール
◆ 輸出実績国・地域
　：－

◆ 今後の輸出意欲
　：有

概要	管 理 主 体　：丸二産業㈲ 代 表 者　：細田　泰 所 在 地　：茨城県つくば市妻木 618	電 話　：024-922-1178 F A X　：同上 U R L　：－ メールアドレス　：－

福 島 県

磐 梯 牛
ばんだいぎゅう

品種または 交雑種の交配様式
黒毛和種、交雑種

飼育管理
出荷月齢 　：28〜35カ月齢 指定肥育地 　：－ 飼料の内容 　：－

GI登録・農場HACCP・JGAP
GI登録：無 農場HACCP：無 JGAP：無

販売指定店制度について
指定店制度：無 販促ツール：有

商標登録の有無：有
登録取得年月日：2003 年 3 月 28 日
銘柄規約の有無：無
規約設定年月日：－
規約改定年月日：－

	特長
●	磐梯エリアを中心とした福島県内の提携牧場で肥育された肉牛の中から肉質、脂質の優れたものだけを磐梯牛として出荷しています。

主な流通経路および販売窓口

◆ 主なと畜場
　：群馬県食肉市場ほか

◆ 主な処理場
　：コトラミートカルチャ

◆ 格付等級
　：B.M.S. №4 以上
◆ 年間出荷頭数
　：－
◆ 主要取扱企業
　：ホームページに掲載

◆ 輸出実績国・地域
　：－

◆ 今後の輸出意欲
　：有

概要	管 理 主 体　：㈱コトラミートカルチャ 代 表 者　：小林　伸光　代表取締役 所 在 地　：栃木県足利市堀込町 1558	電 話　：0284-71-3057 F A X　：0284-72-8979 U R L　：www.0298.biz メールアドレス　：－	

福島県

磐梯和牛
（ばんだいわぎゅう）

品種または交雑種の交配様式
黒毛和種

飼育管理
出荷月齢 ：25〜35カ月齢 指定肥育地 ：－ 飼料の内容 ：－

GI登録・農場HACCP・JGAP
GI登録：無 農場HACCP：無 JGAP：無

販売指定店制度について
指定店制度：無 販促ツール：有

商標登録の有無：有
登録取得年月日：2003 年 3 月 28 日
銘柄規約の有無：無
規約設定年月日：－
規約改定年月日：－
GI 登 録：未定

特長
●みちのくの自然の中で、牧草と配合飼料を与え、長期肥育され、適度な霜降りで風味豊かである。

主な流通経路および販売窓口
◆主なと畜場
：群馬県食肉市場ほか

◆主な処理場
：コトラミートカルチャ

◆格付等級
：B.M.S. №4 以上
◆年間出荷頭数
：300 頭
◆主要取扱企業
：ホームページに掲載

◆輸出実績国・地域
：－

◆今後の輸出意欲
：有

概要	管 理 主 体 ： ㈱コトラミートカルチャ 代 表 者 ： 小林　伸光　代表取締役 所 在 地 ： 栃木県足利市堀込町 1558	電 話 ： 0284-71-3057 F A X ： 0284-72-8979 U R L ： www.0298.biz メールアドレス ： －	

福島県

福島牛
（ふくしまぎゅう）

品種または交雑種の交配様式
黒毛和種

飼育管理
出荷月齢 ：28〜32カ月齢 指定肥育地 ：－ 飼料の内容 ：－

GI登録・農場HACCP・JGAP
GI登録：－ 農場HACCP：－ JGAP：－

販売指定店制度について
指定店制度：有 販促ツール：ポスター、のぼり

商標登録の有無：有
登録取得年月日：1997 年 6 月 13 日
銘柄規約の有無：有
規約設定年月日：1985 年 11 月 7 日
規約改定年月日：2011 年 7 月 12 日

特長
●豊かな自然環境で、手塩にかけて育てられた黒毛和種「福島牛」は色鮮やか、良質な霜降り、軟らかな肉質、風味豊かでまろやかな味のブランド品。

主な流通経路および販売窓口
◆主なと畜場
：福島県食肉流通センター、東京都食肉市場
◆主な処理場
：－

◆格付等級
：4 等級以上（銘柄福島牛）
◆年間出荷頭数
：約 3,000 頭
◆主要取扱企業
：首都圏および県内

◆輸出実績国・地域
：アメリカ

◆今後の輸出意欲
：－

概要	管 理 主 体 ： 福島牛販売促進協議会 代 表 者 ： 管野　啓二　会長 所 在 地 ： 福島市平野字三枚長 1-1	電 話 ： 024-956-2983 F A X ： 024-943-5377 U R L ： www.fukushima-gyu.com メールアドレス ： －	

茨城県

雨情の里牛
（うじょうのさとぎゅう）

品種または交雑種の交配様式	
交雑種（ホルスタイン種 × 黒毛和種）	

飼育管理	
出荷月齢	：22～30カ月齢前後
指定肥育地	：－
飼料の内容	：－

GI登録・農場HACCP・JGAP	
GI登録：無	
農場HACCP：無	
JGAP：無	

販売指定店制度について	
指定店制度：有	
販促ツール：条件付きで有り	

商標登録の有無：有
登録取得年月日：2007年 7月 6日
銘柄規約の有無：有
規約設定年月日：2008年 4月 7日
規約改定年月日：2009年 7月10日

主な流通経路および販売窓口

- ◆ 主なと畜場
  ：茨城県食肉市場、東京都食肉市場
- ◆ 主な処理場
  ：－

- ◆ 格付等級
  ：2等級以上
- ◆ 年間出荷頭数
  ：500頭
- ◆ 主要取扱企業
  ：東京都食肉市場

- ◆ 輸出実績国・地域
  ：無

- ◆ 今後の輸出意欲
  ：有

特長　● JA 常陸高萩地区で生産された交雑種でコストを抑え、安全な飼料を与えて育てられたヘルシーな牛肉。

概要	管理主体：銘柄牛振興協議会	電話：0293-23-6748
	代表者：新妻 洋治 会長	FAX：0293-24-2454
	所在地：高萩市本町1-100-2	URL：－
		メールアドレス：jahitach@aqua.ocn.ne.jp

茨城県

笠間和牛
（かさまわぎゅう）

笠間和牛

品種または交雑種の交配様式	
黒毛和種（雌）	

飼育管理	
出荷月齢	：31カ月齢
指定肥育地	：茨城県
飼料の内容	：雪印指定配合

GI登録・農場HACCP・JGAP	
GI登録：無	
農場HACCP：無	
JGAP：無	

販売指定店制度について	
指定店制度：無	
販促ツール：無	

商標登録の有無：無
登録取得年月日：－
銘柄規約の有無：無
規約設定年月日：－
規約改定年月日：－

主な流通経路および販売窓口

- ◆ 主なと畜場
  ：東京都食肉市場
- ◆ 主な処理場
  ：同上

- ◆ 格付等級
  ：A3等級以上
- ◆ 年間出荷頭数
  ：250頭
- ◆ 主要取扱企業
  ：吉澤畜産

- ◆ 輸出実績国・地域
  ：タイ、ベトナム

- ◆ 今後の輸出意欲
  ：有

特長　● 雌牛を主体とした肥育形態であり、脂質が良く食べておいしい牛肉。

概要	管理主体：笠間出荷組合	電話：0296-72-4341
	代表者：川井 一浩	FAX：0296-72-4341
	所在地：笠間市日草場4242-1	URL：－
		メールアドレス：－

茨 城 県

紫 峰 牛
しほうぎゅう

品種または 交雑種の交配様式
黒毛和種

飼育管理
出荷月齢 ：30～32カ月齢 指定肥育地 ：茨城県内 飼料の内容 ：国産稲わら、オーツヘイ、チモシー、紫峰牛オリジナルブレンド

GI登録・農場HACCP・JGAP
ＧＩ登 録：無 農場HACCP：無 ＪＧＡＰ：無

販売指定店制度について
指定店制度：無 販促ツール：有

商標登録の有無：有
登録取得年月日：－
銘柄規約の有無：有
規約設定年月日：－
規約改定年月日：－

主な流通経路および販売窓口

◆ 主なと畜場
：下妻食肉協同組合
◆ 主な処理場
：伊藤ハム東京ミートセンター、関東日本フード関東牛加工センター
◆ 格付等級
：A3 等級以上
◆ 年間出荷頭数
：1,500 頭
◆ 主要取扱企業
：伊藤ハム、日本ハム、エスフーズ、芝浦
◆ 輸出実績国・地域
：シンガポール

◆ 今後の輸出意欲
：有

特長	● 北海道および宮崎県を中心に良質な血統の素牛を導入し、筑波山のふもとで約 2 年間、丹精込めて肥育しています。 ● 長年の肥育技術により肉質もよく、きめも細かい良質な牛肉で、ユーザーに喜ばれています。

概要	管理主体：農事組合法人紫峰牛肥育組合 代表者：臼井　理沙 所在地：下妻市小島 950	電話：0296-44-3605 ＦＡＸ：0296-43-2693 ＵＲＬ：shihougyuh.jp/ メールアドレス：shihohgyuh@ybb.ne.jp	

茨 城 県

つくば牛
つくばぎゅう

品種または 交雑種の交配様式
交雑種 （ホルスタイン種 × 黒毛和種）

飼育管理
出荷月齢 ：25～30カ月齢 指定肥育地 ：茨城県 飼料の内容 ：大麦、フスマ、大豆を中心とした配合飼料と国産稲わらを給与。成長ホルモンは一切与えていない

GI登録・農場HACCP・JGAP
ＧＩ登 録：無 農場HACCP：無 ＪＧＡＰ：無

販売指定店制度について
指定店制度：－ 販促ツール：有

商標登録の有無：有
登録取得年月日：2007 年 1 月 12 日
銘柄規約の有無：有
規約設定年月日：2006 年 4 月 1 日
規約改定年月日：－

主な流通経路および販売窓口

◆ 主なと畜場
：東京都食肉市場

◆ 主な処理場
：－

◆ 格付等級
：B3 等級以上
◆ 年間出荷頭数
：750 頭
◆ 主要取扱企業
：コシヅカ、小川畜産興業、マルイミート
◆ 輸出実績国・地域
：－

◆ 今後の輸出意欲
：無

特長	● 自然に恵まれた飼養環境と、良質な飼料の給与で育てた風味豊かな牛肉です。

概要	管理主体：丸二産業㈲ 代表者：細田　泰 所在地：つくば市妻木 618	電話：029-851-1279 ＦＡＸ：029-851-1279 ＵＲＬ：－ メールアドレス：－

茨城県

つくばさんろくいいむらぎゅう
つくば山麓飯村牛

品種または交雑種の交配様式
黒毛和種

飼育管理
出荷月齢 ：32〜34カ月齢 指定肥育地 ：－ 飼料の内容 ：独自配合飼料

GI登録・農場HACCP・JGAP
GI登　録：無 農場HACCP：無 JGAP：無

販売指定店制度について
指定店制度：有 販促ツール：有

商標登録の有無：有
登録取得年月日：－
銘柄規約の有無：有
規約設定年月日：－
規約改定年月日：－

主な流通経路および販売窓口
◆主なと畜場 ：東京都食肉市場、茨城県食肉市場 ◆主な処理場 ：吉澤畜産 ◆格付等級 ：AB・4等級以上 ◆年間出荷頭数 ：400頭 ◆主要取扱企業 ：吉澤畜産 ◆輸出実績国・地域 ：－ ◆今後の輸出意欲 ：有

特長
- 牛舎にマイナスイオンを放出する大型トルマリン扇風機を設置し、水は麦飯石とトルマリンで浄化した井戸水を使用。
- 餌は独自配合し通常より4カ月長く育てるので、飯村牛はきめ細やかな肉質と風味豊かな脂質が絶妙におりなす霜降りの甘みが特長。

概要	管理主体：飯村牛出荷組合	電話：029-862-2122
	代表者：飯村　昭次	FAX：029-862-5572
	所在地：土浦市田宮793	URL：－ メールアドレス：－

茨城県

つくばわぎゅう
筑波和牛

品種または交雑種の交配様式
黒毛和種

飼育管理
出荷月齢 ：28〜32カ月齢前後 指定肥育地 ：茨城県 飼料の内容 ：大麦、フスマ、大豆を中心とした配合飼料と国産稲わらを給与。成長ホルモンは一切与えていない

GI登録・農場HACCP・JGAP
GI登　録：無 農場HACCP：無 JGAP：無

販売指定店制度について
指定店制度：－ 販促ツール：有

商標登録の有無：有
登録取得年月日：2007年1月12日
銘柄規約の有無：有
規約設定年月日：2006年4月1日
規約改定年月日：－

主な流通経路および販売窓口
◆主なと畜場 ：東京都食肉市場 ◆主な処理場 ：－ ◆格付等級 ：A3等級以上 ◆年間出荷頭数 ：1,500頭 ◆主要取扱企業 ：吉澤畜産、コシヅカ、マルイミート ◆輸出実績国・地域 ：－ ◆今後の輸出意欲 ：無

特長
- 自然に恵まれた飼養環境と良質飼料の給与により育てられた黒毛和種で、良質な霜降り、軟らかな肉質の牛肉です。

概要	管理主体：丸二産業㈲	電話：029-851-1279
	代表者：細田　泰	FAX：029-851-1279
	所在地：つくば市妻木618	URL：－ メールアドレス：－

茨城県

紬牛（つむぎぎゅう）

品種または交雑種の交配様式		主な流通経路および販売窓口
黒毛和種		◆主なと畜場 ：越谷食肉センター
飼育管理		◆主な処理場 ：伊藤ハム東京ミートセンター
出荷月齢 ：30〜34カ月齢 指定肥育地 ：茨城県 飼料の内容 ：配合飼料、粗飼料		◆格付等級 ：AB・3等級以上 ◆年間出荷頭数 ：300 頭 ◆主要取扱企業 ：伊藤ハム
GI登録・農場HACCP・JGAP	商標登録の有無：有	◆輸出実績国・地域 ：無
GI登録：無 農場HACCP：無 JGAP：無	登録取得年月日：－ 銘柄規約の有無：有 規約設定年月日：－ 規約改定年月日：－	◆今後の輸出意欲 ：無
販売指定店制度について	特長	●東北、北海道の素牛を長期肥育して味のよい牛をつくります。 ※情報の一部は 2019 年時点。
指定店制度：有 販促ツール：－		

概要	管理主体：紬牛肥育生産組合	電話：0296-35-1944
	代表者：中尾 徹	FAX：0296-35-1943
	所在地：結城市大字大木 2084	URL：－ メールアドレス：－

茨城県

花園牛（はなぞのぎゅう）

品種または交雑種の交配様式		主な流通経路および販売窓口
黒毛和種		◆主なと畜場 ：東京都食肉市場
飼育管理		◆主な処理場 ：－
出荷月齢 ：24〜32カ月齢前後 指定肥育地 ：－ 飼料の内容 ：－		◆格付等級 ：4 等級以上 ◆年間出荷頭数 ：1,000 頭 ◆主要取扱企業 ：東京都食肉市場
GI登録・農場HACCP・JGAP	商標登録の有無：有	◆輸出実績国・地域 ：無
GI登録：無 農場HACCP：無 JGAP：無	登録取得年月日：2007 年 7 月 6 日 銘柄規約の有無：有 規約設定年月日：2008 年 7 月 7 日 規約改定年月日：2009 年 7 月 10 日	◆今後の輸出意欲 ：有
販売指定店制度について	特長	●枝肉規格 A および B4 等級以上のものだけを認定。 ●統一された飼養管理により育てられた風味豊かな牛肉。
指定店制度：有 販促ツール：条件付きで有り		

概要	管理主体：銘柄牛振興協議会	電話：0293-23-6748
	代表者：新妻 洋治 会長	FAX：0293-24-2454
	所在地：高萩市本町 1-100-2	URL：－ メールアドレス：jahitach@aqua.ocn.ne.jp

茨城県 常陸牛（ひたちぎゅう）

品種または交雑種の交配様式		主な流通経路および販売窓口
黒毛和種 全国の優良血統		◆主なと畜場 ：東京都食肉市場、茨城県中央食肉公社、川口食肉荷受、越谷食肉センター、水戸ミート ◆主な処理場 ：同上 ◆格付等級 ：AB・4等級以上 ◆年間出荷頭数 ：11,000頭 ◆主要取扱企業 ：コシヅカ、ＳＣミート、橋本畜産、吉澤畜産、日南、鎌倉ハム、石井大一商店 ◆輸出実績国・地域 ：タイ、ベトナム、アメリカ、カナダ、フィリピン、シンガポール ◆今後の輸出意欲 ：有
飼育管理		
出荷月齢 ：30カ月齢平均 指定肥育地 ：県内全域 飼料の内容 ：良質な粗飼料と配合飼料を給与		
GI登録・農場HACCP・JGAP		
ＧＩ登　録：無 農場HACCP：無 ＪＧＡＰ：無	商標登録の有無：有 登録取得年月日：1988年6月24日 銘柄規約の有無：有 規約設定年月日：1988年6月 規約改定年月日：－	
販売指定店制度について	特長	
指定店制度：有 販促ツール：のぼり、のれん、シール、盾、ポスター	●オレイン酸値が高い。 ●生産者指定制度を設け、日本食肉格付協会取引規格A、B4等級以上を認定し、産地証明書を発行する。 ●特徴は、枝肉重量が大きく、とくにバラ厚は厚く、焼き肉に最適。また脂肪交雑もよく、風味が豊かです。 ●モモもおいしくすき焼きやローストビーフに最高です。 ●オレイン酸値を高めるライスオイル等を給与し、さらにおいしさを求めています。	
概要	管理主体：茨城県常陸牛振興協会 代表者：鴨川 隆計 会長 所在地：東茨城郡茨城町下土師1950	電話：029-292-8364 ＦＡＸ：029-292-8231 ＵＲＬ：ibaraki.lin.gr.jp/hitachigyuu.html メールアドレス：hitachigyuu@eco.ocn.ne.jp

茨城県 瑞穂牛（みずほぎゅう）

品種または交雑種の交配様式		主な流通経路および販売窓口
黒毛和種 交雑種（ホルスタイン種 × 黒毛和種）		◆主なと畜場 ：川口食肉市場、東京都食肉市場 ◆主な処理場 ：下山畜産 ◆格付等級 ：2等級以上 ◆年間出荷頭数 ：約5,000頭（年間） ◆主要取扱企業 ：下山畜産 ◆輸出実績国・地域 ：アメリカ ◆今後の輸出意欲 ：有
飼育管理		
出荷月齢 ：29カ月齢（黒毛和種）、26カ月齢 指定肥育地 ：常陸大宮本社、那須支店 飼料の内容 ：指定配合飼料、飼料米、ビールかす、チモシー、ライグラスストロー、稲わら、稲WCS		
GI登録・農場HACCP・JGAP		
ＧＩ登　録：－ 農場HACCP：－ ＪＧＡＰ：2019年7月23日 （本社肥育育成部） 2021年10月22日 （那須支店）	商標登録の有無：有 登録取得年月日：2003年8月15日 銘柄規約の有無：有 規約設定年月日：2002年6月1日 規約改定年月日：－	
販売指定店制度について	特長	
指定店制度：無 販促ツール：シール	●種の選別から出生、出荷まで、一貫した飼養管理により、安心、安全な牛肉づくりをしている。 ●生産情報公表牛肉（JAS）の認証を受けており、給与飼料および動物用医薬品等の生産履歴が確認できる。 ●本社肥育育成部および那須支店でJGAP認証を受け、より食の安全、環境保全に取り組んでいる。	
概要	管理主体：㈲瑞穂農場 代表者：下山 一郎 代表取締役 所在地：常陸大宮市小祝1535	電話：0295-52-0551 ＦＡＸ：0295-53-4974 ＵＲＬ：www.mizuho-farm.co.jp メールアドレス：－

栃 木 県

おやま和牛
おやまわぎゅう

品種または 交雑種の交配様式
黒毛和種

飼育管理
出荷月齢 　：32カ月齢平均 指定肥育地 　：小山市内 飼料の内容 　：―

GI登録・農場HACCP・JGAP
ＧＩ登　録：― 農場HACCP：― ＪＧＡＰ：―

販売指定店制度について
指定店制度　：有 販促ツール　：シール、のぼり

商標登録の有無：有
登録取得年月日：2004 年
銘柄規約の有無：無
規約設定年月日：―
規約改定年月日：―

主な流通経路および販売窓口
◆主なと畜場 　：東京食肉市場 ◆主な処理場 　：同上 ◆格付等級 　：3 等級以上 ◆年間出荷頭数 　：1,300 頭 ◆主要取扱企業 　：JA 全農ミートフーズ ◆輸出実績国・地域 　：米国、EU、シンガポール、香港 ◆今後の輸出意欲 　：有

特長	●小山市内で肥育された黒毛和牛で、牛枝肉取引規格歩留等級Ａ、肉質等級3〜5 等級に格付けされたものを、おやまブランド「おやま和牛」としている。 ●小山市内の広大な水田から生産される稲わらが健康な牛を育て、自然に近い状態の肥育がうまみにつながり、安全でおいしいおやま和牛となっている。

概要	管　理　主　体　：小山ブランド創生協議会 代　　表　　者　：浅野 正富 小山市長 所　在　地　：小山市中央町 1-1-1 　　　　　　　小山市役所　商業観光課内	電　　　　　話　：0285-22-9317 Ｆ　Ａ　Ｘ　：0285-22-9256 Ｕ　Ｒ　Ｌ　：― メールアドレス：―

栃 木 県

かぬま和牛
かぬまわぎゅう

品種または 交雑種の交配様式
黒毛和種

飼育管理
出荷月齢 　：30〜32カ月齢 指定肥育地 　：鹿沼市 飼料の内容 　：配合飼料、飼料米

GI登録・農場HACCP・JGAP
ＧＩ登　録：無 農場HACCP：無 ＪＧＡＰ：無

販売指定店制度について
指定店制度　：― 販促ツール　：―

商標登録の有無：無
登録取得年月日：―
銘柄規約の有無：有
規約設定年月日：2013 年 4 月 11 日
規約改定年月日：―

主な流通経路および販売窓口
◆主なと畜場 　：東京都食肉市場ほか ◆主な処理場 　：同上 ◆格付等級 　：A・B4 等級以上 ◆年間出荷頭数 　：200 頭 ◆主要取扱企業 　：首都圏近郊の精肉店、丸金おおつか ◆輸出実績国・地域 　：― ◆今後の輸出意欲 　：―

特長	●全国レベルの品評会で最優秀賞を受賞。 ●生産農家が衛生面、健康面を管理し、丹精込めて肥育。 ●毎月 29 日を「かぬま 29 の日　和牛の日」とし、鹿沼市内のかぬま和牛振興会加盟店において特別価格で提供。

概要	管　理　主　体　：かぬま和牛振興会 代　　表　　者　：鷹見 直人 所　在　地　：鹿沼市今宮町 1688-1 　　　　　　　鹿沼農政課内	電　　　　　話　：0289-63-2192 Ｆ　Ａ　Ｘ　：0289-63-2189 Ｕ　Ｒ　Ｌ　：― メールアドレス：―

栃木県

紅の牛
くれないのうし

品種または交雑種の交配様式
褐毛和種

飼育管理
出荷月齢 　：20〜30カ月齢 指定肥育地 　：栃木県内指定農家 飼料の内容 　：那須ハーブビーフ（ハーブ入り発酵飼料）

GI登録・農場HACCP・JGAP
ＧＩ登　録：無 農場HACCP：無 ＪＧＡＰ：無

販売指定店制度について
指 定 店 制 度：無 販 促 ツ ー ル：パンフレットほか

商標登録の有無：無
登録取得年月日：－
銘柄規約の有無：無
規約設定年月日：－
規約改定年月日：－

主な流通経路および販売窓口
◆主なと畜場 　：全国のと畜場
◆主な処理場 　：同上
◆格付等級 　：－
◆年間出荷頭数 　：－
◆主要取扱企業 　：国内食肉パッカー
◆輸出実績国・地域 　：無
◆今後の輸出意欲 　：無

特長
- ●ハーブ入り発酵飼料を給与し、牛を健康に育てる。

概要

管 理 主 体：那須ハーブ牛協会	電　　　　話：028-682-5646
代　表　者：見目　正行	Ｆ　Ａ　Ｘ：028-681-0821
所　在　地：さくら市狭間田687	Ｕ　Ｒ　Ｌ：－
	メールアドレス：－

栃木県

さくら和牛
さくらわぎゅう

品種または交雑種の交配様式
黒毛和種

飼育管理
出荷月齢 　：35カ月齢以下 指定肥育地 　：栃木県内指定農家 飼料の内容 　：那須ハーブビーフ（ハーブ入り発酵飼料）

GI登録・農場HACCP・JGAP
ＧＩ登　録：無 農場HACCP：無 ＪＧＡＰ：無

販売指定店制度について
指 定 店 制 度：無 販 促 ツ ー ル：シール、ミニのぼり、産地証明書

商標登録の有無：有
登録取得年月日：2009年 7月24日
銘柄規約の有無：有
規約設定年月日：－
規約改定年月日：－

主な流通経路および販売窓口
◆主なと畜場 　：全国のと畜市場
◆主な処理場 　：同上
◆格付等級 　：－
◆年間出荷頭数 　：－
◆主要取扱企業 　：国内食肉パッカー
◆輸出実績国・地域 　：無
◆今後の輸出意欲 　：有

特長
- ●ハーブ入り発酵飼料を給与し、牛を健康に育てる。

概要

管 理 主 体：那須ハーブ牛協会	電　　　　話：028-682-5646	
代　表　者：見目　正行	Ｆ　Ａ　Ｘ：028-681-0821	
所　在　地：さくら市狭間田687	Ｕ　Ｒ　Ｌ：sakurawagyu.jp/	
	メールアドレス：info@nasu-harb-gyu.net	

栃 木 県

しもつけぎゅう

下 野 牛

品種または 交雑種の交配様式	
黒毛和種、交雑種	

飼育管理	
出荷月齢 　：24〜35カ月齢	
指定肥育地 　：−	
飼料の内容 　：−	

GI登録・農場HACCP・JGAP	
G I 登 録：無	
農場HACCP：無	
J G A P：無	

販売指定店制度について	
指 定 店 制 度 ： 無	
販 促 ツ ー ル ： 有	

商標登録の有無：有
登録取得年月日：2003 年 10 月 24 日
銘柄規約の有無：有
規約設定年月日：−
規約改定年月日：−

主な流通経路および販売窓口

- ◆主なと畜場
  ：群馬県食肉市場ほか

- ◆主な処理場
  ：コトラミートカルチャ

- ◆格付等級
  ：B.M.S. №4 以上
- ◆年間出荷頭数
  ：交雑種 800 頭、黒毛和種 150 頭
- ◆主要取扱企業
  ：ホームページに掲載

- ◆輸出実績国・地域
  ：−

- ◆今後の輸出意欲
  ：有

特長	●栃木県内で生産された肉牛の中から肉質、脂質、風味の優れたものだけを下 野牛ブランドとして出荷している。

概要	管 理 主 体 ： ㈱コトラミートカルチャ	電 　 　 話 ： 0284-71-3057
	代 　 表 　 者 ： 小林　伸光　代表取締役	Ｆ Ａ Ｘ ： 0284-72-8979
	所 　 在 　 地 ： 足利市堀込町 1558	Ｕ Ｒ Ｌ ： www.0298.biz
		メールアドレス ： −

栃 木 県

だいちのものがたり

大地の物語

品種または 交雑種の交配様式	
日本短角種	

飼育管理	
出荷月齢 　：−	
指定肥育地 　：栃木県内指定農家	
飼料の内容 　：那須ハーブビーフ（ハーブ入り 　　発酵飼料）	

GI登録・農場HACCP・JGAP	
G I 登 録：無	
農場HACCP：無	
J G A P：無	

販売指定店制度について	
指 定 店 制 度 ： 無	
販 促 ツ ー ル ： パンフレットほ 　　　　　　　　か	

商標登録の有無：無
登録取得年月日：−
銘柄規約の有無：無
規約設定年月日：−
規約改定年月日：−

主な流通経路および販売窓口

- ◆主なと畜場
  ：全国のと畜市場

- ◆主な処理場
  ：同上

- ◆格付等級
  ：−
- ◆年間出荷頭数
  ：−
- ◆主要取扱企業
  ：国内食肉パッカー

- ◆輸出実績国・地域
  ：無

- ◆今後の輸出意欲
  ：無

特長	●ハーブ入り発酵飼料を給与し、牛を健康に育てる。

概要	管 理 主 体 ： 那須ハーブ牛協会	電 　 　 話 ： 028-682-5646
	代 　 表 　 者 ： 見目　正行	Ｆ Ａ Ｘ ： 028-681-0821
	所 　 在 　 地 ： さくら市狭間田 687	Ｕ Ｒ Ｌ ： −
		メールアドレス ： −

栃 木 県

とちおとめ牛
（とちおとめぎゅう）

品種または交雑種の交配様式
黒毛和種（雌）

飼育管理
出荷月齢 　：32カ月齢平均 指定肥育地 　：栃木県内のKuni's ファーム 飼料の内容 　：自家産稲わら、とちおとめミックス

GI登録・農場HACCP・JGAP
GI登録：無 農場HACCP：無 JGAP：無

販売指定店制度について
指定店制度：無 販促ツール：－

商標登録の有無：有
登録取得年月日：2013年9月6日
銘柄規約の有無：有
規約設定年月日：－
規約改定年月日：－

主な流通経路および販売窓口

- ◆主なと畜場
　：東京食肉市場、筑西食肉センター
- ◆主な処理場
　：東和食品
- ◆格付等級
　：－
- ◆年間出荷頭数
　：約100頭
- ◆主要取扱企業
　：東和食品
- ◆輸出実績国・地域
　：－
- ◆今後の輸出意欲
　：有

特長
- ●雌牛ならではの脂のうま味、甘みが味わえる。
- ●雌牛のみの肥育で、栃木県産とちおとめいちご果実を飼料として与え、月齢にこだわり長期肥育された牛。

概要		
管理主体：Kuni's ファーム	電話：0285-53-2689	
代表者：前原 邦宏	FAX：同上	
所在地：河内郡上三川町多功1859	URL：tochiotomegyu.jp/ メールアドレス：－	

栃 木 県

とちぎ霧降高原牛
（とちぎきりふりこうげんぎゅう）

品種または交雑種の交配様式
交雑種 （ホルスタイン種 × 黒毛和種）

飼育管理
出荷月齢 　：－ 指定肥育地 　：－ 飼料の内容 　：－

GI登録・農場HACCP・JGAP
GI登録：－ 農場HACCP：－ JGAP：－

販売指定店制度について
指定店制度：有 販促ツール：条件付きで有り

商標登録の有無：有
登録取得年月日：－
銘柄規約の有無：有
規約設定年月日：－
規約改定年月日：－

主な流通経路および販売窓口

- ◆主なと畜場
　：東京都食肉市場、栃木県畜産公社
- ◆主な処理場
　：同上
- ◆格付等級
　：2等級以上
- ◆年間出荷頭数
　：約2,800頭
- ◆主要取扱企業
　：東京都食肉市場
- ◆輸出実績国・地域
　：－
- ◆今後の輸出意欲
　：有

特長
- ●指定生産者（14名）で東京都食肉市場を中心に2,800頭を出荷。
- ●配合飼料のメイン原料のトウモロコシはNON-GMOを使用。
- ●肉質は極めて高い「交雑牛」として評価。
- ●平成22年、25年度全国肉用牛枝肉共励会最優秀賞受賞、第10～20回、22～24回全農肉牛枝肉共励会最優秀賞受賞。

概要		
管理主体：全農栃木県本部	電話：028-689-9033	
代表者：髙橋 武 会長	FAX：028-689-9020	
所在地：芳賀郡芳賀町稲毛田1921-7	URL：－ メールアドレス：－	

栃 木 県

とちぎこうげんわぎゅう
とちぎ高原和牛

品種または 交雑種の交配様式	
黒毛和種	

飼育管理	
出荷月齢 ：－ 指定肥育地 ：－ 飼料の内容 ：－	

GI登録・農場HACCP・JGAP	
GI登録：－ 農場HACCP：－ JGAP：－	

販売指定店制度について	
指定店制度：無 販促ツール：条件付きで有り	

商標登録の有無：有
登録取得年月日：－
銘柄規約の有無：有
規約設定年月日：－
規約改定年月日：－

特 長	●血統明確な黒毛和種であり、栃木県の豊かな自然環境の中、指定生産者（200名）が約2年間、1頭1頭、愛情込めて育てています。

主な流通経路および販売窓口

◆主なと畜場
：東京食肉市場、栃木県畜産公社

◆主な処理場
：同上

◆格付等級
：AB・2等級以上
◆年間出荷頭数
：約500頭
◆主要取扱企業
：東京都食肉市場

◆輸出実績国・地域
：－

◆今後の輸出意欲
：有

概 要	管理主体：全農栃木県本部 代表者：髙橋武会長 所在地：芳賀郡芳賀町稲毛田1921-7	電話：028-689-9033 FAX：028-689-9020 URL：－ メールアドレス：－

栃 木 県

とちぎはーぶぎゅう
栃木ハーブ牛

品種または 交雑種の交配様式	
交雑種 （乳用種 × 黒毛和種）	

飼育管理	
出荷月齢 ：33カ月齢以下 指定肥育地 ：栃木県内 飼料の内容 ：ハーブ入り発酵飼料	

GI登録・農場HACCP・JGAP	
GI登録：無 農場HACCP：無 JGAP：無	

販売指定店制度について	
指定店制度：無 販促ツール：シール、ミニのぼり、産地証明書	

商標登録の有無：申請中
登録取得年月日：－
銘柄規約の有無：有
規約設定年月日：－
規約改定年月日：－

特 長	●ハーブ入り発酵飼料を給与し、牛を健康に育てる。

主な流通経路および販売窓口

◆主なと畜場
：全国の食肉市場

◆主な処理場
：同上

◆格付等級
：－
◆年間出荷頭数
：－
◆主要取扱企業
：国内食肉パッカー

◆輸出実績国・地域
：無

◆今後の輸出意欲
：無

概 要	管理主体：栃木ハーブ牛協会 代表者：篠崎直人 所在地：鹿沼市塩山町1112-3	電話：028-965-1919 FAX：028-968-1919 URL：－ メールアドレス：－

栃　木　県

とちぎ和牛
（とちぎわぎゅう）

品種または交雑種の交配様式		
黒毛和種		

飼育管理

出荷月齢
　：30.5カ月齢平均
指定肥育地
　：栃木県内
飼料の内容
　：肥育後期に米を含む飼料を給与

GI登録・農場HACCP・JGAP

ＧＩ登　録：－
農場HACCP：－
ＪＧＡＰ：－

販売指定店制度について

指定店制度　：　有
販促ツール　：　条件付きで有り
　　　　　　　　（シール、ポスター、のぼり）

商標登録の有無：有
登録取得年月日：2004 年 7 月
銘柄規約の有無：有
規約設定年月日：1994 年 6 月
規約改定年月日：－

主な流通経路および販売窓口

◆主なと畜場
　：東京都食肉市場

◆主な処理場
　：－

◆格付等級
　：AB・4 等級以上
◆年間出荷頭数
　：3,700 頭
◆主要取扱企業
　：東京都食肉市場

◆輸出実績国・地域
　：香港、シンガポール、アメリカ、ＥＵ
◆今後の輸出意欲
　：有

特長
- 栃木県内で育てられた最高の肉質の和牛肉です。
- 血統の明確な黒毛和種の子牛を、清潔な環境の中で、指定生産農家が 1 頭 1 頭丹精込めて大切に育て上げました。
- 平成 21 年度全国肉用牛枝肉共励会名誉賞受賞。
- 第 20 回全農肉牛枝肉共励会名誉賞受賞（平成 30 年度）

概要

管理主体：	（一社）とちぎ農産物マーケティング協会	電　話：	028-616-8787
代表者：	菊地　秀俊　会長	ＦＡＸ：	028-616-8715
所在地：	宇都宮市平出工業団地 9-25	ＵＲＬ：	www.tochigipower.com
		メールアドレス：	－

栃　木　県

那須高原牛
（なすこうげんぎゅう）

品種または交雑種の交配様式		
交雑種 （ホルスタイン種 × 黒毛和種）		

飼育管理

出荷月齢
　：28カ月齢前後
指定肥育地
　：－
飼料の内容
　：米粉入りの指定配合飼料

GI登録・農場HACCP・JGAP

ＧＩ登　録：無
農場HACCP：無
ＪＧＡＰ：無

販売指定店制度について

指定店制度　：　有
販促ツール　：　無

商標登録の有無：有
登録取得年月日：2011 年 4 月 8 日
銘柄規約の有無：無
規約設定年月日：－
規約改定年月日：－

主な流通経路および販売窓口

◆主なと畜場
　：東京都食肉市場、宇都宮市食肉市場
◆主な処理場
　：同上

◆格付等級
　：－
◆年間出荷頭数
　：600 頭
◆主要取扱企業
　：那須塩原市、大田原市、那須町、管内精肉店および指定提供店
◆輸出実績国・地域
　：－

◆今後の輸出意欲
　：無

特長
- 品種は交雑種にて JA なすの管内で肥育された安全、安心な牛です。
- 牛舎環境の整備による健全牛の生産管理。

概要

管理主体：	那須野農業協同組合	電　話：	0287-62-5555
代表者：	伊藤　順久　代表理事組合長	ＦＡＸ：	0287-62-6616
所在地：	那須塩原市黒磯 6-1	ＵＲＬ：	www.janasuno.or.jp
		メールアドレス：	soumu@janasuno.or.jp

栃　木　県

那須ハーブ牛
（なすはーぶぎゅう）

品種または交雑種の交配様式
交雑種 （乳用種 × 黒毛和種）

飼育管理
出荷月齢 　：33カ月齢以下 指定肥育地 　：栃木県内 飼料の内容 　：那須ハーブビーフ（ハーブ入り 　　発酵飼料）

GI登録・農場HACCP・JGAP
ＧＩ登　録：無 農場HACCP：無 ＪＧＡＰ：無

販売指定店制度について
指 定 店 制 度　：無 販 促 ツ ー ル　：シール、ミニのぼり、産地証明書

商標登録の有無：有
登録取得年月日：2004 年 9 月 9 日
銘柄規約の有無：有
規約設定年月日：－
規約改定年月日：－

主な流通経路および販売窓口

- ◆ 主なと畜場
  ：全国の食肉市場
- ◆ 主な処理場
  ：同上
- ◆ 格付等級
  ：－
- ◆ 年間出荷頭数
  ：－
- ◆ 主要取扱企業
  ：国内食肉パッカー
- ◆ 輸出実績国・地域
  ：無
- ◆ 今後の輸出意欲
  ：有

特長
- ●ハーブ入り発酵飼料を給与し、牛を健康に育てる。

概要		
管 理 主 体　：那須ハーブ牛協会 代 表 者　：見目　正行 所 在 地　：さくら市狭間田687	電　　　　話　：028-682-5646 Ｆ　Ａ　Ｘ　：028-681-0821 Ｕ　Ｒ　Ｌ　：nasu-herb-gyu.net/ メールアドレス　：info@nasu-herb-gyu.net	

栃　木　県

那須和牛
（なすわぎゅう）

品種または交雑種の交配様式
黒毛和種

飼育管理
出荷月齢 　：30カ月齢前後 指定肥育地 　：指定農家50農場 飼料の内容 　：炭粉を添加し、肥育後期には米 　　粉を配合飼料に混ぜる、地元の 　　稲わらを使用

GI登録・農場HACCP・JGAP
ＧＩ登　録：無 農場HACCP：無 ＪＧＡＰ：無

販売指定店制度について
指 定 店 制 度　：有 販 促 ツ ー ル　：有

商標登録の有無：有
登録取得年月日：2008 年 1 月 16 日
銘柄規約の有無：有
規約設定年月日：2007 年 7 月 30 日
規約改定年月日：－

主な流通経路および販売窓口

- ◆ 主なと畜場
  ：東京都食肉市場、宇都宮市食肉市場
- ◆ 主な処理場
  ：同上
- ◆ 格付等級
  ：AB・3 等級以上
- ◆ 年間出荷頭数
  ：1,200 頭
- ◆ 主要取扱企業
  ：那須塩原市、大田原市、那須町管内指定店
- ◆ 輸出実績国・地域
  ：－
- ◆ 今後の輸出意欲
  ：無

特長
- ●JA なすの和牛部会員の飼育牛並びに肥育牛部会の生産した枝肉で、AB・3 等級以上のもの。
- ●牛舎環境の整備による健全牛の生産管理を徹底しています。

概要		
管 理 主 体　：那須野農業協同組合 代 表 者　：伊藤　順久　代表理事組合長 所 在 地　：那須塩原市黒磯6-1	電　　　　話　：0287-62-5555 Ｆ　Ａ　Ｘ　：0287-62-6616 Ｕ　Ｒ　Ｌ　：www.janasuno.or.jp メールアドレス　：soumu@janasuno.or.jp	

栃 木 県

日光高原牛
（にっこうこうげんぎゅう）

品種または交雑種の交配様式	主な流通経路および販売窓口
交雑種 （ホルスタイン種 × 黒毛和種）	◆主なと畜場 ：東京食肉市場、栃木県畜産公社 ◆主な処理場 ：同上 ◆格付等級 ：2 等級以上 ◆年間出荷頭数 ：約 2,800 頭 ◆主要取扱企業 ：東京都食肉市場 ◆輸出実績国・地域 ：－ ◆今後の輸出意欲 ：有

飼育管理

出荷月齢
：－
指定肥育地
：－
飼料の内容
：－

GI登録・農場HACCP・JGAP

ＧＩ登 録：－
農場HACCP：－
ＪＧＡＰ：－

商標登録の有無：有
登録取得年月日：－
銘柄規約の有無：有
規約設定年月日：－
規約改定年月日：－

販売指定店制度について

指 定 店 制 度 ： 有
販 促 ツ ー ル ： 条件付きで有り

特長
- 日光連山の懐に抱かれ、深い霧に覆われた幻想的な世界のように、まろやかで風味ある牛肉を生産するということから命名しました。
- 指定生産農家（14 名）から年間約 2,800 頭を出荷。配合飼料の主原料のNON-GMO トウモロコシを使用。

概要

管 理 主 体 ： 全農栃木県本部	電 話 ： 028-689-9033
代 表 者 ： 髙橋 武 会長	F A X ： 028-689-9020
所 在 地 ： 芳賀郡芳賀町稲毛田 1921-7	U R L ： － メールアドレス ： －

栃 木 県

前日光和牛
（まえにっこうわぎゅう）

前日光和牛

品種または交雑種の交配様式	主な流通経路および販売窓口
黒毛和種	◆主なと畜場 ：栃木県畜産公社、東京都食肉市場、茨城県中央食肉公社 ◆主な処理場 ：滝沢ハム泉川ミートセンター ◆格付等級 ：3 等級以上 ◆年間出荷頭数 ：800 頭 ◆主要取扱企業 ：レッケルバルト本店 ◆輸出実績国・地域 ：無 ◆今後の輸出意欲 ：有

飼育管理

出荷月齢
：30カ月齢前後
指定肥育地
：有
飼料の内容
：大麦、とうもろこし、大豆かす、ふすまを主体に配合

GI登録・農場HACCP・JGAP

ＧＩ登 録：無
農場HACCP：一部農場
ＪＧＡＰ：無

商標登録の有無：有
登録取得年月日：1997 年 5 月 23 日
銘柄規約の有無：無
規約設定年月日：－
規約改定年月日：－

販売指定店制度について

指 定 店 制 度 ： 無
販 促 ツ ー ル ： －

特長
- 日光連山を水源とする清涼で良質な水を飲料水として肉質、脂質、食感を良くするために、ふすま、麦類、米ぬかを配合し、清潔な環境のもと丹精込めて肥育管理をしている。

概要

管 理 主 体 ： 前日光牛生産組合	電 話 ： 0282-27-2067
代 表 者 ： ㈱前日光都賀牧場	F A X ： 0282-27-2067
所 在 地 ： 栃木市都賀町家中 6494	U R L ： － メールアドレス ： ohmori-k@takizawaham.co.jp

栃 木 県

みかも牛
(みかもぎゅう)

品種または 交雑種の交配様式
黒毛和種、交雑種

飼育管理
出荷月齢 　：24〜33カ月齢 指定肥育地 　：－ 飼料の内容 　：－

GI登録・農場HACCP・JGAP
ＧＩ登　録：無 農場HACCP：無 ＪＧＡＰ：無

販売指定店制度について
指 定 店 制 度 ：無 販 促 ツ ー ル ：有

商標登録の有無：有
登録取得年月日：2003 年 8 月 21 日
銘柄規約の有無：有
規約設定年月日：－
規約改定年月日：－

特長
● 栃木県内で生産された牛肉の中で、ほど良い霜降りで、肉質、脂質ともに優れているものを「みかも牛」ブランドとして出荷。

主な流通経路および販売窓口

◆ 主なと畜場
　：群馬県食肉市場ほか

◆ 主な処理場
　：コトラミートカルチャ

◆ 格付等級
　：B.M.S. №3 以上
◆ 年間出荷頭数
　：交雑種 800 頭、黒毛和種 100 頭
◆ 主要取扱企業
　：ホームページに掲載

◆ 輸出実績国・地域
　：－

◆ 今後の輸出意欲
　：有

概要		
管 理 主 体　： ㈱コトラミートカルチャ	電　　　　　話　： 0284-71-3057	
代　表　者　： 小林　伸光　代表取締役	Ｆ　Ａ　Ｘ　： 0284-72-8979	
所　在　地　： 足利市堀込町 1558	Ｕ　Ｒ　Ｌ　： www.0298.biz メールアドレス　： －	

栃 木 県

与一和牛
(よいちわぎゅう)

品種または 交雑種の交配様式
黒毛和種

飼育管理
出荷月齢 　：30カ月齢平均 指定肥育地 　：栃木県大田原市地域 飼料の内容 　：パスポートに記載

GI登録・農場HACCP・JGAP
ＧＩ登　録：－ 農場HACCP：－ ＪＧＡＰ：－

販売指定店制度について
指 定 店 制 度 ：無 販 促 ツ ー ル ：条件付きで有り

商標登録の有無：有
登録取得年月日：2015 年 3 月 20 日
銘柄規約の有無：有
規約設定年月日：2015 年 5 月 25 日
規約改定年月日：－

特長
● 栃木県大田原市で育てられた A5 等級のみの黒毛和牛肉。

主な流通経路および販売窓口

◆ 主なと畜場
　：東京都食肉市場

◆ 主な処理場
　：同上

◆ 格付等級
　：A5 等級
◆ 年間出荷頭数
　：650 頭
◆ 主要取扱企業
　：東京都食肉市場

◆ 輸出実績国・地域
　：無

◆ 今後の輸出意欲
　：有

概要		
管 理 主 体　： 与一和牛研究会	電　　　　　話　： 0287-22-3290	
代　表　者　： 新江　和平	Ｆ　Ａ　Ｘ　： 同上	
所　在　地　： 大田原市北金丸 238-1	Ｕ　Ｒ　Ｌ　： yoichi-wagyu.jimdofree.com/ メールアドレス　： yoichi-wagyu@gmail.com	

群　馬　県

赤城牛（総称）
あかぎぎゅう

黒毛和種（赤城和牛と称する） 交雑種（ホルスタイン種 × 黒毛和種）	

出荷月齢
：28〜32カ月齢
指定肥育地
：群馬県内、組合生産者
飼料の内容
：－

ＧＩ登　録：無
農場HACCP：2018年　3月
ＪＧＡＰ：2019年　3月

おいしい、また食べたい
赤城牛
AKAGIGYU
群馬県産交雑種
旨みの元である良質なアミノ酸を多く含み
柔らかくきめ細やかな肉質が特徴です

おいしい、また食べたい
赤城和牛
AKAGIWAGYU
群馬県産黒毛和種
牛肉本来の香りと旨みが口に広がり
後味はすっきりとした余韻が残ります

商標登録の有無：有
登録取得年月日：1993年12月
銘柄規約の有無：無
規約設定年月日：－
規約改定年月日：－

◆ 主なと畜場
：東京食肉市場、横浜食肉市場、川口食肉市場、群馬県食肉卸売市場
◆ 主な処理場
：鳥山畜産食品

◆ 格付等級
：A4を主体とする
◆ 年間出荷頭数
：1,500頭
◆ 主要取扱企業
：鳥山畜産食品
◆ 輸出実績国・地域
：アメリカ、シンガポール、イタリア、フランス、ドイツ、オランダ、香港、マカオ
◆ 今後の輸出意欲
：有

特長	● うま味の素である良質なアミノ酸が多い。 ● 不飽和脂肪酸が多く、融点が低く、なめらかで味がよく、健康的な脂肪組織を形成する。 ● 脂肪が光沢に優れ、弾力に富み、肉色が鮮明（ピンク）で正肉歩留まりが高い。

指定店制度：有
販促ツール：条件付きで有り

管　理　主　体：赤城肉牛生産販売組合
代　　表　　者：石坂　敏夫
所　　在　　地：渋川市渋川 1137-12
　　　　　　　　鳥山畜産食品㈱

電　　　　話：0279-24-1147 ㈹
Ｆ Ａ Ｘ：0279-24-4745
Ｕ Ｒ Ｌ：－
メールアドレス：concielge@akagi-beef.jp

群　馬　県

群　馬　牛
ぐんまぎゅう

品種または 交雑種の交配様式
黒毛和種 交雑種（ホルスタイン種 × 黒毛和種）

飼育管理

出荷月齢
：22〜35カ月齢
指定肥育地
：群馬県内
飼料の内容
：－

GI登録・農場HACCP・JGAP

ＧＩ登　録：無
農場HACCP：無
ＪＧＡＰ：無

金田畜産グループ
群馬牛
商標登録　第5138481号

商標登録の有無：有
登録取得年月日：2008年6月6日
銘柄規約の有無：有
規約設定年月日：－
規約改定年月日：－

主な流通経路および販売窓口

◆ 主なと畜場
：金沢食肉流通センター、本庄食肉センター、東京都食肉市場
◆ 主な処理場
：サニーサイド、寄居食肉

◆ 格付等級
：2等級以上
◆ 年間出荷頭数
：1,200頭
◆ 主要取扱企業
：サニーサイド、寄居食肉、米久

◆ 輸出実績国・地域
：ドバイ
◆ 今後の輸出意欲
：有

販売指定店制度について	特長	● 金田畜産グループ牧場を中心に恵まれた自然環境と快適な飼育環境の中で育てられた和牛と交雑牛です。 ● 軟らかな舌ざわりと、奥深い味わいが特徴です。

指定店制度：－
販促ツール：条件付きで有り

概要	管　理　主　体：㈲金田畜産 代　　表　　者：田村　秀一 所　　在　　地：渋川市中村 838-1	電　　　　話：0279-22-4029 Ｆ Ａ Ｘ：0279-24-6999 Ｕ Ｒ Ｌ：－ メールアドレス：kanetiku@oboe.ocn.ne.jp

群　馬　県

五穀和牛／五穀牛
ごごくわぎゅう／ごごくぎゅう

品種または交雑種の交配様式
黒毛和種
交雑種（ホルスタイン種 × 黒毛和種）

飼育管理
出荷月齢 　：27～29カ月齢
指定肥育地 　：群馬県内
飼料の内容 　：スーパーネッカリッチを配合

GI登録・農場HACCP・JGAP
GI登録：無
農場HACCP：無
JGAP：無

販売指定店制度について
指定店制度：－
販促ツール：有

商標登録の有無：有
登録取得年月日：2003 年 5 月 9 日
銘柄規約の有無：無
規約設定年月日：－
規約改定年月日：－

主な流通経路および販売窓口
- ◆ 主なと畜場
　：アグリスワン、和光ミートセンター
- ◆ 主な処理場
　：同上
- ◆ 格付等級
　：2 等級以上
- ◆ 年間出荷頭数
　：1,500 頭
- ◆ 主要取扱企業
　：ミートコンパニオン、各市場
- ◆ 輸出実績国・地域
　マカオ、タイ、フィリピン
- ◆ 今後の輸出意欲
　：有

特長
- ● 飼料に灰（スーパーネッカリッチ）を混ぜて給与している。

概要		
管理主体 ： 21 世紀肉牛研究会	電　　話 ：	0495-33-1324
代表者 ： 植井 敏夫	FAX ：	0495-33-3384
所在地 ： 児玉郡上里町神保原 1995 ㈱ウエイミート	URL ： メールアドレス ：	－ －

群　馬　県

上　州　牛
じょうしゅうぎゅう

品種または交雑種の交配様式
黒毛和種
交雑種（乳用種 × 黒毛和種）

飼育管理
出荷月齢 　：－
指定肥育地 　：－
飼料の内容 　：－

GI登録・農場HACCP・JGAP
GI登録：無
農場HACCP：無
JGAP：無

販売指定店制度について
指定店制度：有
販促ツール：条件付きで有り

商標登録の有無：有
登録取得年月日：2007 年 2 月 23 日
銘柄規約の有無：有
規約設定年月日：2003 年 4 月 1 日
規約改定年月日：2014 年 6 月 26 日

主な流通経路および販売窓口
- ◆ 主なと畜場
　：群馬県食肉卸売市場
- ◆ 主な処理場
　：同上
- ◆ 格付等級
　：－
- ◆ 年間出荷頭数
　：12,500 頭
- ◆ 主要取扱企業
　：ホームページに掲載
- ◆ 輸出実績国・地域
　：香港、シンガポール
- ◆ 今後の輸出意欲
　：有

特長
- ● 群馬県内で肥育され群馬食肉卸売市場で処理された黒毛和牛と交雑牛の総称。
- ● HACCP が義務付けられた対米輸出認定工場で食肉処理された極めて安全性の高い牛肉。

概要		
管理主体 ： 群馬県食肉品質向上対策協議会	電　　話 ：	0270-65-7135
代表者 ： 大澤 孝志 会長	FAX ：	0270-65-9236
所在地 ： 佐波郡玉村町大字上福島 1189	URL ： メールアドレス ：	www.gunmanooniku.com kyogikai@gunmanooniku.com

群 馬 県

じょうしゅうにったぎゅう
上州新田牛

品種または交雑種の交配様式
黒毛和種 交雑種（ホルスタイン種 × 黒毛和種）

飼育管理
出荷月齢 　：－ 指定肥育地 　：にった地域 飼料の内容 　：くみあい配合飼料

GI登録・農場HACCP・JGAP
ＧＩ登　録：無 農場HACCP：無 ＪＧＡＰ：無

商標登録の有無：無
登録取得年月日：－
銘柄規約の有無：無
規約設定年月日：－
規約改定年月日：－

主な流通経路および販売窓口

- ◆ 主なと畜場
  ：群馬県食肉卸売市場
- ◆ 主な処理場
  ：同上
- ◆ 格付等級
  ：3 等級以上
- ◆ 年間出荷頭数
  ：1,500 頭
- ◆ 主要取扱企業
  ：群馬県食肉卸売市場にてせり販売
- ◆ 輸出実績国・地域
  ：－
- ◆ 今後の輸出意欲
  ：有

販売指定店制度について	特長
指定店制度：無 販促ツール：無	● JA にったみどりにった地域管内の生産者で構成する肉牛肥育部会員がくみあい配合飼料により肥育した風味豊かで、信頼性の高い牛肉です。

概要	管 理 主 体：	新田みどり農協 にった地域肉牛肥育部会	電　　　　　話：0276-57-2111 Ｆ　Ａ　Ｘ：0276-57-3603	
	代　表　者：	山川　靖彦	Ｕ　Ｒ　Ｌ：www.gunmanooniku.com	
	所　在　地：	太田市新田金井町 16	メールアドレス：－	

群 馬 県

じょうしゅうわぎゅう
上 州 和 牛

品種または交雑種の交配様式
黒毛和種

飼育管理
出荷月齢 　：－ 指定肥育地 　：－ 飼料の内容 　：－

GI登録・農場HACCP・JGAP
ＧＩ登　録：－ 農場HACCP：－ ＪＧＡＰ：－

商標登録の有無：有
登録取得年月日：－
銘柄規約の有無：有
規約設定年月日：－
規約改定年月日：2014 年 6 月 26 日

主な流通経路および販売窓口

- ◆ 主なと畜場
  ：群馬県食肉卸売市場
- ◆ 主な処理場
  ：同上
- ◆ 格付等級
  ：－
- ◆ 年間出荷頭数
  ：4,500 頭
- ◆ 主要取扱企業
  ：ホームページに掲載
- ◆ 輸出実績国・地域
  ：アメリカ、カナダ、香港、シンガポール、タイ、マカオ、メキシコ、ＥＵ
- ◆ 今後の輸出意欲
  ：有

販売指定店制度について	特長
指定店制度：有 販促ツール：条件付きで有り	● 飼育に十分な手間と時間を費やし、独自の飼料を与えることで軟らかい赤身の中にきめ細かに風味漂う美しい霜降りが入り、芳醇でコクのある奥深い味わいをもつ牛肉。

概要	管理主体：	群馬県食肉品質向上対策協議会	電　　　　　話：0270-65-7135 Ｆ　Ａ　Ｘ：0270-65-9236	
	代　表　者：	大澤　孝志　会長	Ｕ　Ｒ　Ｌ：www.gunmanooniku.com	
	所　在　地：	佐波郡玉村町大字上福島 1189	メールアドレス：kyogikai@gunmanooniku.com	

群 馬 県

ますだわぎゅう
増 田 和 牛

品種または交雑種の交配様式
黒毛和種 但馬系（雌）

飼育管理
出荷月齢 ：34カ月齢平均 指定肥育地 ：群馬県 飼料の内容 ：増田畜産独自指定配合飼料、炊いた麦を6カ月以上給与

GI登録・農場HACCP・JGAP
GI登　録：－ 農場HACCP：－ JGAP：－

販売指定店制度について
指定店制度：無 販促ツール：－

商標登録の有無：無
登録取得年月日：－
銘柄規約の有無：無
規約設定年月日：－
規約改定年月日：－

主な流通経路および販売窓口
◆主なと畜場 ：本庄食肉センター、東京都食肉市場 ◆主な処理場 ：東京都食肉市場
◆格付等級 ：－ ◆年間出荷頭数 ：180 頭 ◆主要取扱企業 ：スズチク
◆輸出実績国・地域 ：－
◆今後の輸出意欲 ：有

特長	●肉質、脂質に特徴をもつ。 ●モネンシン入り飼料を使わない。

概要	管　理　主　体：増田畜産 代　表　者：増田　順彦 所　在　地：高崎市箕郷町西明屋 423-6	電　　　話：027-371-2351 FAX：027-371-5766 URL：－ メールアドレス：－

埼 玉 県

かわぐちしじょうはつぶらんどほほえみぎゅう
川口市場発ブランド「ほほえみ牛」

品種または交雑種の交配様式
黒毛和種、交雑種

飼育管理
出荷月齢 ：22カ月齢以上 指定肥育地 ：－ 飼料の内容 ：粗飼料、糖蜜度を含む配合飼料

GI登録・農場HACCP・JGAP
GI登　録：無 農場HACCP：無 JGAP：無

販売指定店制度について
指定店制度：無 販促ツール：有

商標登録の有無：有
登録取得年月日：2007 年 11 月 22 日
銘柄規約の有無：有
規約設定年月日：2007 年 11 月 22 日
規約改定年月日：－

主な流通経路および販売窓口
◆主なと畜場 ：川口食肉市場
◆主な処理場 ：－
◆格付等級 ：2 等級以上 ◆年間出荷頭数 ：3,000 頭 ◆主要取扱企業 ：川口食肉荷受
◆輸出実績国・地域 ：無
◆今後の輸出意欲 ：無

特長	●指定生産農家が1頭1頭丹精を込めて大切に育て上げている。 ●川口市場と指定農家が自信をもって届ける安心と信頼のあるブランド牛。 ●特許庁より（登録第 5094271 号）認可され川口市場発のブランドとして高い評価を得ている。

概要	管　理　主　体：ほほえみ牛生産研究会 代　表　者：石井　一雄 所　在　地：川口市領家 4-7-18	電　　　話：048-223-3121 FAX：048-224-2917 URL：－ メールアドレス：－

埼 玉 県

さいさいわぎゅう／さいさいぎゅう

彩さい和牛／彩さい牛

彩の国 特選
彩さい和牛
彩さい牛
埼玉県生産者指定
二十一世紀肉牛研究会

品種または交雑種の交配様式
黒毛和種
交雑種（ホルスタイン種 × 黒毛和種）

飼育管理
出荷月齢 ：26〜32カ月齢前後 指定肥育地 ：埼玉県内 飼料の内容 ：スーパーネッカリッチを配合

GI登録・農場HACCP・JGAP
GI登録：無 農場HACCP：無 JGAP：無

商標登録の有無：有
登録取得年月日：2012 年 4 月 13 日
銘柄規約の有無：無
規約設定年月日：－
規約改定年月日：－

主な流通経路および販売窓口
◆主なと畜場 ：和光ミートセンター
◆主な処理場 ：同上
◆格付等級 ：2 等級以上
◆年間出荷頭数 ：1,500 頭
◆主要取扱企業 ：ミートコンパニオン、ウエイ
◆輸出実績国・地域 マカオ、タイ、フィリピン
◆今後の輸出意欲 ：有

販売指定店制度について
指定店制度：有 販促ツール：有

特長
●飼料に灰（スーパーネッカリッチ）を混ぜて給与している。

概要	管 理 主 体：21 世紀 肉牛研究会 代 表 者：植井 敏夫 所 在 地：児玉郡上里町神保原 1995 　　　　　　　㈱ウエイミート	電 話：0495-33-1324 F A X：0495-33-3384 U R L：－ メールアドレス：ueimeat@ueimeat.co.jp

---

埼 玉 県

さいのゆめみぎゅう

彩の夢味牛

彩の
夢味牛

品種または交雑種の交配様式
黒毛和種
交雑種（黒毛和種 × ホルスタイン種）

飼育管理
出荷月齢 ：26カ月齢前後 指定肥育地 ：－ 飼料の内容 ：夢味牛生産者部会の指定したブランド用肥育配合飼料

GI登録・農場HACCP・JGAP
GI登録：無 農場HACCP：無 JGAP：無

商標登録の有無：有
登録取得年月日：2007 年 6 月 29 日
銘柄規約の有無：有
規約設定年月日：2003 年 9 月 5 日
規約改定年月日：2007 年 12 月 26 日

主な流通経路および販売窓口
◆主なと畜場 ：さいたま市食肉市場、東京都食肉市場
◆主な処理場 ：和光ミートセンター
◆格付等級 ：－
◆年間出荷頭数 ：約 300 頭
◆主要取扱企業 ：－
◆輸出実績国・地域 ：－
◆今後の輸出意欲 ：無

販売指定店制度について
指定店制度：無 販促ツール：有

特長
●ブランド用肥育配合飼料を使用し、後味のよいサッパリとした甘みのある脂質で、また食べたくなる牛肉生産をしています。
●彩の国畜産物ガイドラインによる衛生管理を実施しています。

概要	管理主体：全国開拓農業協同組合連合会 　　　　　東日本支所　東京事業所 代 表 者：新津 賀庸 代表理事会長 所 在 地：東京千代田区平河町 1-2-10 平河町第一生命ビルディング	電 話：03-6380-8135 F A X：03-6380-8125 U R L：zenkairen.or.jp メールアドレス：info@zenkairen.or.jp	

埼 玉 県

深 谷 牛
ふかやぎゅう

品種または 交雑種の交配様式
黒毛和種

飼育管理
出荷月齢 　：24〜34カ月齢前後 指定肥育地 　：深谷市および近交の市町 飼料の内容 　：指定配合飼料

GI登録・農場HACCP・JGAP
ＧＩ登録：無 農場HACCP：無 ＪＧＡＰ：無

販売指定店制度について
指定店制度　：無 販促ツール　：－

商標登録の有無：無
登録取得年月日：－
銘柄規約の有無：無
規約設定年月日：－
規約改定年月日：－

主な流通経路および販売窓口
◆主なと畜場 　：さいたま市食肉市場 ◆主な処理場 　：買参者指定可 ◆格付等級 　：会員すべての牛 ◆年間出荷頭数 　：300 頭 ◆主要取扱企業 　：コトラミートカルチャ ◆輸出実績国・地域 　：－ ◆今後の輸出意欲 　：無

特長
- 深谷市と近交の市町に居住する生産者で構成され、指定配合飼料とこだわりの肥育技術で、肥育期間をかけて、ていねいに育てられている。
- 肉のきめが細かく、軟らかく甘味があって風味がある牛肉。

概要	管 理 主 体：深谷特撰黒毛和牛振興協議会 代 表 者：山下　勝 所 在 地：深谷市櫛挽 46-1	電　　　　話：048-585-1262 Ｆ　Ａ　Ｘ：048-594-6159 Ｕ　Ｒ　Ｌ：www.pref.saitama.lg.jp/maitama/sp/ca1602/fukayagyu/index.html メールアドレス：4im943@bma.biglobe.ne.jp	

埼 玉 県

武州和牛
ぶしゅうわぎゅう

品種または 交雑種の交配様式
黒毛和種

飼育管理
出荷月齢 　：28〜34カ月齢平均 指定肥育地 　：埼玉県内 飼料の内容 　：配合飼料を指定し、ブレンドしている

GI登録・農場HACCP・JGAP
ＧＩ登録：無 農場HACCP：無 ＪＧＡＰ：無

販売指定店制度について
指定店制度　：無 販促ツール　：シール、のぼり 　　　　　　　旗、ポスターなど

商標登録の有無：有
登録取得年月日：2013 年 6 月 21 日
銘柄規約の有無：有
規約設定年月日：2001 年
規約改定年月日：2008 年 10 月

主な流通経路および販売窓口
◆主なと畜場 　：東京都食肉市場、さいたま市食 　　肉市場、川口食肉市場 ◆主な処理場 　：同上 ◆格付等級 　：2 等級以上 ◆年間出荷頭数 　：3,500 頭 ◆主要取扱企業 　：－ ◆輸出実績国・地域 　：－ ◆今後の輸出意欲 　：有

特長
- 肥育期間をかけて肉の風味、甘み、そしてきめ細かい肉質をモットーにした銘柄和牛です。

概要	管 理 主 体：武州和牛組合 代 表 者：塚田　正行 所 在 地：本庄市児玉町児玉 2152-9	電　　　　話：0495-72-0828 Ｆ　Ａ　Ｘ：0495-72-8576 Ｕ　Ｒ　Ｌ：bushu-wagyu.jp メールアドレス：tsukada@bushu-wagyu.jp	

千 葉 県

卯の花牛（うのはなぎゅう）

品種または交雑種の交配様式
黒毛種 交雑種（ホルスタイン種 × 黒毛和種）

飼育管理
出荷月齢 ：黒毛和種：28カ月平均 　交雑種：25カ月平均 指定肥育地 ：宇井畜産 飼料の内容 ：豆腐を作るときに出る「おから」 　を給与している

GI登録・農場HACCP・JGAP
ＧＩ登　録：未定 農場HACCP：未定 ＪＧＡＰ：－

販売指定店制度について
指定店制度：無 販促ツール：証明書、シール、の 　　　　　　ぼり（大小）リーフ 　　　　　　レット、はっぴ

商標登録の有無：有
登録取得年月日：2006 年 10 月 19 日
銘柄規約の有無：有
規約設定年月日：－
規約改定年月日：－

主な流通経路および販売窓口
◆ 主なと畜場 　：千葉県食肉公社、東京食肉市場 ◆ 主な処理場 　：同上 ◆ 格付等級 　：無 ◆ 年間出荷頭数 　：200 頭 ◆ 主要取扱企業 　：ＯＭＩ、小川畜産興業、スターゼ 　　ン ◆ 輸出実績国・地域 　：－ ◆ 今後の輸出意欲 　：無

特長
- "卯の花" とは豆腐をつくるときにでる副産物（おから）
- 豊かな自然に囲まれ、潮風そよぐ匝瑳市育ち。牛と環境にやさしいエコフィードで育った安全で安心な肉用牛が「卯の花牛」であり、おいしさには自信がある。

概要
管 理 主 体 ： ㈱宇井畜産	電　　　　話 ： 0479-67-3364
代 表 者 ： 宇井 正之	Ｆ Ａ Ｘ ： 0479-67-5292
所 在 地 ： 匝瑳市今泉 6779	Ｕ Ｒ Ｌ ： －
	メールアドレス ： －

千 葉 県

かずさ和牛（かずさわぎゅう）

品種または交雑種の交配様式
黒毛和種

飼育管理
出荷月齢 ：30カ月齢平均 指定肥育地 ：千葉県内 飼料の内容 ：－

GI登録・農場HACCP・JGAP
ＧＩ登　録：－ 農場HACCP：－ ＪＧＡＰ：－

販売指定店制度について
指定店制度：無 販促ツール：ポスター、シー 　　　　　　ル、のぼり、パ 　　　　　　ンフレット

商標登録の有無：有
登録取得年月日：－
銘柄規約の有無：有
規約設定年月日：－
規約改定年月日：－

主な流通経路および販売窓口
◆ 主なと畜場 　：東京都食肉市場 ◆ 主な処理場 　：－ ◆ 格付等級 　：3 等級以上 ◆ 年間出荷頭数 　：1,500 頭 ◆ 主要取扱企業 　：東京都食肉市場 ◆ 輸出実績国・地域 　：－ ◆ 今後の輸出意欲 　：－

特長
- かずさの自然で育った「かずさ和牛」の牛肉は、融点が低くあっさりとした脂質が特徴で、たくさん食べても飽きのこない、さっぱりとした牛肉です。
- 高品質の飼料にこだわり、水も千葉県にはヨード（千葉県に世界の 60%）を含んだ豊富な水があり、新鮮でおいしい牛肉です。

概要
管 理 主 体 ： かずさ和牛肥育研究会	電　　　　話 ： 043-231-6330
代 表 者 ： 麻生 義一 会長	Ｆ Ａ Ｘ ： 043-231-6355
所 在 地 ： 千葉市若葉区若松町 432-35	Ｕ Ｒ Ｌ ： www.kazusa-wagyu.com
	メールアドレス ： info@kazusa-wagyu.com

千　葉　県

しあわせ絆牛
しあわせきずなぎゅう

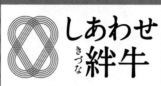

品種または 交雑種の交配様式
交雑種 （ホルスタイン種 × 黒毛和種）

飼育管理
出荷月齢 　：26〜28カ月齢 指定肥育地 　：千葉、茨城、福島、栃木、青森 飼料の内容 　：−

GI登録・農場HACCP・JGAP
ＧＩ登　録：無 農場HACCP：無 ＪＧＡＰ：無

販売指定店制度について
指定店制度：有 販促ツール：有

商標登録の有無：有
登録取得年月日：2004 年 8 月 20 日
銘柄規約の有無：有
規約設定年月日：2002 年 4 月 1 日
規約改定年月日：2016 年 10 月 1 日

主な流通経路および販売窓口
◆主なと畜場 　：千葉県食肉公社
◆主な処理場 　：−
◆格付等級 　：− ◆年間出荷頭数 　：2,000 頭 ◆主要取扱企業 　：東京都食肉市場
◆輸出実績国・地域 　：−
◆今後の輸出意欲 　：有

特長
●漢方、生薬の素材に含まれる植物性多糖体とビタミンEをバランスよく配合し、牛の健康に留意したおいしい牛肉です。

概要	管 理 主 体 ： 東日本産直ビーフ研究会 代 表 者 ： 岩渕 一晃 所 在 地 ： 旭市岩井 1967	電 話 ： 0479-55-4511 Ｆ Ａ Ｘ ： 0479-55-4525 Ｕ Ｒ Ｌ ： www.sanchoku-beef.org メールアドレス ： −	

千　葉　県

しあわせ満天牛
しあわせまんてんぎゅう

品種または 交雑種の交配様式
黒毛和種

飼育管理
出荷月齢 　：26〜30カ月齢 指定肥育地 　：千葉、茨城、福島、栃木、青森 飼料の内容 　：−

GI登録・農場HACCP・JGAP
ＧＩ登　録：無 農場HACCP：無 ＪＧＡＰ：無

販売指定店制度について
指定店制度：無 販促ツール：有

商標登録の有無：有
登録取得年月日：2004 年 8 月 20 日
銘柄規約の有無：有
規約設定年月日：2002 年 4 月 1 日
規約改定年月日：2016 年 10 月 1 日

主な流通経路および販売窓口
◆主なと畜場 　：千葉県食肉公社
◆主な処理場 　：−
◆格付等級 　：− ◆年間出荷頭数 　：200 頭 ◆主要取扱企業 　：東京都食肉市場
◆輸出実績国・地域 　：−
◆今後の輸出意欲 　：有

特長
●漢方、生薬の素材に含まれる植物性多糖体とビタミンEをバランスよく配合し、牛の健康に留意したおいしい牛肉です。

概要	管 理 主 体 ： 東日本産直ビーフ研究会 代 表 者 ： 岩渕 一晃 所 在 地 ： 旭市岩井 1967	電 話 ： 0479-55-4511 Ｆ Ａ Ｘ ： 0479-55-4525 Ｕ Ｒ Ｌ ： www.sanchoku-beef.org メールアドレス ： −	

千　葉　県

せんば牛
（せんばぎゅう）

品種または交雑種の交配様式	
交雑種	

飼育管理

出荷月齢
　：27カ月齢平均
指定肥育地
　：－
飼料の内容
　：県内で調達できる飼料・粗飼料を活用

GI登録・農場HACCP・JGAP

ＧＩ登　録：－
農場HACCP：2019 年　5 月 23 日
　　　　　　（一部農場、八農場）
ＪＧＡＰ：2020 年　6 月 3 日
　　　　　　（一部農場、二農場）

販売指定店制度について

指 定 店 制 度　：無
販 促 ツ ー ル　：シール、のぼり、
　　　　　　　　パンフレット、ポスター

商標登録の有無：無
登録取得年月日：－
銘柄規約の有無：有
規約設定年月日：2013 年 8 月
規約改定年月日：－

特長

主な流通経路および販売窓口

◆主なと畜場
　：千葉県食肉公社

◆主な処理場
　：－

◆格付等級
　：－
◆年間出荷頭数
　：2,000 頭
◆主要取扱企業
　：東京都食肉市場

◆輸出実績国・地域
　：－

◆今後の輸出意欲
　：有

概要	管 理 主 体：せんば牛グループ（㈱マルニトータルサービス）	電　　　話：0479-74-8840	
	代　表　者：岩渕　義徳	Ｆ Ａ Ｘ：0479-74-8841	
	所 在 地：旭市倉橋 3992	Ｕ Ｒ Ｌ：maruni-ts.co.jp/senba-beef/	
		メ ー ル ア ド レ ス：－	

千　葉　県

せんば和牛
（せんばわぎゅう）

品種または交雑種の交配様式	
黒毛和種	

飼育管理

出荷月齢
　：30カ月齢平均
指定肥育地
　：－
飼料の内容
　：県内で調達できる飼料・粗飼料を活用

GI登録・農場HACCP・JGAP

ＧＩ登　録：－
農場HACCP：2019 年　5 月 23 日
　　　　　　（八農場）
ＪＧＡＰ：2020 年　6 月 3 日
　　　　　　（二農場）

販売指定店制度について

指 定 店 制 度　：無
販 促 ツ ー ル　：シール、のぼり、
　　　　　　　　パンフレット、ポスター

商標登録の有無：無
登録取得年月日：－
銘柄規約の有無：有
規約設定年月日：2013 年 8 月
規約改定年月日：－

特長

主な流通経路および販売窓口

◆主なと畜場
　：千葉県食肉公社

◆主な処理場
　：－

◆格付等級
　：－
◆年間出荷頭数
　：200 頭
◆主要取扱企業
　：東京都食肉市場

◆輸出実績国・地域
　：－

◆今後の輸出意欲
　：有

概要	管 理 主 体：せんば牛グループ（㈱マルニトータルサービス）	電　　　話：0479-74-8840	
	代　表　者：岩渕　義徳	Ｆ Ａ Ｘ：0479-74-8841	
	所 在 地：旭市倉橋 3992	Ｕ Ｒ Ｌ：maruni-ts.co.jp/senba-beef/	
		メ ー ル ア ド レ ス：－	

千　葉　県

ちばけんあさひしさんこうごぼくじょうぎゅう
千葉県旭市産
コウゴ牧場牛

品種または交雑種の交配様式		主な流通経路および販売窓口
交雑種 （ホルスタイン種雌 × 黒毛和種雄）		◆主なと畜場 　：千葉県食肉公社
飼育管理		◆主な処理場 　：同上
出荷月齢 　：25カ月齢以上 指定肥育地 　：千葉県旭市 飼料の内容 　：－		◆格付等級 　：－ ◆年間出荷頭数 　：1,400 頭 ◆主要取扱企業 　：丸全、日本ハム
GI登録・農場HACCP・JGAP	商標登録の有無：有	◆輸出実績国・地域 　：－
ＧＩ登　録：無 農場HACCP：無 ＪＧＡＰ：無	登録取得年月日：－ 銘柄規約の有無：無 規約設定年月日：－ 規約改定年月日：－	◆今後の輸出意欲 　：無
販売指定店制度について	特	
指定店制度：無 販促ツール：シール	長	

概要	管　理　主　体：㈲コウゴ牧場 代　表　者：向後　眞 所　在　地：旭市荻園 1153	電　　　　話：0479-57-3532 Ｆ　Ａ　Ｘ：同上 Ｕ　Ｒ　Ｌ：－ メールアドレス：－

千　葉　県

ちばざびーふ
チバザビーフ

品種または交雑種の交配様式		主な流通経路および販売窓口
黒毛和種、ホルスタイン種、 交雑種（ホルスタイン種雌 × 黒毛和種雄）		◆主なと畜場 　：千葉県食肉公社、東京食肉市場 　　など
飼育管理		◆主な処理場 　：同上
出荷月齢 　：25～30カ月齢平均 指定肥育地 　：千葉県内 飼料の内容 　：－		◆格付等級 　：－ ◆年間出荷頭数 　：約 14,000 頭（参加銘柄含む） ◆主要取扱企業 　：東京食肉市場
GI登録・農場HACCP・JGAP	商標登録の有無：有（「チバザ」で登録）	◆輸出実績国・地域 　：－
ＧＩ登　録：無 農場HACCP：2019 年　5 月 23 日 　　　　　　（一部農場） ＪＧＡＰ：2020 年　6 月 3 日 　　　　　　（一部農場）	登録取得年月日：2008 年 8 月 15 日 銘柄規約の有無：無 規約設定年月日：－ 規約改定年月日：－	◆今後の輸出意欲 　：有
販売指定店制度について	特	●千葉県産牛肉の総称銘柄。
指定店制度：無 販促ツール：シール、のぼり 　　　　　　等	長	●参加銘柄には、かずさ和牛、みやざわ和牛、しあわせ満天牛、しあわせ絆牛、しあわせ牛、ナイスビーフ、若潮牛、八千代黒牛、八千代牛、卯の花牛、北総和牛、北総花牛、せんば和牛、せんば牛、コウゴ牧場牛の 15 銘柄。

概要	管　理　主　体：チバザビーフ協議会 代　表　者：宮澤　武志　会長 所　在　地：千葉市中央区新宿 1-2-3 K&T 千葉 　　　　　　ビル 3 階（千葉県畜産協会内）	電　　　　話：043-242-6333 Ｆ　Ａ　Ｘ：043-238-1255 Ｕ　Ｒ　Ｌ：chibathebeef.jp/ メールアドレス：info@chiba@.lin.gr.jp	

千 葉 県

千葉しあわせ牛
ちばしあわせぎゅう

東日本産直ビーフ研究会

品種または交雑種の交配様式
ホルスタイン種

飼育管理
出荷月齢 　：20～22カ月齢 指定肥育地 　：千葉 飼料の内容 　：－

GI登録・農場HACCP・JGAP
GI登　録：無 農場HACCP：無 JGAP：無

販売指定店制度について
指定店制度：－ 販促ツール：有

商標登録の有無：有
登録取得年月日：2003 年 11 月 14 日
銘柄規約の有無：有
規約設定年月日：2002 年 4 月 1 日
規約改定年月日：2016 年 10 月 1 日

主な流通経路および販売窓口
◆主なと畜場 　：千葉県食肉公社
◆主な処理場 　：－
◆格付等級 　：－
◆年間出荷頭数 　：200 頭
◆主要取扱企業 　：伊藤ハム
◆輸出実績国・地域 　：－
◆今後の輸出意欲 　：有

特長
●漢方、生薬の素材に含まれる植物性多糖体とビタミンＥをバランスよく配合し、牛の健康に留意したおいしい牛肉です。

概要	管 理 主 体 ： 東日本産直ビーフ研究会 代 表 者 ： 岩渕 一晃 所 在 地 ： 旭市岩井 1967	電　　　　　話 ： 0479-55-4511 Ｆ Ａ Ｘ ： 0479-55-4525 Ｕ Ｒ Ｌ ： www.sanchoku-beef.org メールアドレス ： －

千 葉 県

千葉しおさい牛
ちばしおさいぎゅう

商標登録　第４２４５３７８号

品種または交雑種の交配様式
黒毛和種 交雑種（黒毛和種 × ホルスタイン種）

飼育管理
出荷月齢 　：23～33カ月齢 指定肥育地 　：－ 飼料の内容 　：－

GI登録・農場HACCP・JGAP
GI登　録：無 農場HACCP：無 JGAP：無

販売指定店制度について
指定店制度：有 販促ツール：－

商標登録の有無：有
登録取得年月日：－
銘柄規約の有無：有
規約設定年月日：－
規約改定年月日：－

主な流通経路および販売窓口
◆主なと畜場 　：横浜市食肉市場
◆主な処理場 　：－
◆格付等級 　：－
◆年間出荷頭数 　：650 頭
◆主要取扱企業 　：中山畜産、鎌倉ハム村井商会
◆輸出実績国・地域 　：－
◆今後の輸出意欲 　：－

特長
●安定した肉質を最重点に、管理面に細心の注意を払い、肉牛を管理している。
●「軟らかい」「おいしい」牛肉生産をモットーに、同一の飼料を使用し、出荷月齢を交雑種で 25 カ月、黒毛和種で 30 カ月以上としている。
※情報の 1 部は 2021 年時点。

概要	管 理 主 体 ： 千葉しおさい牛出荷組合 代 表 者 ： 伊藤 敬二 所 在 地 ： 山武郡横芝光町尾垂イ 4267-1	電　　　　　話 ： 0479-84-2343 Ｆ Ａ Ｘ ： 0479-84-1349 Ｕ Ｒ Ｌ ： － メールアドレス ： －

千 葉 県

ちばわかしおぎゅう
千葉若潮牛

千葉県産 若潮牛®

品種または交雑種の交配様式
黒毛和種、交雑牛

飼育管理
出荷月齢 ：26カ月齢以上 指定肥育地 ：ＪＡちばみどり組合員 飼料の内容 ：肉質を重視して、穀類を主体と したものを使用。ホルモン剤は 一切使用せず、飼養管理に配慮 し、健康に育てている

GI登録・農場HACCP・JGAP
ＧＩ登　録：－ 農場HACCP：　2020 年 3 月 30 日 （一部農場） ＪＧＡＰ：－

販売指定店制度について
指 定 店 制 度 ： 無 販 促 ツ ー ル ： のぼり、はっぴ、 ボールペン、ぼう し、Ｔシャツ

商標登録の有無：有
登録取得年月日：－
銘柄規約の有無：有
規約設定年月日：－
規約改定年月日：－

主な流通経路および販売窓口
◆主なと畜場 ：千葉県食肉公社 ◆主な処理場 ：－ ◆格付等級 ：日格協枝肉取引規格による ◆年間出荷頭数 ：600 頭 ◆主要取扱企業 ：小川畜産興業、小川畜産食品 ◆輸出実績国・地域 ：－ ◆今後の輸出意欲 ：無

特長	●地域は太平洋に面し、冬は温暖で夏は冷涼な気候で、良質な牛肉を生産するのに適している。 ●そのような自然に恵まれた環境の中で、指定配合飼料を中心に飼養管理の明確化を図り、風味豊かで脂肪も極めて細かく、軟らかい牛肉。 ●乳用牛雌 × 黒毛和種の交雑種が中心。

概要	管 理 主 体 ： そうさ若潮牛振興協議会 代 表 者 ： 関口 次敏 会長 所 在 地 ： 旭市後草 2077	電 話 ： 0479-50-1355 Ｆ Ａ Ｘ ： 0479-55-1181 Ｕ Ｒ Ｌ ： － メールアドレス ： －

千 葉 県

ないすびーふ
ナイスビーフ

ナイスビーフ NICE BEEF

品種または交雑種の交配様式
黒毛和種 交雑種（ホルスタイン種 × 黒毛和種）

飼育管理
出荷月齢 ：28～30カ月齢 指定肥育地 ：－ 飼料の内容 ：－

GI登録・農場HACCP・JGAP
ＧＩ登　録：無 農場HACCP：無 ＪＧＡＰ：無

販売指定店制度について
指 定 店 制 度 ： 無 販 促 ツ ー ル ： 有

商標登録の有無：有
登録取得年月日：2006 年 10 月 19 日
銘柄規約の有無：有
規約設定年月日：－
規約改定年月日：－

主な流通経路および販売窓口
◆主なと畜場 ：千葉県食肉公社 ◆主な処理場 ：－ ◆格付等級 ：－ ◆年間出荷頭数 ：1,000 頭 ◆主要取扱企業 ：東京都食肉市場 ◆輸出実績国・地域 ：－ ◆今後の輸出意欲 ：無

特長	

概要	管 理 主 体 ： ナイスビーフ研究会 代 表 者 ： 土佐 英樹 所 在 地 ： 銚子市上野町 318-6	電 話 ： 0479-24-2877 Ｆ Ａ Ｘ ： 0479-24-2891 Ｕ Ｒ Ｌ ： － メールアドレス ： －

千 葉 県

美笑牛
（びしょうぎゅう）

品種または交雑種の交配様式	
交雑種（ホルスタイン種雌 × 黒毛和種雄）の雌のみ 父（黒毛和種雄）の血統が但馬系	
飼育管理	
出荷月齢 ：－	
指定肥育地 ：千葉県旭市ほか	
飼料の内容 ：ハーブ飼料	
GI登録・農場HACCP・JGAP	
GI登録：無 農場HACCP：2019年 6月14日 JGAP：2020年 6月3日	
販売指定店制度について	
指定店制度 ： 無 販促ツール ： シール	

商標登録の有無：有
登録取得年月日：2016年 7月29日
銘柄規約の有無：有
規約設定年月日：2014年 9月
規約改定年月日：－

主な流通経路および販売窓口

◆主なと畜場
：千葉県食肉公社

◆主な処理場
：同上

◆格付等級
：－
◆年間出荷頭数
：100頭
◆主要取扱企業
：トップフィールドマーケティング

◆輸出実績国・地域
：－

◆今後の輸出意欲
：有

特長	●食べた人を笑顔でつなげる「Beef smile project」から誕生したブランド牛です。 ●父親の血統を但馬系にし、一般的な黒毛和種よりも長い30カ月以上肥育し、融点の低いあっさりとした脂、うまみのある赤身に仕上げました。 ●赤身のおいしさにこだわった交雑種です。

概要	管 理 主 体 ： Beef smile project	電 話 ： 03-5643-5529
	代 表 者 ： 片平 梨絵	F A X ： 03-5643-5532
	所 在 地 ： 東京都中央区 日本橋茅場町 3-3-7	U R L ： meat-up.jp/bisho/ メールアドレス ： bishougyu@gmail.com

---

千 葉 県

北総花牛
（ほくそうはなうし）

品種または交雑種の交配様式	
交雑種（ホルスタイン種 × 黒毛和種）	
飼育管理	
出荷月齢 ：28カ月平均	
指定肥育地 ：千葉県内北総地域(佐倉市、八街市、四街道市、富里市)	
飼料の内容 ：肥育後期に落花生給与(出荷まで)、肥育中期から出荷までパイナップル粕給与	
GI登録・農場HACCP・JGAP	
GI登録：未定 農場HACCP：未定 JGAP：未定	
販売指定店制度について	
指定店制度 ： 無 販促ツール ： シール、ミニのぼり、リーフレット、ポスター	

商標登録の有無：無
登録取得年月日：－
銘柄規約の有無：無
規約設定年月日：－
規約改定年月日：－

主な流通経路および販売窓口

◆主なと畜場
：東京食肉市場、横浜市食肉市場、千葉県食肉公社
◆主な処理場
：同上

◆格付等級
：3等級以上
◆年間出荷頭数
：150頭
◆主要取扱企業
：東京食肉市場、横浜市食肉市場

◆輸出実績国・地域
：－

◆今後の輸出意欲
：有

特長	●肥育後期に千葉県の特産品でもある落花生を給与することで、口溶けのよいうまみある脂質になっている。 ●中期からパイナップル粕由来酵素を給与することで赤身のうまみ成分が向上している。

概要	管 理 主 体 ： 北総肉牛生産組合	電 話 ： 0476-26-4129
	代 表 者 ： 江口 幸太郎 組合長	F A X ： 0476-33-3039
	所 在 地 ： 成田市中台 6-15-3	U R L ： － メールアドレス ： imudon1965@gmail.com

千 葉 県

ほくそうわぎゅう 北総和牛

品種または 交雑種の交配様式
黒毛和種

飼育管理
出荷月齢 ：30カ月平均 **指定肥育地** ：千葉県内北総地域（佐倉市、八街市、四街道市、富里市） **飼料の内容** ：肥育後期に落花生給与（出荷まで）、肥育中期から出荷までパイナップル粕給与

GI登録・農場HACCP・JGAP
ＧＩ登　録：未定 農場HACCP：未定 ＪＧＡＰ：未定

販売指定店制度について
指定店制度　：無 販促ツール　：シール、ミニのぼり、リーフレット、ポスター

商標登録の有無：無
登録取得年月日：－
銘柄規約の有無：無
規約設定年月日：－
規約改定年月日：－

主な流通経路および販売窓口
◆主なと畜場 ：東京食肉市場、横浜市食肉市場、千葉県食肉公社 ◆主な処理場 ：同上
◆格付等級 ：4等級以上 ◆年間出荷頭数 ：250～300頭 ◆主要取扱企業 ：東京食肉市場、横浜市食肉市場
◆輸出実績国・地域 ：－
◆今後の輸出意欲 ：有

特長
- 肥育後期に千葉県の特産品でもある落花生を給与することで、口溶けのよいうまみある脂質になっている。
- 中期からパイナップル粕由来酵素を給与することで赤身のうまみ成分が向上している。

概要	管　理　主　体：北総肉牛生産組合	電　　　　話：0476-26-4129
	代　表　者：江口　幸太郎　組合長	Ｆ　Ａ　Ｘ：0476-33-3039
	所　在　地：成田市中台6-15-3	Ｕ　Ｒ　Ｌ：－ メールアドレス：imudon1965@gmail.com

千 葉 県

みやざわわぎゅう みやざわ和牛

品種または 交雑種の交配様式
黒毛和種 栄光系、田尻系、藤良系、気高系

飼育管理
出荷月齢 ：28カ月齢以上 **指定肥育地** ：千葉県 **飼料の内容** ：とうもろこし、大麦、ふすま、米ぬか、チモシー、国産稲わらなど

GI登録・農場HACCP・JGAP
ＧＩ登　録：無 農場HACCP：無 ＪＧＡＰ：無

販売指定店制度について
指定店制度　：無 販促ツール　：有

商標登録の有無：－
登録取得年月日：－
銘柄規約の有無：無
規約設定年月日：－
規約改定年月日：－

主な流通経路および販売窓口
◆主なと畜場 ：東京食肉市場、群馬県食肉卸売市場 ◆主な処理場 ：同上
◆格付等級 ：3等級以上 ◆年間出荷頭数 ：200～250頭 ◆主要取扱企業 ：全農千葉県本部（全農ミートフーズ）、ＳＣミート
◆輸出実績国・地域 ：アメリカ
◆今後の輸出意欲 ：有

特長
- 自然豊かな北総台地で、愛情いっぱいに育てられた和牛です。
- 自農場一貫生産なので生産履歴が明確で安全、安心な牛肉です。

概要	管　理　主　体：農事組合法人　宮澤農産	電　　　　話：0479-68-2411
	代　表　者：宮澤　哲雄	Ｆ　Ａ　Ｘ：0479-68-3319
	所　在　地：旭市萬歳1455	Ｕ　Ｒ　Ｌ：－ メールアドレス：kmbokujyou@dream.jp

千　葉　県

八千代牛
やちよぎゅう

品種または 交雑種の交配様式
乳用種（主にホルスタイン種）

飼育管理
出荷月齢 　：21カ月齢前後 指定肥育地 　：千葉県、組合肥育農家 飼料の内容 　：安心・安全の確認された指定配 　　合飼料で肥育

GI登録・農場HACCP・JGAP
ＧＩ登　録：無 農場HACCP：無 ＪＧＡＰ：無

販売指定店制度について
指定店制度：無 販促ツール：条件付きで有り

商標登録の有無：無
登録取得年月日：－
銘柄規約の有無：有
規約設定年月日：1987 年 4 月
規約改定年月日：－

主な流通経路および販売窓口

◆ 主なと畜場
　：千葉県食肉公社

◆ 主な処理場
　：東総食肉センター（部分肉加工）、コープミート千葉（コンシューマーパック）
◆ 格付等級
　：2 等級以上
◆ 年間出荷頭数
　：約 800 頭
◆ 主要取扱企業
　：－

◆ 輸出実績国・地域
　：無

◆ 今後の輸出意欲
　：－

特長	● いつどこでだれが生産したのかが明確に分かる牛肉を直接消費者団体へ販売している。 ● 餌の安全性、肉の安全性(抗生物質、合成抗菌剤)などのチェックが定期的に行われている。

概要	管 理 主 体　：　千葉北部酪農農業協同組合 代　表　者　：　髙橋　憲二　代表理事組合長 所　在　地　：　八千代市大和田新田 188	電　　　　話　：　047-450-4411 Ｆ　　Ａ　　Ｘ　：　047-459-4041 Ｕ　Ｒ　Ｌ　：　www.yachiyo-beef.jp メールアドレス：　nikuji@chiba-hokuraku.jp	

千　葉　県

八千代黒牛
やちよくろうし

品種または 交雑種の交配様式
交雑種 （ホルスタイン種 × 黒毛和種）

飼育管理
出荷月齢 　：26カ月齢前後 指定肥育地 　：千葉県、組合肥育農家 飼料の内容 　：給餌飼料の申請が必要

GI登録・農場HACCP・JGAP
ＧＩ登　録：無 農場HACCP：無 ＪＧＡＰ：無

販売指定店制度について
指定店制度：無 販促ツール：条件付きで有り

商標登録の有無：無
登録取得年月日：－
銘柄規約の有無：有
規約設定年月日：1987 年 4 月
規約改定年月日：－

主な流通経路および販売窓口

◆ 主なと畜場
　：千葉県食肉公社

◆ 主な処理場
　：東総食肉センター（部分肉真空包装加工）、コープミート千葉（コンシューマーパック）
◆ 格付等級
　：3、4 等級が中心
◆ 年間出荷頭数
　：150 頭
◆ 主要取扱企業
　：－

◆ 輸出実績国・地域
　：無

◆ 今後の輸出意欲
　：－

特長	● 千葉県内の組合に登録の肥育農家より出荷され、と畜場併設の加工場にて部分肉に真空処理されているため、衛生的に優位性があります。

概要	管 理 主 体　：　千葉北部酪農農業協同組合 代　表　者　：　髙橋　憲二　代表理事組合長 所　在　地　：　八千代市大和田新田 188	電　　　　話　：　047-450-4411 Ｆ　　Ａ　　Ｘ　：　047-459-4041 Ｕ　Ｒ　Ｌ　：　www.yachiyo-beef.jp メールアドレス：　nikuji@chiba-hokuraku.jp	

東京都

あきかわぎゅう
秋 川 牛

品種または 交雑種の交配様式
黒毛和種

飼育管理
出荷月齢 　：30～32カ月齢 指定肥育地 　：－ 飼料の内容 　：－

GI登録・農場HACCP・JGAP
GI登録：無 農場HACCP：無 JGAP：無

販売指定店制度について
指定店制度：無 販促ツール：－

商標登録の有無：有
登録取得年月日：－
銘柄規約の有無：有
規約設定年月日：－
規約改定年月日：－

主な流通経路および販売窓口
◆主なと畜場 　：横浜食肉市場 ◆主な処理場 　：同上 ◆格付等級 　：AB・4等級以上 ◆年間出荷頭数 　：60頭 ◆主要取扱企業 　：荒木商店、松村精肉店 ◆輸出実績国・地域 　：－ ◆今後の輸出意欲 　：有

特長
●おいしい牛肉は健康な牛からをモットーに、きめ細かな管理が生み出す、おいしい牛肉。

概要	管理主体：東京和牛㈱ 代表者：竹内 孝英 所在地：あきる野市菅生 1460	電話：042-558-7454 FAX：042-558-7523 URL：takeuchi-usi-bokujo.com メールアドレス：－	

神 奈 川 県

あしがらぎゅう
足 柄 牛

品種または 交雑種の交配様式
交雑種 （ホルスタイン種 × 黒毛和種）

飼育管理
出荷月齢 　：約24カ月齢以上 指定肥育地 　：神奈川県西部、大野山かどやファーム 飼料の内容 　：地域の特産である足柄茶の粉末を配合

GI登録・農場HACCP・JGAP
GI登録：無 農場HACCP：一部農場 JGAP：無

販売指定店制度について
指定店制度：無 販促ツール：有

商標登録の有無：有
登録取得年月日：－
銘柄規約の有無：有
規約設定年月日：－
規約改定年月日：－

主な流通経路および販売窓口
◆主なと畜場 　：東京食肉市場、横浜市食肉市場、神奈川食肉センター ◆主な処理場 　：同上 ◆格付等級 　：2等級以上 ◆年間出荷頭数 　：200頭 ◆主要取扱企業 　：東京都食肉市場、横浜市食肉市場 ◆輸出実績国・地域 　：－ ◆今後の輸出意欲 　：無

特長
●神奈川県西部、足柄の豊かな自然環境の中で飼育され、とくに育成前期において地域の特産である足柄茶の粉末を与え、健康的に育まれた牛です。

概要	管理主体：足柄牛生産者推進協議会 代表者：二宮 勝成 会長 所在地：平塚市土屋 1275-1	電話：0463-58-0977 FAX：0463-58-9625 URL：－ メールアドレス：－

神 奈 川 県

さがみ牛
（さがみぎゅう）

品種または交雑種の交配様式
ホルスタイン種

飼育管理
出荷月齢 　：22カ月齢平均 指定肥育地 　：神奈川県内 飼料の内容 　：－

GI登録・農場HACCP・JGAP
GI登　録：無 農場HACCP：無 JGAP：無

販売指定店制度について
指定店制度：有 販促ツール：－

商標登録の有無：有
登録取得年月日：2015 年 5 月 20 日
銘柄規約の有無：有
規約設定年月日：－
規約改定年月日：－

主な流通経路および販売窓口

- ◆主なと畜場
  ：神奈川食肉センター

- ◆主な処理場
  ：同上

- ◆格付等級
  ：－
- ◆年間出荷頭数
  ：20 頭
- ◆主要取扱企業
  ：櫻井商店

- ◆輸出実績国・地域
  ：－

- ◆今後の輸出意欲
  ：無

特長
● ホルスタイン種のオスを去勢した牛です。ビール粕、米ぬか、とうふ粕等のエコフィードを加えた発酵飼料は、赤身をシッカリとつくり、脂肪が少なくサッパリとした独自のコクと食べ応えのある肉質です。

概要	管 理 主 体：株式会社湘南ファーム 代　表　者：櫻井　堯浩 所　在　地：藤沢市遠藤 3210	電　　　　話：0466-87-7781 F　A　X：0466-87-7784 U　R　L：－ メールアドレス：nikuno-sakurai@marble.ocn.ne.jp

---

神 奈 川 県

市場発　横浜牛
（しじょうはつ　よこはまぎゅう）

品種または交雑種の交配様式
黒毛和種

飼育管理
出荷月齢 　：28〜34カ月齢 指定肥育地 　：－ 飼料の内容 　：－

GI登録・農場HACCP・JGAP
GI登　録：無 農場HACCP：無 JGAP：無

販売指定店制度について
指定店制度：無 販促ツール：シール、のぼり、 　　　　　　ポスターなど

商標登録の有無：有
登録取得年月日：2003 年 2 月 14 日
銘柄規約の有無：無
規約設定年月日：－
規約改定年月日：－

主な流通経路および販売窓口

- ◆主なと畜場
  ：横浜市食肉市場

- ◆主な処理場
  ：－

- ◆格付等級
  ：AB・4 等級以上
- ◆年間出荷頭数
  ：800 頭
- ◆主要取扱企業
  ：横浜市食肉市場

- ◆輸出実績国・地域
  ：－

- ◆今後の輸出意欲
  ：有

特長
● 趣旨に賛同する全国の生産者から出荷された黒毛和種で、横浜食肉市場でと畜生産された枝肉で、格付等級 AB・4 等級以上のものを対象に市場発横浜牛販売促進協議会が確認の上、認定する。
● 産地にかかわらず品物の良さを評価し、販売促進を図るための市場発のブランドである。

概要	管 理 主 体：市場発横浜牛販売促進協議会 代　表　者：山口　義行　会長 所　在　地：横浜市鶴見区大黒町 3-53	電　　　　話：045-521-1171 F　A　X：045-504-5182 U　R　L：－ メールアドレス：－

神奈川県

しょうなんわぎゅう
湘南和牛

品種または交雑種の交配様式	
黒毛和種	

飼育管理	
出荷月齢 ：26カ月齢平均（自家繁殖を含む）	
指定肥育地 ：藤沢市、茅ヶ崎市、大和市、綾瀬市（さがみ農協管内牧場）	
飼料の内容 ：厳選された配合飼料を基に、おから、ビール粕や各農場独自の飼料を給与しています	

GI登録・農場HACCP・JGAP	
G I 登 録：無	
農場HACCP：無	
J G A P：無	

販売指定店制度について	
指定店制度：無	
販促ツール：シール、のぼり旗	

商標登録の有無：有
登録取得年月日：2014年10月24日
銘柄規約の有無：無
規約設定年月日：－
規約改定年月日：－

主な流通経路および販売窓口

- ◆主なと畜場
  ：東京食肉市場、神奈川食肉センター
- ◆主な処理場
  ：同上
- ◆格付等級
  ：3等級以上
- ◆年間出荷頭数
  ：20頭
- ◆主要取扱企業
  ：桜井商店
- ◆輸出実績国・地域
  ：－
- ◆今後の輸出意欲
  ：無

特長
- 湘南という自然に恵まれた環境のもと、選び抜かれた飼料と牛にストレスない環境づくりを心がけ、肉のうま味を引き出すえさを食べさせ、一頭一頭大切にそだてています。
- 3等級以上。

概要	管 理 主 体	： さがみ農業協同組合畜産部会連絡協議会肉牛専門部会	電 話	： 0466-49-5100
	代 表 者	： 齋藤 和子	F A X	： 0466-48-6682
			U R L	： －
	所 在 地	： 藤沢市宮原3500	メールアドレス	： －

神奈川県

そうしゅうぎゅう
相州牛

品種または交雑種の交配様式	
交雑種 （ホルスタイン種 × 黒毛和種）	

飼育管理	
出荷月齢 ：24カ月齢平均	
指定肥育地 ：南足柄市・長崎牧場	
飼料の内容 ：ビールかす、豆腐かす、炊いた米、麦などを合わせた発酵飼料	

GI登録・農場HACCP・JGAP	
G I 登 録：無	
農場HACCP：－	
J G A P：無	

販売指定店制度について	
指定店制度：有	
販促ツール：ポスター、リーフレット、シール、のぼり	

商標登録の有無：有
登録取得年月日：2008年10月9日
銘柄規約の有無：有
規約設定年月日：2008年10月9日
規約改定年月日：－

主な流通経路および販売窓口

- ◆主なと畜場
  ：横浜市食肉市場、神奈川ミートセンター（厚木）
- ◆主な処理場
  ：中川食肉、長崎畜産
- ◆格付等級
  ：－
- ◆年間出荷頭数
  ：約250頭
- ◆主要取扱企業
  ：中川食肉、長崎畜産
- ◆輸出実績国・地域
  ：－
- ◆今後の輸出意欲
  ：有

特長
- 南足柄市の雄大な峰にある長崎牧場で子牛から出荷（月齢2カ月～約24カ月）までの期間移動せず、南足柄の地で育てられます。
- 富士・箱根・丹沢からの清らかな水と、地元産業の副産物で出来るビールかす、豆腐かすなどを再利用した発酵飼料（エコフィード）を与え、南足柄で大切にしっかりと育てられた安心・安全な銘柄牛です。

概要	管 理 主 体	： 相州牛推進協議会 ㈱長崎牧場	電 話	： 0465-74-7411・0465-23-3729
	代 表 者	： 長崎 光次	F A X	： 0465-74-7411・0465-23-3721
	所 在 地	： 南足柄市竹松251	U R L	： www.soshugyu.com/
			メールアドレス	： nakagawa-meat@ac.wakwak.com

神奈川県

相州和牛
そうしゅうわぎゅう

品種または交雑種の交配様式	
黒毛和種	

飼育管理	
出荷月齢 ：30カ月齢以上 指定肥育地 ：南足柄市・長崎牧場 飼料の内容 ：ビールかす、豆腐かす、炊いた米、麦などを合わせた発酵飼料	

GI登録・農場HACCP・JGAP	
GI登録：無 農場HACCP：— JGAP：無	

販売指定店制度について	
指定店制度：有 販促ツール：ポスター、リーフレット、シール、のぼり	

商標登録の有無：有
登録取得年月日：2008年10月9日
銘柄規約の有無：有
規約設定年月日：2008年10月9日
規約改定年月日：—

主な流通経路および販売窓口
◆主なと畜場 ：横浜市食肉市場、神奈川ミートセンター（厚木） ◆主な処理場 ：中川食肉、長崎畜産 ◆格付等級 ：— ◆年間出荷頭数 ：約30頭 ◆主要取扱企業 ：中川食肉、長崎畜産 ◆輸出実績国・地域 ：— ◆今後の輸出意欲 ：有

特長
- 相州牛（交雑種）と同じ南足柄市の長崎牧場で育てられています。
- 月間の出荷頭数は平均約2頭。A4～A5の発生率約95%。
- 少数、長期肥育によって肉質はよりキメ細かく、しっとりとした上質な脂は甘く、極上のうまみと和牛香を持つ、プレミアム黒毛和牛。

概要		
管理主体：相州牛推進協議会 　　　　　㈱長崎牧場	電話：0465-74-7411・0465-23-3729
代表者：長崎　光次	FAX：0465-74-7411・0465-23-3721
所在地：南足柄市竹松251	URL：www.soshugyu.com/ メールアドレス：nakagawa-meat@ac.wakwak.com

---

神奈川県

ちがさき牛
ちがさきぎゅう

品種または交雑種の交配様式	
交雑種 （黒毛和種 × ホルスタイン種）	

飼育管理	
出荷月齢 ：26カ月齢平均 指定肥育地 ：茅ヶ崎市 飼料の内容 ：海藻、ミネラル、米、米ぬか、おから、ビールかす等、全15種類	

GI登録・農場HACCP・JGAP	
GI登録：無 農場HACCP：無 JGAP：無	

販売指定店制度について	
指定店制度：無 販促ツール：POP、のぼり、ステッカー	

商標登録の有無：有
登録取得年月日：2015年5月29日
銘柄規約の有無：無
規約設定年月日：—
規約改定年月日：—

主な流通経路および販売窓口
◆主なと畜場 ：神奈川食肉センター ◆主な処理場 ：同上 ◆格付等級 ：— ◆年間出荷頭数 ：65頭 ◆主要取扱企業 ：— ◆輸出実績国・地域 ：香港 ◆今後の輸出意欲 ：有

特長
- 海藻、ミネラル等を与え地下70mからくみ上げた地下水を飲ませ、くどくないサラッとした脂質が特徴。

※情報の一部は2019年時点

概要		
管理主体：㈱ちがさき牛齋藤牧場	電話：0467-51-0128
代表者：齋藤　勝己　代表取締	FAX：0467-51-0128
所在地：茅ヶ崎市芹沢397-1	URL：— メールアドレス：loyalty.1981@hotmail.co.jp

神 奈 川 県
葉 山 牛
はやまぎゅう

品種または交雑種の交配様式	
黒毛和種	

飼育管理

出荷月齢
：30カ月齢平均
指定肥育地
：葉山町、横須賀市、三浦市
飼料の内容
：－

GI登録・農場HACCP・JGAP

ＧＩ登　録：無
農場HACCP：2017年 1月16日
　　　　　　（一部農場）
ＪＧＡＰ：無

販売指定店制度について

指 定 店 制 度 ： 有
販 促 ツ ー ル ： シール、のぼり、
　　　　　　　 パンフレット

商標登録の有無：有
登録取得年月日：2006年 2月24日
銘柄規約の有無：有
規約設定年月日：1991年 7月 1日
規約改定年月日：2007年 6月 4日

主な流通経路および販売窓口

◆ 主なと畜場
　：東京都食肉市場、横浜市食肉市場
◆ 主な処理場
　：同上

◆ 格付等級
　：4等級以上
◆ 年間出荷頭数
　：200頭
◆ 主要取扱企業
　：－

◆ 輸出実績国・地域
　：－

◆ 今後の輸出意欲
　：有

特長
● 肥育前期は良質の粗飼料を中心に体づくりに重点をおき、後期は濃厚飼料をとくに麦米を加熱処理したものを与え、むだな脂肪分を少なくし、極上の牛肉を生産している。

概要

管理主体 ： 三浦半島酪農組合連合会 葉山牛出荷部会	電　　　話 ： 046-857-9656
代 表 者 ： 石井 廣 会長	ＦＡＸ ： 046-857-2131
所 在 地 ： 横須賀市林 3-1-11	ＵＲＬ ： hayama-miura-rakuren.jp/index.html
	メールアドレス ： －

神 奈 川 県
やまゆり牛
やまゆりぎゅう

やまゆり牛

品種または交雑種の交配様式	
交雑種（ホルスタイン種 × 黒毛和種）	

飼育管理

出荷月齢
：24カ月齢以上
指定肥育地
：神奈川県内の指定生産農場
飼料の内容
：系統配合飼料

GI登録・農場HACCP・JGAP

ＧＩ登　録：無
農場HACCP：無
ＪＧＡＰ：無

販売指定店制度について

指 定 店 制 度 ： －
販 促 ツ ー ル ： 有

商標登録の有無：有
登録取得年月日：2016年 8月 1日
銘柄規約の有無：有
規約設定年月日：2004年 2月 1日
規約改定年月日：2017年 6月 1日

主な流通経路および販売窓口

◆ 主なと畜場
　：神奈川食肉センター
◆ 主な処理場
　：同上

◆ 格付等級
　：2等級以上
◆ 年間出荷頭数
　：450〜500頭
◆ 主要取扱企業
　：ＪＡ全農ミートフーズ

◆ 輸出実績国・地域
　：無

◆ 今後の輸出意欲
　：無

特長
● 和牛と乳牛の交雑種で、味は和牛、価格は乳牛に近いというそれぞれの長所を活かしていることが特徴です。

概要

管 理 主 体 ： やまゆり牛生産者協議会	電　　　話 ： 046-227-0218
代 表 者 ： 櫻井 堯浩 会長	ＦＡＸ ： 046-227-0221
所 在 地 ： 厚木市酒井 900	ＵＲＬ ： －
	メールアドレス ： －

神 奈 川 県

横濱ビーフ
よこはまびーふ

品種または交雑種の交配様式		主な流通経路および販売窓口

品種または交雑種の交配様式

黒毛和種
二代祖は但馬系

飼育管理

出荷月齢
　：28～32カ月齢
指定肥育地
　：神奈川県内
飼料の内容
　：横濱ビーフA（基本配合飼料）、
　　ビールかす、とうふかす

GI登録・農場HACCP・JGAP

ＧＩ登 録：無
農場HACCP：無
ＪＧＡＰ：無

販売指定店制度について

指定店制度　：無
販促ツール　：有（有料）

商標登録の有無：有
登録取得年月日：2006 年 4 月 28 日
銘柄規約の有無：有
規約設定年月日：2005 年 3 月 19 日
規約改定年月日：2008 年 4 月 24 日

主な流通経路および販売窓口

◆主なと畜場
　：東京都食肉市場、神奈川食肉セン
　　ター、横浜市食肉市場
◆主な処理場
　：－

◆格付等級
　：4 等級以上
◆年間出荷頭数
　：400 頭
◆主要取扱企業
　：スターゼン、小川畜産食品、ふじな
　　わ、横浜南部市場食肉
◆輸出実績国・地域
　：ドバイ

◆今後の輸出意欲
　：有

特長

● 牛肉文化発祥の地であり、文明開化の象徴である横浜で生まれた神奈川県高品質牛肉ブランドです。
● 高品質の牛肉を生産するため優秀な血統の和子牛を選定し、神奈川県内でじっくり丹精込めて育てた安全な黒毛和牛です。
● えさに統一の基本配合飼料「横濱ビーフA」を使用し、上質な肉の味わいを均一に保っています。さらに、この基本配合におからやビール粕などを加えて発酵させた独自の飼料を給与して育てています。
● 風味豊かな軟らかい牛肉です。

概要

管 理 主 体 ： 横濱ビーフ推進協議会
代 表 者 ： 小野 浩二 会長
所 在 地 ： 横浜市磯子区西町 14-3

電 話 ： 045-761-4191
Ｆ Ａ Ｘ ： 045-759-1162
Ｕ Ｒ Ｌ ： yokohama-beef.com
メールアドレス ： mail@kanali.or.jp

山 梨 県

キロサ牧場 富士山麓牛
きろさぼくじょう　ふじさんろくぎゅう

品種または交雑種の交配様式

交雑種
（ホルスタイン種 × 黒毛和種）

飼育管理

出荷月齢
　：27カ月齢
指定肥育地
　：山梨県・静岡県
飼料の内容
　：－

GI登録・農場HACCP・JGAP

ＧＩ登 録：無
農場HACCP：無
ＪＧＡＰ：無

販売指定店制度について

指定店制度　：有
販促ツール　：－

商標登録の有無：無
登録取得年月日：－
銘柄規約の有無：無
規約設定年月日：－
規約改定年月日：－

主な流通経路および販売窓口

◆主なと畜場
　：本庄食肉センター

◆主な処理場
　：同上

◆格付等級
　：－
◆年間出荷頭数
　：500～550 頭
◆主要取扱企業
　：米久

◆輸出実績国・地域
　：－

◆今後の輸出意欲
　：有

特長

● 和牛のうまみを兼ね備えながら飼料効率が高くリーズナブル価格で販売します。

概要

管 理 主 体 ： ㈲キロサ肉畜生産センター
代 表 者 ： 金森 史浩 代表取締役
所 在 地 ： 岩手県岩手郡岩手町大字川口
　　　　　　 第 22 地割 80-38

電 話 ： 0195-68-7766
Ｆ Ａ Ｘ ： 0195-68-7767
Ｕ Ｒ Ｌ ： kirosa.jp/
メールアドレス ： info@kirosa/jp

山 梨 県
こうしゅうぎゅう
甲 州 牛

品種または 交雑種の交配様式
黒毛和種

飼育管理
出荷月齢 ：－ 指定肥育地 ：－ 飼料の内容 ：－

GI登録・農場HACCP・JGAP
ＧＩ登　録：－ 農場HACCP：－ ＪＧＡＰ：－

販売指定店制度について
指 定 店 制 度 ： 有 販 促 ツ ー ル ： －

商標登録の有無：有
登録取得年月日：1992 年 12 月 25 日
銘柄規約の有無：有
規約設定年月日：1989 年 5 月 11 日
規約改定年月日：2022 年 4 月 1 日

主な流通経路および販売窓口
◆主なと畜場 ：山梨県食肉流通センター
◆主な処理場 ：同上
◆格付等級 ：4 等級以上 ◆年間出荷頭数 ：450 頭 ◆主要取扱企業 ：山梨県食肉流通センター
◆輸出実績国・地域 ：－
◆今後の輸出意欲 ：有

特 長	●山梨の豊かな自然の中で、甲州牛出荷組合の会員により、磨き抜かれた飼育技術の積み重ねによって、丹念に育てられた黒毛和種肥育牛の中で、肉質ランク 4～5 等級に格付けされた牛のみが甲州牛として販売される。

概 要	管 理 主 体 ： 甲州牛・甲州ワインビーフ推進協議会 代 表 者 ： 猪股 重教 会長 所 在 地 ： 甲府市飯田 1-1-20	電 話 ： 055-223-5535 Ｆ Ａ Ｘ ： 055-228-8153 Ｕ Ｒ Ｌ ： － メールアドレス ： －

山 梨 県
こうしゅうさんわぎゅう
甲 州 産 和 牛

品種または 交雑種の交配様式
黒毛和種

飼育管理
出荷月齢 ：－ 指定肥育地 ：－ 飼料の内容 ：－

GI登録・農場HACCP・JGAP
ＧＩ登　録：－ 農場HACCP：－ ＪＧＡＰ：－

販売指定店制度について
指 定 店 制 度 ： － 販 促 ツ ー ル ： －

商標登録の有無：有
登録取得年月日：2007 年 2 月 23 日
銘柄規約の有無：有
規約設定年月日：2004 年 8 月 13 日
規約改定年月日：2022 年 4 月 1 日

主な流通経路および販売窓口
◆主なと畜場 ：山梨県食肉流通センター、東京都食肉市場
◆主な処理場 ：同上
◆格付等級 ：3 等級以下が基準 ◆年間出荷頭数 ：100 頭 ◆主要取扱企業 ：山梨県食肉流通センター
◆輸出実績国・地域 ：－
◆今後の輸出意欲 ：有

特 長	

概 要	管 理 主 体 ： 甲州牛・甲州ワインビーフ推進協議会 代 表 者 ： 猪股 重教 会長 所 在 地 ： 甲府市飯田 1-1-20	電 話 ： 055-223-5535 Ｆ Ａ Ｘ ： 055-228-8153 Ｕ Ｒ Ｌ ： － メールアドレス ： －

山　梨　県

こうしゅうわいんびーふ
甲州ワインビーフ

品種または 交雑種の交配様式
交雑種 （ホルスタイン種 × 黒毛和種）

飼育管理
出荷月齢 　：24カ月齢前後 指定肥育地 　：山梨県内 飼料の内容 　：一定期間のワインかす給与

GI登録・農場HACCP・JGAP
ＧＩ登　録：無 農場HACCP：無 ＪＧＡＰ：無

販売指定店制度について
指定店制度　：無 販促ツール　：シール、のぼり、 　　　　　　　各種販促物

主な流通経路および販売窓口
◆主なと畜場 　：山梨食肉流通センター ◆主な処理場 　：同上 ◆格付等級 　：B2、3 等級中心 ◆年間出荷頭数 　：900 頭 ◆主要取扱企業 　：美郷、伊藤ハム、ニイチク、ふじ 　　なわ、ミートコンパニオン ◆輸出実績国・地域 　：－ ◆今後の輸出意欲 　：有

商標登録の有無：有	
登録取得年月日：1992 年 10 月	
銘柄規約の有無：有	
規約設定年月日：1991 年 12 月 1 日	
規約改定年月日：2022 年 4 月 1 日	

特長	●遺伝子組み換えでないとうもろこしなどの給与。 ●生産情報公表ＪＡＳ認定牛肉

概要	管理主体：甲州牛・甲州ワインビーフ推進協 　　　　　議会 代表者：猪股　重教　会長 所在地：甲府市飯田 1-1-20	電　　話：055-223-5535 Ｆ　Ａ　Ｘ：055-228-8153 Ｕ　Ｒ　Ｌ：www.y-meat-center.co.jp メールアドレス：info@y-meat-center.co.jp

---

長　野　県

きたしんしゅうみゆきわぎゅう
北信州美雪和牛

品種または 交雑種の交配様式
黒毛和種

飼育管理
出荷月齢 　：28～32カ月齢 指定肥育地 　：ながの農業協同組合みゆきブロ 　　ック管内 飼料の内容 　：－

GI登録・農場HACCP・JGAP
ＧＩ登　録：－ 農場HACCP：－ ＪＧＡＰ：－

販売指定店制度について
指定店制度　：無 販促ツール　：－

主な流通経路および販売窓口
◆主なと畜場 　：川口食肉荷受 ◆主な処理場 　：－ ◆格付等級 　：3 等級以上 ◆年間出荷頭数 　：200 頭 ◆主要取扱企業 　：首都圏内 ◆輸出実績国・地域 　：－ ◆今後の輸出意欲 　：無

商標登録の有無：有	
登録取得年月日：2003 年 11 月 7 日	
銘柄規約の有無：無	
規約設定年月日：－	
規約改定年月日：－	

特長	●清らかな雪解け水が大地をうるおす自然豊かな北信州で、のびやかに育て 　られた黒毛和種。 ●きめ細やかでツヤのある肉質と軟らかくとろけるような食感があります。

概要	管理主体：ながの農業協同組合 代表者：宮澤　清志　代表理事組合長 所在地：長野市大字中御所字岡田 131-14	電　　話：0269-62-5600 Ｆ　Ａ　Ｘ：0269-81-2171 Ｕ　Ｒ　Ｌ：－ メールアドレス：－

長 野 県

信州肉牛
しんしゅうにくうし

品種または交雑種の交配様式	主な流通経路および販売窓口
黒毛和種、ホルスタイン種 交雑種（乳用種 × 黒毛和種）	◆ 主なと畜場 ：長野県食肉公社、佐久広域食肉公社、大阪・京都・姫路の各食肉市場 ◆ 主な処理場 同上 ◆ 格付等級 信州和牛（黒毛和種）3 等級以上、信州アルプス牛（交雑種）2 等級以上、ホルスタイン種 2 等級以上 ◆ 年間出荷頭数 9,000 頭 ◆ 主要取扱企業 長野県農協直販、ニチレイフレッシュ、大阪市食肉市場、京都市食肉市場、和牛マスター ◆ 輸出実績国・地域 － ◆ 今後の輸出意欲 ：有

飼育管理

出荷月齢
：黒毛和種30カ月齢前後、交雑種27カ月齢前後、ホルスタイン種20カ月齢前後
指定肥育地
：長野県全域
飼料の内容
：－

GI登録・農場HACCP・JGAP

GI登録：無
農場HACCP：一部農場
JGAP：無

商標登録の有無：有
登録取得年月日：－
銘柄規約の有無：有
規約設定年月日：－
規約改定年月日：－

販売指定店制度について

指定店制度：有
販促ツール：有

特長
● 信州肉牛の中の和牛については、オレイン酸の含有量を測定し、県の認定基準を満たしたものは「信州プレミアム牛肉」として販売します。

概要
管理主体：ＪＡ全農長野県本部
代表者：嶌田 武司 県本部長
所在地：長野市大字 南長野北石堂町 1177-3
電話：026-236-2217
ＦＡＸ：026-236-2387
ＵＲＬ：www.nn.zennoh.or.jp/gyuniku/index.html
メールアドレス：nikuusi@nn.zennoh.or.jp

長 野 県

信州プレミアム牛肉
しんしゅうぷれみあむぎゅうにく

品種または交雑種の交配様式	主な流通経路および販売窓口
黒毛和種	◆ 主なと畜場 ：長野県内、京都、大阪、東京、兵庫、愛知 ◆ 主な処理場 ：同上 ◆ 格付等級 ：4 等級以上 ◆ 年間出荷頭数 ：約 3,800 頭 ◆ 主要取扱企業 ：長野県内、京都、大阪、東京 ◆ 輸出実績国・地域 ：アメリカ ◆ 今後の輸出意欲 ：有

飼育管理

出荷月齢
：長野県認定農場が最も長い飼養場であること
指定肥育地
：長野県内
飼料の内容
：－

GI登録・農場HACCP・JGAP

GI登録：無
農場HACCP：2016 年 11 月 7 日（一部農場）
JGAP：無

商標登録の有無：有
登録取得年月日：2009 年 11 月 27 日
銘柄規約の有無：有
規約設定年月日：2009 年 3 月 24 日
規約改定年月日：2021 年 4 月 6 日

販売指定店制度について

指定店制度：有
販促ツール：認定 POP、ポスター、のぼり旗

特長
● 長野県が、安全で安心な牛肉を提供できる施設として厳格な基準により認定した「信州あんしん農産物〔牛肉〕生産農場」で育てられた黒毛和種のうち、長野県が独自に定めたおいしさ基準（脂肪交雑と香り口溶けに影響するオレイン酸含有率）を満たすおいしい牛肉を「信州プレミアム牛肉」として認定。

概要
管理主体：長野県
代表者：阿部 守一 長野県知事
所在地：長野市大字南長野 字幅下 692-2
電話：026-235-7216
ＦＡＸ：026-235-7393
ＵＲＬ：www.oishii-shinshu.net/library/premium/beef/11004.html
メールアドレス：marketing@pref.nagano.lg.jp

長野県

信州和牛出荷組合
しんしゅうわぎゅうしゅっかくみあい

品種または交雑種の交配様式	
黒毛和種	

飼育管理	
出荷月齢 ：29カ月齢平均	
指定肥育地 ：長野県内	
飼料の内容 ：－	

GI登録・農場HACCP・JGAP	
ＧＩ登録：無	
農場ＨＡＣＣＰ：無	
ＪＧＡＰ：無	

販売指定店制度について	
指定店制度 ： 無	
販促ツール ： シール、ポスター、のぼり、リーフレット	

商標登録の有無：有
登録取得年月日：2005 年 12 月 16 日
銘柄規約の有無：有
規約設定年月日：2005 年 4 月 19 日
規約改定年月日：2016 年 4 月 1 日

主な流通経路および販売窓口

◆主なと畜場
：山梨食肉流通センター

◆主な処理場
：同上

◆格付等級
：3 等級以上
◆年間出荷頭数
：200 頭
◆主要取扱企業
：ミートコンパニオン、コヤマミート、ニイチク、ふじなわ
◆輸出実績国・地域
：－

◆今後の輸出意欲
：有

特長

概要		
管理主体 ： 信州和牛出荷組合	電話 ： 055-262-2288	
代表者 ： 大原 健児 組合長	ＦＡＸ ： 055-262-3632	
所在地 ： 山梨県笛吹市石和町唐柏 1028 ㈱山梨食肉流通センター	ＵＲＬ ： －	
	メールアドレス ： －	

長野県

村沢牛
むらさわぎゅう

品種または交雑種の交配様式	
黒毛和種	

飼育管理	
出荷月齢 ：32～35カ月齢平均	
指定肥育地 ：長野県内	
飼料の内容 ：	

GI登録・農場HACCP・JGAP	
ＧＩ登録：無	
農場ＨＡＣＣＰ：未取得 農場 HACCP 取得 チャレンジシステム	
ＪＧＡＰ：未定	

販売指定店制度について	
指定店制度 ： 有	
販促ツール ： シール、ポスター、パンフレット	

商標登録の有無：無
登録取得年月日：－
銘柄規約の有無：有
規約設定年月日：1993 年
規約改定年月日：－

主な流通経路および販売窓口

◆主なと畜場
：京都市中央食肉市場
◆主な処理場
：銀閣寺大西外商部プロセスセンター
◆格付等級
：AB・4 等級以上
◆年間出荷頭数
：約 80 頭
◆主要取扱企業
：京都府内
◆輸出実績国・地域
：マカオ
◆今後の輸出意欲
：無（国内外、ともに需要が高く、供給が追いついていないため）

特長
- 長野県の生産者、村澤氏が育てた黒毛和牛。
- 血統を三代先までさかのぼって調べ、極上の雌のみを厳しく吟味し 24 カ月から 27 カ月もの時間をかけて日々、一頭一頭の体調にきめ細やかに気を配りながらじっくり丹念に飼育されています。
- 牛舎は、毎日丁寧に清掃されており、牛にストレスを感じさせないよう育てられています。
- 年間出荷頭数も少なく、知る人ぞ知る幻の絶品として讃えられています。

概要		
管理主体 ： ㈱銀閣寺大西	電話 ： 075-761-0024	
代表者 ： 大西 雷三	ＦＡＸ ： 075-751-7575	
所在地 ： 京都市左京区浄土寺東田町 53	ＵＲＬ ： www.onishi-g.co.jp	
	メールアドレス ： －	

長野県

りんごで育った信州牛
（りんごでそだったしんしゅうぎゅう）

品種または交雑種の交配様式
黒毛和種

飼育管理
出荷月齢 　：28〜32カ月齢 指定肥育地 　：県内 飼料の内容 　：農産加工物の副産物（豆の煮汁、 　　りんごジュース粕など）を飼料 　　として活用

GI登録・農場HACCP・JGAP
Ｇ Ｉ 登 録：無 農場HACCP：無 Ｊ Ｇ Ａ Ｐ：無

販売指定店制度について
指 定 店 制 度 ： 有 販 促 ツ ー ル ： 有

商標登録の有無：有
登録取得年月日：－
銘柄規約の有無：有
規約設定年月日：－
規約改定年月日：－

主な流通経路および販売窓口

◆ 主なと畜場
　：北信食肉センター

◆ 主な処理場
　：福田屋

◆ 格付等級
　：4 等級以上
◆ 年間出荷頭数
　：450 頭
◆ 主要取扱企業
　：福田屋

◆ 輸出実績国・地域
　：－

◆ 今後の輸出意欲
　：無

特長
- 農産物加工による副産物（豆の煮汁、りんごジュース粕など）を飼料として活かし、安定した肉質の牛肉をつくり上げる。
- 脂肪の融点が低いので、くどくない滑らかな味わいが特徴である。

概要	管 理 主 体：りんごで育った信州牛生産販売協議会 代 表 者：掛川 一富 所 在 地：下高井郡山ノ内町大字平穏 4225-5	電 話：0269-33-3571 Ｆ Ａ Ｘ：0269-33-5444 Ｕ Ｒ Ｌ：www.ringogyuu.com メールアドレス：－	

長野県

りんご和牛　信州牛
（りんごわぎゅう　しんしゅうぎゅう）

品種または交雑種の交配様式
黒毛和種

飼育管理
出荷月齢 　：28〜34カ月齢 指定肥育地 　：協議会、生産部会員 飼料の内容 　：りんごジュースのしぼりかす等 　　の発酵飼料

GI登録・農場HACCP・JGAP
Ｇ Ｉ 登 録：無 農場HACCP： 2016 年 12 月 1 日 Ｊ Ｇ Ａ Ｐ：無

販売指定店制度について
指 定 店 制 度 ： 有 販 促 ツ ー ル ： 有

商標登録の有無：有
登録取得年月日：1966 年 4 月
銘柄規約の有無：有
規約設定年月日：1993 年 4 月 1 日
規約改定年月日：2013 年 2 月 8 日

主な流通経路および販売窓口

◆ 主なと畜場
　：北信食肉センター

◆ 主な処理場
　：大信畜産工業

◆ 格付等級
　：全等級
◆ 年間出荷頭数
　：1,500 頭
◆ 主要取扱企業
　：マルイチ産商

◆ 輸出実績国・地域
　：無

◆ 今後の輸出意欲
　：有

特長
- 信州牛生産販売協議会の専用飼料工場「（農）中野固形粗飼料」を持っており、りんご等の食品副産物による発酵飼料を中心に飼育。
- 牛肉のオレイン酸値を測定し、基準値を超えた牛肉は長野県より「信州プレミアム牛肉」として認定される。

概要	管 理 主 体：信州牛生産販売協議会 代 表 者：根橋 博志 所 在 地：中野市江部 634-1	電 話：0269-22-4196 Ｆ Ａ Ｘ：0269-26-7390 Ｕ Ｒ Ｌ：www.shinshugyu.net メールアドレス：info@shinshugyu.net	

あがの姫牛

品種または交雑種の交配様式	新潟県 あがのひめうし **あがの姫牛**	主な流通経路および販売窓口

品種または 交雑種の交配様式	主な流通経路および販売窓口
交雑種	◆主なと畜場 ：長岡食肉センター
飼育管理	◆主な処理場 ：同上
出荷月齢 ：22カ月齢平均 指定肥育地 ：新潟県阿賀野市産の牛肉 飼料の内容 ：スワンレイクビール（天朝閣グループ）のビールかすを使用	◆格付等級 ：－ ◆年間出荷頭数 ：130 頭 ◆主要取扱企業 ：佐藤食肉
GI登録・農場HACCP・JGAP	◆輸出実績国・地域 ：無
ＧＩ登 録：－ 農場HACCP：－ ＪＧＡＰ：－	◆今後の輸出意欲 ：無

商標登録の有無：有
登録取得年月日：2016 年 7 月 8 日
銘柄規約の有無：無
規約設定年月日：－
規約改定年月日：－

販売指定店制度について	特長
指定店制度：無 販促ツール：のぼり、販促シール、販促ポスター、パンフレット	● 大きな特長は食べた時のとろけるようなまろやかな口当たりと上質な赤身のうまみ。 ● "あがの姫牛"は姫という名の通り、オス牛よりも肉質が軟らかい雌牛に限定して育てています。 ● もともとサシが少ないメス牛にビール粕を与えると、より質の高い赤身にバランス良くサシが入り、まろやかな口当たりになります。 ● ビールかすは赤身の甘みやうまみを引き出すため、噛むほどにおいしさが広がります。

概要	管 理 主 体 ：㈱佐藤食肉 代 表 者 ：佐藤 広国 所 在 地 ：阿賀野市荒屋 88-3	電 話 ：0250-62-2149 Ｆ Ａ Ｘ ：0250-62-6707 Ｕ Ｒ Ｌ ：aganohimeushi.com/ メールアドレス ：hirokuni.satou@sato-shokuniku.com	

越後牛

品種または交雑種の交配様式	新潟県 えちごぎゅう **越後牛**	主な流通経路および販売窓口

品種または 交雑種の交配様式	主な流通経路および販売窓口
交雑種	◆主なと畜場 ：長岡食肉センター
飼育管理	◆主な処理場 ：三国
出荷月齢 ：25カ月齢平均 指定肥育地 ：新潟県内の三国農場と三国契約農家 飼料の内容 ：オリジナル飼料	◆格付等級 ：2 等級以上 ◆年間出荷頭数 ：250 頭 ◆主要取扱企業 ：三国
GI登録・農場HACCP・JGAP	◆輸出実績国・地域 ：－
ＧＩ登 録：無 農場HACCP：無 ＪＧＡＰ：無	◆今後の輸出意欲 ：有

商標登録の有無：有
登録取得年月日：2016 年 1 月 15 日
銘柄規約の有無：有
規約設定年月日：2016 年 1 月 15 日
規約改定年月日：－

販売指定店制度について	特長
指定店制度：有 販促ツール：越後牛証明書、のぼり、ポスター、シール	● 新潟県の自然豊かな気候風土とオリジナル配合飼料により風味豊かな牛肉となっています。 ● 越後牛はすべて新潟畜産協会が認定するクリーンビーフ生産農場にて肥育されています。 ● 商標登録第 5819731 号。

概要	管 理 主 体 ：㈱三国 代 表 者 ：鈴木 淳之介 所 在 地 ：長岡市妙見町 771	電 話 ：0258-22-2155 Ｆ Ａ Ｘ ：0258-22-2163 Ｕ Ｒ Ｌ ：www.echigogyu.jp メールアドレス ：mikuni@echigogyu.jp	

新　潟　県

にいがた和牛（にいがたわぎゅう）

品種または交雑種の交配様式	主な流通経路および販売窓口
黒毛和種（未経産雌、去勢）	◆主なと畜場 ：東京食肉市場、新潟市食肉センター、長岡食肉センター ◆主な処理場 ：－

飼育管理

出荷月齢
：新潟県内で肥育され、最長飼育地が県内であるもの
指定肥育地
：新潟県内
飼料の内容
：－

◆格付等級
：AB・3 等級以上
◆年間出荷頭数
：1,100 頭
◆主要取扱企業
：タカノ、三国、よねー、内山肉店、新潟コープ畜産
◆輸出実績国・地域
：－

◆今後の輸出意欲
：有

GI登録・農場HACCP・JGAP

ＧＩ登　録：－
農場HACCP：－
ＪＧＡＰ：－

商標登録の有無：有
登録取得年月日：2007 年 8 月 3 日
銘柄規約の有無：有
規約設定年月日：2003 年 9 月 11 日
規約改定年月日：2013 年 5 月 22 日

販売指定店制度について

指定店制度　：有
販促ツール　：ポスター、のぼりなど

特長
- 新潟県内の生産から流通に至る関係者および関係団体 27 機関が平成 15 年 9 月、当協議会を設立し、一定条件を満たした県産和牛を「にいがた和牛」として名称を統一した。
- 豊かな自然のもとで肥育された和牛で、平成 15 年度全国肉用牛枝肉共励会で名誉賞を受賞するなど、品質の高さが認められている。
- ロゴマークは平成 19 年8月3日、商標登録第 5067369 号で登録済み。

概要

管理主体：にいがた和牛推進協議会
代表者：花角 英世 会長（新潟県知事）
所在地：新潟市西区山田 2310-15
電話：025-234-6782
ＦＡＸ：025-234-7045
ＵＲＬ：niigata-chikusan.jp/publics/index/161/
メールアドレス：wagyu@niigata-chikusan.jp

新　潟　県

にいがた和牛　村上牛（にいがたわぎゅう　むらかみぎゅう）

商標登録 第4804405号

品種または交雑種の交配様式	主な流通経路および販売窓口
黒毛和種	◆主なと畜場 ：東京都食肉市場、新潟市食肉センター ◆主な処理場 ：－

飼育管理

出荷月齢
：約30カ月齢平均
指定肥育地
：村上市、関川村、胎内市
飼料の内容
：－

◆格付等級
：4 等級以上
◆年間出荷頭数
：約 600 頭
◆主要取扱企業
：東京都食肉市場

◆輸出実績国・地域
：アメリカ、香港、台湾

◆今後の輸出意欲
：有

GI登録・農場HACCP・JGAP

ＧＩ登　録：－
農場HACCP：－
ＪＧＡＰ：－

商標登録の有無：有
登録取得年月日：2004 年 9 月 17 日
銘柄規約の有無：有
規約設定年月日：1989 年 3 月 1 日
規約改定年月日：2014 年 7 月 14 日

販売指定店制度について

指定店制度　：無
販促ツール　：のぼり、のれん、ポスター、パンフレット

特長
- 村上牛は「にいがた和牛推進協議会」が特例として認めた地域ブランドで、村上市、岩船郡、胎内市で飼育され、枝肉格付要件が厳しい枝肉である。
- 県北の緑豊かな大自然の中で愛情をそそぎ育てた和牛で、色鮮やかで、風味良く、ひと味違う黒毛和牛と称される。

概要

管理主体：村上牛生産協議会
代表者：髙橋 豊明 会長
（にいがた岩船農協代表理事組合長）
所在地：村上市田端町 8-5
電話：0254-52-0514
ＦＡＸ：0254-52-4108
ＵＲＬ：murakamigyutomonokai.com
メールアドレス：－

富山県
とやま和牛
（とやまわぎゅう）

品種または交雑種の交配様式
黒毛和種

飼育管理
出荷月齢 ：－ 指定肥育地 ：－ 飼料の内容 ：－

GI登録・農場HACCP・JGAP
GI登録：無 農場HACCP：無 JGAP：無

販売指定店制度について
指定店制度：－ 販促ツール：条件付きで有り

商標登録の有無：有
登録取得年月日：2010 年 7 月 9 日
銘柄規約の有無：有
規約設定年月日：1985 年 8 月 6 日
規約改定年月日：2012 年 8 月 31 日

主な流通経路および販売窓口
◆主なと畜場 ：富山食肉総合センター
◆主な処理場 ：とやまミートパッカー
◆格付等級 ：3 等級以上 ◆年間出荷頭数 ：－ ◆主要取扱企業 ：全農富山県本部
◆輸出実績国・地域 ：－
◆今後の輸出意欲 ：－

特長
● 富山のおいしい水と、生産者の情熱が生んだこだわりの肉牛です。

概要	管 理 主 体 ：「とやま肉牛」振興協議会	電 話 ：0766-86-3700
	代 表 者 ：西井 秀将	F A X ：0766-86-3633
	所 在 地 ：射水市新堀 28-4	U R L ：－ メールアドレス：－

富山県
とやま和牛酒粕育ち
（とやまわぎゅうさけかすそだち）

品種または交雑種の交配様式
黒毛和種

飼育管理
出荷月齢 ：－ 指定肥育地 ：－ 飼料の内容 ：酒粕飼料を 3 カ月以上

GI登録・農場HACCP・JGAP
GI登録：無 農場HACCP：無 JGAP：無

販売指定店制度について
指定店制度：無 販促ツール：条件付きで有り

商標登録の有無：無
登録取得年月日：－
銘柄規約の有無：無
規約設定年月日：－
規約改定年月日：－

主な流通経路および販売窓口
◆主なと畜場 ：富山食肉総合センター
◆主な処理場 ：とやまミートパッカー
◆格付等級 ：4 等級以上 ◆年間出荷頭数 ：－ ◆主要取扱企業 ：全農富山県本部
◆輸出実績国・地域 ：－
◆今後の輸出意欲 ：－

特長
● 富山の地酒づくりの過程で生まれる栄養豊富な発酵食品「酒粕」を飼料として与え、肉質の「柔らかさ」「脂の甘み」に特長がある肉牛です。

概要	管 理 主 体 ：全国農業協同組合連合会 富山県本部	電 話 ：0766-86-3700
	代 表 者 ：西井 秀将	F A X ：0766-86-3633
	所 在 地 ：射水市新堀 28-4	U R L ：－ メールアドレス：－

石 川 県

能 登 牛
（のとうし）

品種または 交雑種の交配様式
黒毛和種

飼育管理
出荷月齢 ：28カ月齢平均 指定肥育地 ：石川県内 飼料の内容 ：－

GI登録・農場HACCP・JGAP
Ｇ Ｉ 登 録：無 農場HACCP：無 Ｊ Ｇ Ａ Ｐ：無

販売指定店制度について
指 定 店 制 度 ： 有 販 促 ツ ー ル ： パンフレット、リー フレット、のぼり

商標登録の有無：有
登録取得年月日：2007 年 10 月 19 日
銘柄規約の有無：有
規約設定年月日：1994 年 11 月 15 日
規約改定年月日：2019 年 4 月 1 日

主な流通経路および販売窓口
◆ 主なと畜場 ：石川県金沢食肉流通センター
◆ 主な処理場 ：－
◆ 格付等級 ：AB・3 等級以上 ◆ 年間出荷頭数 ：約 1,000 頭 ◆ 主要取扱企業 ：能登牛認定店
◆ 輸出実績国・地域 ：－
◆ 今後の輸出意欲 ：無

特長
- 美しい自然と優しい風土の中で丹精込めて育てられた牛肉。
- 脂肪中のオレイン酸の含有率が高く、舌ざわりが良く、とろけるような食感が特長。
- 最上級のＡ５等級に格付された能登牛の中でも、とくに肉質が優れているものを能登牛プレミアムとして認定しています。

概要	管 理 主 体 ： 能登牛銘柄推進協議会	電 話 ： 076-225-1623	
	代 表 者 ： －	Ｆ Ａ Ｘ ： 076-225-1628	
	所 在 地 ： 金沢市鞍月 1-1	Ｕ Ｒ Ｌ ： www.notoushi.net/ メールアドレス ： tikusan@pref.ishikawa.lg.jp	

福 井 県

若 狭 牛
（わかさぎゅう）

若狭牛
FUKUI

品種または 交雑種の交配様式
黒毛和種

飼育管理
出荷月齢 ：－ 指定肥育地 ：－ 飼料の内容 ：－

GI登録・農場HACCP・JGAP
Ｇ Ｉ 登 録：－ 農場HACCP：－ Ｊ Ｇ Ａ Ｐ：－

販売指定店制度について
指 定 店 制 度 ： － 販 促 ツ ー ル ： －

商標登録の有無：有
登録取得年月日：－
銘柄規約の有無：有
規約設定年月日：－
規約改定年月日：－

主な流通経路および販売窓口
◆ 主なと畜場 ：金沢食肉公社
◆ 主な処理場 ：福井県経済連食肉センター
◆ 格付等級 ：3 等級以上、B.M.S. №4 以上 ◆ 年間出荷頭数 ：600 頭 ◆ 主要取扱企業 ：－
◆ 輸出実績国・地域 ：－
◆ 今後の輸出意欲 ：－

特長
- 若狭牛は自然豊かな福井県の四季に富んだ気候と、風土の中で丹精込めて育てた最高級の和牛肉です。

概要	管 理 主 体 ： 若狭牛流通推進協議会	電 話 ： 0776-54-0209
	代 表 者 ： 平馬 成雄	Ｆ Ａ Ｘ ： 0776-54-1924
	所 在 地 ： 福井市高木中央 2-4202	Ｕ Ｒ Ｌ ： － メールアドレス ： －

岐阜県

飛騨牛
（ひだぎゅう）

豊かな自然が育んだ味

飛騨牛

http://www.hidagyu-gifu.com
飛騨牛銘柄推進協議会

品種または交雑種の交配様式
黒毛和種

飼育管理

出荷月齢
：約28～30カ月齢平均
指定肥育地
：協議会認定登録農家
飼料の内容
：－

GI登録・農場HACCP・JGAP

ＧＩ登録：無
農場HACCP：無
ＪＧＡＰ：2019 年 1 月11日
（一部農場）

販売指定店制度について

指定店制度　：有
販促ツール　：パックシール、等
　　　　　　　級証明書、のぼり、
　　　　　　　リーフレットなど

商標登録の有無：有
登録取得年月日：2007 年 6 月 22 日
銘柄規約の有無：有
規約設定年月日：1988 年 1 月 23 日
規約改定年月日：2022 年 9 月 20 日

主な流通経路および販売窓口

◆ 主なと畜場
　：岐阜県畜産公社、飛騨ミート農業協同組合連合会
◆ 主な処理場
　：同上
◆ 格付等級
　：AB・3 等級以上
◆ 年間出荷頭数
　：約 10,000 頭
◆ 主要取扱企業
　：岐阜市食肉地方卸売市場、飛騨ミート地方卸売市場
◆ 輸出実績国・地域
　：フィリピン、シンガポール、香港、マカオ、タイ、ベトナム、フランス、イギリス、オランダ、アメリカ、カナダ、台湾、オーストラリア
◆ 今後の輸出意欲
　：有

特長

● 軟らかく、とろけるようなうまみはまさに肉の芸術品。
● 「飛騨牛」とは岐阜県産の黒毛和種の中でも特に優れた牛肉のみに与えられる銘柄。
● その肉質はきめ細かく軟らかで、とろけるようなうまみに定評があります。

概要

管理主体：飛騨牛銘柄推進協議会
代表者：山内 清久 会長
所在地：関市西田原字大河原 441
　　　　ＪＡ全農岐阜　畜産販売課

電　　話：0575-23-6177
ＦＡＸ：0575-24-7554
ＵＲＬ：www.hidagyu-gifu.com
メールアドレス：－

静岡県

あしたか牛
（あしたかぎゅう）

品種または交雑種の交配様式
交雑種 （黒毛和種 × ホルスタイン種）

飼育管理

出荷月齢
：22カ月齢以上
指定肥育地
：主にJAなんすん管内
飼料の内容
：－

GI登録・農場HACCP・JGAP

ＧＩ登録：無
農場HACCP：無
ＪＧＡＰ：無

販売指定店制度について

指定店制度：有
販促ツール：有

商標登録の有無：有
登録取得年月日：1999 年 9 月 10 日
銘柄規約の有無：有
規約設定年月日：1998 年 4 月 6 日
規約改定年月日：2013 年 4 月 24 日

主な流通経路および販売窓口

◆ 主なと畜場
　：小笠食肉センター

◆ 主な処理場
　：－
◆ 格付等級
　：－

◆ 年間出荷頭数
　：360 頭
◆ 主要取扱企業
　：専門店

◆ 輸出実績国・地域
　：－

◆ 今後の輸出意欲
　：無

特長

● あしたか牛推進協議会の会員が 12 カ月以上肥育管理後、出荷したもの。

概要

管理主体：JA ふじ伊豆あしたか牛推進協議会
代表者：加藤 克己
所在地：駿東郡長泉町下土狩 1029-1

電　　話：055-957-0035
ＦＡＸ：055-978-3004
ＵＲＬ：www.ja-fujiizu.or.jp/asitaka/
メールアドレス：chikusan@fjiz.ja-shizuoka.or.jp

静 岡 県

あしたかわぎゅう
あしたか和牛

品種または交雑種の交配様式		主な流通経路および販売窓口
黒毛和種		◆主なと畜場 　：小笠食肉センター
飼育管理		◆主な処理場 　：－
出荷月齢 　：27カ月齢以上 指定肥育地 　：主にJAなんすん管内 飼料の内容 　：－		◆格付等級 　：－ ◆年間出荷頭数 　：約20頭 ◆主要取扱企業 　：専門店（指定店）
GI登録・農場HACCP・JGAP	商標登録の有無：有	◆輸出実績国・地域 　：－
ＧＩ登　録：無 農場HACCP：無 ＪＧＡＰ：無	登録取得年月日：2010年8月27日 銘柄規約の有無：有 規約設定年月日：1998年4月6日 規約改定年月日：2013年4月24日	◆今後の輸出意欲 　：無
販売指定店制度について	特 長	●あしたか牛推進協議会の会員が12カ月以上肥育管理後、出荷したもの。
指定店制度：有 販促ツール：シール　リーフ 　　　　　　　レット等		
概 要	管理主体：JAふじ伊豆あしたか牛推進協議会 代表者：加藤　克己 所在地：駿東郡長泉町下土狩1029-1	電　　話：055-957-0035 ＦＡＸ：055-978-3004 ＵＲＬ：www.ja-fujiizu.or.jp/asitaka/ メールアドレス：chikusan@fjiz.ja-shizuoka.or.jp

---

静 岡 県

えんしゅうゆめさきぎゅう
遠州夢咲牛

品種または交雑種の交配様式		主な流通経路および販売窓口
黒毛和種		◆主なと畜場 　：浜松食肉市場、小笠食肉センター、東京食肉市場、京都食肉市場
飼育管理		◆主な処理場 　：同上
出荷月齢 　：21～33カ月齢 指定肥育地 　：JA遠州夢咲管内 飼料の内容 　：－		◆格付等級 　：3等級以上 ◆年間出荷頭数 　：約450頭 ◆主要取扱企業 　：浜松ハム、米久、花城ミートサプライ
GI登録・農場HACCP・JGAP	商標登録の有無：有	◆輸出実績国・地域 　：－
ＧＩ登　録：無 農場HACCP：無 ＪＧＡＰ：無	登録取得年月日：2002年4月19日 銘柄規約の有無：有 規約設定年月日：2000年10月18日 規約改定年月日：－	◆今後の輸出意欲 　：無
販売指定店制度について	特 長	●飼料を厳選し、快適な環境のもと、愛情を込めて育て上げました。 ●きめが細かく、肉質も良く、牛肉本来の風味と軟らかさで、おいしいとの評判です。
指定店制度：無 販促ツール：シール、のぼり、 　　　　　　　ポスター、しおり		
概 要	管理主体：JA遠州夢咲肉牛委員会 代表者：杉浦　浩務 所在地：菊川市下平川6265	電　　話：0537-73-5225 ＦＡＸ：0537-73-5677 ＵＲＬ：－ メールアドレス：－

静 岡 県

かけがわぎゅう（くろげわしゅ）
掛川牛（黒毛和種）

品種または 交雑種の交配様式
黒毛種

飼育管理
出荷月齢 　：28カ月齢平均 指定肥育地 　：掛川市（JA掛川市管内） 飼料の内容 　：生産者がこだわった穀物飼料

GI登録・農場HACCP・JGAP
ＧＩ登　録：無 農場HACCP：無 ＪＧＡＰ：無

販売指定店制度について
指 定 店 制 度 ： 無 販 促 ツ ー ル ： 有

商標登録の有無：有
登録取得年月日：2012 年 7 月 6 日
銘柄規約の有無：有
規約設定年月日：2010 年 8 月 10 日
規約改定年月日：－

主な流通経路および販売窓口
◆主なと畜場 　：小笠食肉センター、浜松食肉市場 ◆主な処理場 　：－ ◆格付等級 　：－ ◆年間出荷頭数 　：300 頭 ◆主要取扱企業 　：－ ◆輸出実績国・地域 　：－ ◆今後の輸出意欲 　：無

特 長	●産肉能力の優れた子牛を厳選し、黒毛和種本来の特徴をより一層引き出すための技術をもって、極上のうまみを追求しています。

概 要	管 理 主 体 ： JA掛川市肉牛部会 代 表 者 ： 遠山　裕丞 所 在 地 ： 掛川市千羽 100-1	電 話 ： 0537-20-0809 F A X ： 0537-20-0824 U R L ： www.ja-kakegawa.jp メールアドレス ： －	

静 岡 県

かけがわぎゅう（こうざつしゅ）
掛川牛（交雑種）

品種または 交雑種の交配様式
交雑種 （ホルスタイン種 × 黒毛和種）

飼育管理
出荷月齢 　：24カ月齢平均 指定肥育地 　：掛川市（JA掛川市管内） 飼料の内容 　：生産者がこだわった穀物飼料

GI登録・農場HACCP・JGAP
ＧＩ登　録：無 農場HACCP：無 ＪＧＡＰ：無

販売指定店制度について
指 定 店 制 度 ： 無 販 促 ツ ー ル ： 有

商標登録の有無：有
登録取得年月日：2012 年 7 月 6 日
銘柄規約の有無：有
規約設定年月日：2010 年 8 月 10 日
規約改定年月日　－

主な流通経路および販売窓口
◆主なと畜場 　：小笠食肉センター、浜松食肉市場 ◆主な処理場 　：－ ◆格付等級 　：－ ◆年間出荷頭数 　：50 頭 ◆主要取扱企業 　：－ ◆輸出実績国・地域 　：－ ◆今後の輸出意欲 　：無

特 長	●黒毛和種と同等な育て方をすることで、充実した赤肉とほど良いサシを合わせもった芳醇な味わいが特徴です。

概 要	管 理 主 体 ： JA掛川市肉牛部会 代 表 者 ： 遠山　裕丞 所 在 地 ： 掛川市千羽 100-1	電 話 ： 0537-20-0809 F A X ： 0537-20-0824 U R L ： www.ja-kakegawa.jp メールアドレス ： －	

静　岡　県

ぐるめのしずおかぎゅう
食通の静岡牛

品種または 交雑種の交配様式
交雑種 （ホルスタイン種 × 黒毛和種）

飼育管理
出荷月齢 　：24～26カ月齢 指定肥育地 　：静岡県内 飼料の内容 　：－

GI登録・農場HACCP・JGAP
ＧＩ登　録：無 農場HACCP：無 ＪＧＡＰ：無

商標登録の有無：無
登録取得年月日：－
銘柄規約の有無：有
規約設定年月日：－
規約改定年月日：－

主な流通経路および販売窓口
◆ 主なと畜場 　：小笠食肉センター、浜松市食肉 　　市場 ◆ 主な処理場 　：JA 静岡経済連小笠食肉センタ 　　ーほか ◆ 格付等級 　：2 等級以上 ◆ 年間出荷頭数 　：2,500 頭 ◆ 主要取扱企業 　：米久、浜松ハム、ニクセン
◆ 輸出実績国・地域 　：－
◆ 今後の輸出意欲 　：無

特長	● 静岡県の生産者が県内で最も長い期間飼養した交雑種の牛肉です。

販売指定店制度について
指 定 店 制 度 ： 無 販 促 ツ ー ル ： 有

概要	管 理 主 体 ： JA 静岡経済連 代 表 者 ： 加藤　敦啓 所 在 地 ： 静岡市駿河区曲金 3-8-1	電　　　　　話 ： 054-284-9730 Ｆ　Ａ　Ｘ ： 054-287-2684 Ｕ　Ｒ　Ｌ ： － メールアドレス ： －

静　岡　県

ぐるめのしずおかぎゅう　あおい
食通の静岡牛　葵

品種または 交雑種の交配様式
交雑種 （ホルスタイン種 × 黒毛和種）

飼育管理
出荷月齢 　：約25カ月齢 指定肥育地 　：県内 飼料の内容 　：国産茶粉末と国産玄米をブレン 　　ドした専用飼料を給与

GI登録・農場HACCP・JGAP
ＧＩ登　録：無 農場HACCP：無 ＪＧＡＰ：無

商標登録の有無：有
登録取得年月日：2012 年 11 月 30 日
銘柄規約の有無：有
規約設定年月日：2012 年　9 月 18 日
規約改定年月日：2014 年　4 月 15 日

主な流通経路および販売窓口
◆ 主なと畜場 　：小笠食肉センター、浜松市食肉 　　市場 ◆ 主な処理場 　：JA 静岡経済連小笠食肉センタ 　　ー ◆ 格付等級 　：2 等級以上 ◆ 年間出荷頭数 　：1,000 頭 ◆ 主要取扱企業 　：ニクセン、浜松ハム、米久
◆ 輸出実績国・地域 　：－
◆ 今後の輸出意欲 　：有

特長	●「食通の静岡牛　葵」は黒毛和種の特長である良質な脂質ときめの細かい 肉質を受け継ぎ、適度な霜降りとさわやかな味わいはさまざまな料理にマ ッチする。

販売指定店制度について
指 定 店 制 度 ： 無 販 促 ツ ー ル ： 有

概要	管 理 主 体 ： JA 静岡経済連 代 表 者 ： 加藤　敦啓 所 在 地 ： 静岡市駿河区曲金 3-8-1	電　　　　　話 ： 054-284-9730 Ｆ　Ａ　Ｘ ： 054-287-2684 Ｕ　Ｒ　Ｌ ： － メールアドレス ： －

静岡県

静岡和牛（しずおかわぎゅう）

品種または 交雑種の交配様式		主な流通経路および販売窓口
黒毛和種		◆主なと畜場 ：小笠食肉センター、浜松市食肉市場 ◆主な処理場 ：小笠食肉センター
飼育管理		
出荷月齢 ：26カ月齢 指定肥育地 ：静岡県内 飼料の内容 ：－		◆格付等級 ：－ ◆年間出荷頭数 ：2,000 頭 ◆主要取扱企業 ：コーシン、浜松ハム、ニクセン、米久 ◆輸出実績国・地域 ：－ ◆今後の輸出意欲 ：無
GI登録・農場HACCP・JGAP	商標登録の有無：無 登録取得年月日：－ 銘柄規約の有無：無 規約設定年月日：－ 規約改定年月日：－	
GI 登 録：無 農場HACCP：無 J G A P：無		
販売指定店制度について	**特長** ●静岡県の生産者が県内で最も長い期間飼養した黒毛和種の牛肉です。	
指定店制度 ：無 販促ツール ：無		

概要	管 理 主 体 ： JA 静岡経済連 代 表 者 ： 加藤 敦啓 所 在 地 ： 静岡市駿河区曲金 3-8-1	電 話 ： 054-284-9730 F A X ： 054-287-2684 U R L ： － メールアドレス ： －

静岡県

特選和牛　静岡そだち（とくせんわぎゅう　しずおかそだち）

品種または 交雑種の交配様式		主な流通経路および販売窓口
黒毛和種（雌）		◆主なと畜場 ：小笠食肉センター、浜松市食肉市場 ◆主な処理場 ：JA 静岡経済連小笠食肉センター
飼育管理		
出荷月齢 ：約30カ月齢以上 指定肥育地 ：静岡県内 飼料の内容 ：和牛のおいしさ（軟らかさと甘み）を引き出す専用飼料		◆格付等級 ：3 等級以上 ◆年間出荷頭数 ：2,100 頭 ◆主要取扱企業 ：コーシン、米久、ニクセン、ミートコンパニオン、静岡そだち販売加盟店 ◆輸出実績国・地域 ：－
GI登録・農場HACCP・JGAP	商標登録の有無：有 登録取得年月日：1997 年 9 月 19 日 銘柄規約の有無：有 規約設定年月日：1995 年 10 月 1 日 規約改定年月日：2014 年 4 月 15 日	◆今後の輸出意欲 ：有
GI 登 録：無 農場HACCP：無 J G A P：無		
販売指定店制度について	**特長** ●特選和牛静岡そだちは軟らかくきめ細やかな肉質と上品なうま味のある和牛肉の生産をするため数々の「こだわり」があります。 ●こだわり1（品種）和牛の中でも最もおいしいとされる黒毛和種の雌牛にこだわりました。 ●こだわり2（餌）和牛のおいしさ（軟らかさと甘み）を引き出す専用飼料を与えています。 ●こだわり3（飼育方法）肉質の斉一性を図るため、牛の成長と健康に配慮した「静岡そだち飼育管理マニュアル」を遵守して、おおむね30カ月齢まで飼育しています。	
指定店制度 ：有 販促ツール ：有		

概要	管理主体 ： JA 静岡経済連 代 表 者 ： 加藤 敦啓 所 在 地 ： 静岡市駿河区曲金 3-8-1	電 話 ： 054-284-9730 F A X ： 054-287-2684 U R L ： www.jashizuoka-keizairen.net/beef/m/ メールアドレス ： －	

静　岡　県

ひらい牧場伊豆牛
ひらいぼくじょういずぎゅう

品種または 交雑種の交配様式
交雑種雌 （ホルスタイン種 × 黒毛和種）

飼育管理
出荷月齢 ：26カ月齢以上 指定肥育地 ：伊豆の国市 飼料の内容 ：配合飼料と別に仕上げ前の３カ 月から「おやつ」を与えている

GI登録・農場HACCP・JGAP
ＧＩ登　録：無 農場HACCP：無 ＪＧＡＰ：無

販売指定店制度について
指 定 店 制 度 ： 有 販 促 ツ ー ル ： のぼり

商標登録の有無：有
登録取得年月日：2002 年 10 月 5 日
銘柄規約の有無：無
規約設定年月日：－
規約改定年月日：－

主な流通経路および販売窓口
◆主なと畜場 ：山梨食肉流通センター
◆主な処理場 ：ひらい商店
◆格付等級 ：全等級 ◆年間出荷頭数 ：120 頭 ◆主要取扱企業 ：ひらい商店
◆輸出実績国・地域 ：無
◆今後の輸出意欲 ：無

特長
- 伊豆（伊豆の国市浮橋盆地）の良質な水と澄んだ空気の中で乾草と穀物のみで育てています。
- 適度な霜降りで軟らかくジューシーかつヘルシーな牛肉です。赤身肉がおいしくなるように努力しています。
- 抗生物質、生の飼料は一切与えていません。

概要	管 理 主 体 ： ㈱ひらい牧場 代 表 者 ： 平井　大介 所 在 地 ： 伊豆の国市大仁 524-2	電　　　　話 ： 0558-76-0298 Ｆ Ａ Ｘ ： 0558-76-2229 Ｕ Ｒ Ｌ ： － メールアドレス ： izgyu@ca.thn.ne.jp

---

静　岡　県

富士朝霧牛
ふじあさぎりぎゅう

品種または 交雑種の交配様式
交雑種 （ホルスタイン種 × 黒毛和種）

飼育管理
出荷月齢 ：24カ月齢以上 指定肥育地 ：森本牧場、竹川畜産など 飼料の内容 ：フロンティア（配合飼料）、麦、米 ぬか、チモシーヘイ、オーツヘ イ、イタリアン種取

GI登録・農場HACCP・JGAP
ＧＩ登　録：－ 農場HACCP：－ ＪＧＡＰ：－

販売指定店制度について
指 定 店 制 度 ： 有 販 促 ツ ー ル ： のぼりなど

商標登録の有無：有
登録取得年月日：2000 年 11 月 5 日
銘柄規約の有無：有
規約設定年月日：2000 年 11 月 5 日
規約改定年月日：－

主な流通経路および販売窓口
◆主なと畜場 ：静岡県経済連小笠、浜松市食肉 市場
◆主な処理場 ：同上
◆格付等級 ：3 等級以上 ◆年間出荷頭数 ：150 頭 ◆主要取扱企業 ：さの萬、明治屋産業
◆輸出実績国・地域 ：無
◆今後の輸出意欲 ：無

特長
- 富士山麓でわき水を飲んで育った健康牛。

概要	管 理 主 体 ： ㈱さの萬 代 表 者 ： 佐野　佳治 所 在 地 ： 富士宮市宮町 14-19	電　　　　話 ： 0544-26-3352 Ｆ Ａ Ｘ ： 0544-26-3433 Ｕ Ｒ Ｌ ： www.sanoman.net メールアドレス ： info@sanoman.net	

静　岡　県

ふじやま和牛
（ふじやまわぎゅう）

品種または 交雑種の交配様式		
黒毛和種 気高系、但馬系		
飼育管理		
出荷月齢 ：28～29カ月齢平均 指定肥育地 ：ふじやまファーム 飼料の内容 ：指定配合ふじやまビーフ		
GI登録・農場HACCP・JGAP		
GI登　録：無 農場HACCP：無 JGAP：無		
販売指定店制度について		
指定店制度：無 販促ツール：シール、リーフレット、ポスター、のぼり（有料）		

商標登録の有無：有
登録取得年月日：2008 年 2 月 22 日
銘柄規約の有無：有
規約設定年月日：2008 年 2 月 22 日
規約改定年月日：－

特長
- ふじやまファームでしか肥育していないブランド牛。
- 代表が子牛市場に直接出向き、子牛を購入。
- 血統、配合飼料等、ふじやまファームの肥育技術が、他には真似のできないブランド牛。

主な流通経路および販売窓口
- ◆主なと畜場
  ：東京都食肉市場
- ◆主な処理場
  ：－
- ◆格付等級
  ：－
- ◆年間出荷頭数
  ：160 頭
- ◆主要取扱企業
  ：－
- ◆輸出実績国・地域
  ：－
- ◆今後の輸出意欲
  ：有

概要	管理主体：㈱ふじやまファーム	電　　　話：055-986-8059
	代表者：渡辺 茂 代表取締役	FAX：055-986-8098
	所在地：駿東郡長泉町上長窪146	URL：－ メールアドレス：fujiyamabeef@hotmail.com

静　岡　県

みっかび牛
（みっかびぎゅう）

品種または 交雑種の交配様式		
黒毛和種		
飼育管理		
出荷月齢 ：28カ月齢 指定肥育地 ：－ 飼料の内容 ：三ヶ日みかんの乾燥粉末		
GI登録・農場HACCP・JGAP		
GI登　録：無 農場HACCP：無 JGAP：無		
販売指定店制度について		
指定店制度：無 販促ツール：シール、のぼり、パンフレット		

商標登録の有無：有
登録取得年月日：－
銘柄規約の有無：有
規約設定年月日：－
規約改定年月日：－

特長
- 三ヶ日みかんの乾燥粉末を給与している。

主な流通経路および販売窓口
- ◆主なと畜場
  ：小笠食肉センター、浜松市食肉市場
- ◆主な処理場
  ：－
- ◆格付等級
  ：3 等級以上
- ◆年間出荷頭数
  ：230 頭
- ◆主要取扱企業
  ：静岡経済連
- ◆輸出実績国・地域
  ：－
- ◆今後の輸出意欲
  ：有

概要	管理主体：ＪＡみっかび牛志会	電　　　話：053-525-1018	
	代表者：和田 勝美	FAX：053-525-0773	
	所在地：浜松市北区三ヶ日町三ヶ日885	URL：mikkabi.ja-shizuoka.or.jp/products/livestock/mikkabigyu/ メールアドレス：－	

静 岡 県

みっかびぎゅう
みっかび牛

品種または 交雑種の交配様式
交雑種 （ホルスタイン種 × 黒毛和種）

飼育管理
出荷月齢 　：平均25カ月齢 指定肥育地 　：－ 飼料の内容 　：三ヶ日みかんの乾燥粉末を給与

GI登録・農場HACCP・JGAP
ＧＩ登　録：無 農場HACCP：無 ＪＧＡＰ：無

販売指定店制度について
指定店制度　：無 販促ツール　：シール、のぼり、 　　　　　　　　パンフレット

商標登録の有無：有
登録取得年月日：－
銘柄規約の有無：有
規約設定年月日：－
規約改定年月日：－

主な流通経路および販売窓口
◆主なと畜場 　：小笠食肉センター、浜松市食肉 　　市場 ◆主な処理場 　：－
◆格付等級 　：2等級以上 ◆年間出荷頭数 　：230頭 ◆主要取扱企業 　：静岡県経済連
◆輸出実績国・地域 　：－
◆今後の輸出意欲 　：有

特長
●黒毛和牛に近い「脂までうまい肉」といわれている。 ●三ヶ日みかんの乾燥粉末を給与。

概要	管理主体：ＪＡみっかび牛志会 代表者：和田　勝美 所在地：浜松市北区三ヶ日町三ヶ日885	電　　　話：053-525-1018 ＦＡＸ：053-525-0773 ＵＲＬ：mikkabi.ja-shizuoka.or.jp/products/livestock/mikkabigyu/ メールアドレス：－	

愛 知 県

あいちうし
あいち牛

品種または 交雑種の交配様式
交雑種

飼育管理
出荷月齢 　：約24～28カ月齢 指定肥育地 　：愛知県内 飼料の内容 　：－

GI登録・農場HACCP・JGAP
ＧＩ登　録：－ 農場HACCP：－ ＪＧＡＰ：－

販売指定店制度について
指定店制度　：無 販促ツール　：パックシール、の 　　　　　　　　ぼり、ミニのぼ 　　　　　　　　り、ポスターほか

商標登録の有無：無
登録取得年月日：－
銘柄規約の有無：有
規約設定年月日：2009年4月
規約改定年月日：2017年1月

主な流通経路および販売窓口
◆主なと畜場 　：名古屋市食肉市場、東三河食肉流 　　通センター、半田食肉センター ◆主な処理場 　：名古屋ミートセンター、東三河 　　ミートセンター、杉本食肉産業
◆格付等級 　：2等級以上 ◆年間出荷頭数 　：10,000頭 ◆主要取扱企業 　：ＪＡあいち経済連、エスフーズ、 　　杉本食肉産業
◆輸出実績国・地域 　：－
◆今後の輸出意欲 　：有

特長
●生産牧場では山林や川、平坦な牧草地と放牧地など自然環境に恵まれた広大 　な敷地を有効に使い、適正管理のもと、安全な飼料と良質な稲わらを与え、愛 　情込めて育んだ牛肉です。

概要	管理主体：愛知県経済農業協同組合連合会 代表者：権田　博康 所在地：名古屋市中区錦3-3-8	電　　　話：0532-47-8232 ＦＡＸ：0532-47-8245 ＵＲＬ：www.ja-aichi.or.jp/main/product/chikusan/index.html メールアドレス：－	

愛 知 県

あつみ牛
（あつみぎゅう）

品種または交雑種の交配様式	
交雑種	

飼育管理

出荷月齢
　：25～26 カ月齢平均
指定肥育地
　：－
飼料の内容
　：JAくみあい配合飼料（あつみ牛
　　シリーズ）

GI登録・農場HACCP・JGAP
GI登　録：－
農場HACCP：－
ＪＧＡＰ：－

販売指定店制度について
指定店制度 ： 無
販促ツール ： ミニのぼり、シール

商標登録の有無：有
登録取得年月日：－
銘柄規約の有無：有
規約設定年月日：－
規約改定年月日：－

主な流通経路および販売窓口

◆主なと畜場
　：東三河食肉流通センター、名古屋市食肉市場
◆主な処理場
　：あいち経済連ミートセンター

◆格付等級
　：2 等級以上
◆年間出荷頭数
　：750 頭
◆主要取扱企業
　：ＪＡあいち経済連

◆輸出実績国・地域
　：－

◆今後の輸出意欲
　：－

特長
- 柔らかくキメの細かい肉質でうま味を追求。
- JAくみあい配合飼料（あつみ牛シリーズ）使用。

概要		
管 理 主 体 ： あつみ牛推進協議会	電　　　　話 ： 0531-23-2153	
代 表 者 ： 渡辺 義苗	Ｆ　Ａ　Ｘ ： 0531-23-6032	
所 在 地 ： 田原市田原町二ツ坂 1-2	Ｕ　Ｒ　Ｌ ： －	
	メールアドレス ： －	

愛 知 県

尾張牛
（おわりぎゅう）

愛知県産

品種または交雑種の交配様式	
ホルスタイン種、交雑種	

飼育管理

出荷月齢
　：22カ月齢平均
指定肥育地
　：－
飼料の内容
　：－

GI登録・農場HACCP・JGAP
GI登　録：－
農場HACCP：－
ＪＧＡＰ：－

販売指定店制度について
指定店制度 ： 有
販促ツール ： シール、のぼり

商標登録の有無：有
登録取得年月日：－
銘柄規約の有無：有
規約設定年月日：－
規約改定年月日：－

主な流通経路および販売窓口

◆主なと畜場
　：名古屋市食肉市場

◆主な処理場
　：杉本食肉産業

◆格付等級
　：2 等級以上
◆年間出荷頭数
　：1,800 頭
◆主要取扱企業
　：杉本食肉産業、ショクブン

◆輸出実績国・地域
　：－

◆今後の輸出意欲
　：－

特長
- 当牧場では山林や川、平坦な牧草地や放牧地など自然環境に恵まれた広大な敷地を有効に使い、適正管理のもと、安全な飼料と良質な稲わらを与え、愛情込めて育んだ牛肉です。

概要		
管 理 主 体 ： 尾張牛振興会	電　　　　話 ： 052-741-3251	
代 表 者 ： 杉本 豊繁	Ｆ　Ａ　Ｘ ： 052-731-9523	
所 在 地 ： 名古屋市昭和区緑町 2-20	Ｕ　Ｒ　Ｌ ： －	
	メールアドレス ： －	

愛 知 県

黒潮牛
（くろしおぎゅう）

品種または交雑種の交配様式	主な流通経路および販売窓口
交雑種	◆主なと畜場 ：東三河食肉流通センター

飼育管理

出荷月齢
：26カ月齢平均
指定肥育地
：豊橋地域
飼料の内容
：くみあい配合飼料の黒潮シリーズ

GI登録・農場HACCP・JGAP

ＧＩ登　録：無
農場HACCP：無
ＪＧＡＰ：無

販売指定店制度について

指定店制度：　－
販促ツール：シール、のぼり、ポスター、パネル、ティッシュほか

商標登録の有無：有
登録取得年月日：2006 年 2 月
銘柄規約の有無：有
規約設定年月日：2002 年 5 月 1 日
規約改定年月日：2012 年 4 月 1 日

◆主なと畜場
：東三河食肉流通センター

◆主な処理場
：あいち経済連食肉センター

◆格付等級
：3 等級以上
◆年間出荷頭数
：150 頭
◆主要取扱企業
：－

◆輸出実績国・地域
：－

◆今後の輸出意欲
：有

特長
●くみあい配合飼料の黒潮シリーズを給与。

概要

管 理 主 体	：豊橋農業協同組合	電　　　　　話	：0532-25-3558（畜産課）
代　表　者	：伊藤　友之　代表理事組合長	Ｆ　Ａ　Ｘ	：0532-25-6215
所　在　地	：豊橋市野依町西川5	Ｕ　Ｒ　Ｌ	：－
		メールアドレス	：chikusan@toyohashi・aichi-ja.or.jp

愛 知 県

田原牛
（たはらうし）

品種または交雑種の交配様式	主な流通経路および販売窓口
交雑種	◆主なと畜場 ：東三河食肉流通センター

飼育管理

出荷月齢
：26カ月齢平均
指定肥育地
：－
飼料の内容
：非遺伝子組み換えのとうもろこし、大豆粕を原料とした配合

GI登録・農場HACCP・JGAP

ＧＩ登　録：－
農場HACCP：－
ＪＧＡＰ：－

販売指定店制度について

指定店制度：　－
販促ツール：のぼり、パックシール

商標登録の有無：有
登録取得年月日：－
銘柄規約の有無：有
規約設定年月日：－
規約改定年月日：－

◆主なと畜場
：東三河食肉流通センター

◆主な処理場
：東三河食肉流通センター

◆格付等級
：－
◆年間出荷頭数
：約 1,050 頭
◆主要取扱企業
：ＪＡあいち経済連

◆輸出実績国・地域
：－

◆今後の輸出意欲
：－

特長
●非遺伝子組み換えのとうもろこし、大豆粕を原料とした配合を使用しています。
●全 10 戸が同じ指定配合により肥育しています。

概要

管 理 主 体	：JA 愛知みなみ田原牛肥育倶楽部	電　　　　　話	：0531-23-2154
代　表　者	：白井　靖弘	Ｆ　Ａ　Ｘ	：0531-22-6032
所　在　地	：田原市田原町二ツ坂 1-2	Ｕ　Ｒ　Ｌ	：－
		メールアドレス	：－

愛　知　県

知多牛（響）
ちたぎゅう（ひびき）

品種または交雑種の交配様式		主な流通経路および販売窓口

品種または交雑種の交配様式

交雑種

飼育管理

出荷月齢
：22カ月齢以上かつ管内で1年以上肥育
指定肥育地
：愛知県知多地域
飼料の内容
：－

GI登録・農場HACCP・JGAP

GI登　録：－
農場HACCP：－
JGAP：－

商標登録の有無：有
登録取得年月日：2007年4月6日
銘柄規約の有無：有
規約設定年月日：2006年9月7日
規約改定年月日：2018年4月6日

主な流通経路および販売窓口

◆ 主なと畜場
：名古屋市食肉市場、半田食肉市場、東三河食肉流通センター、大阪市食肉市場
◆ 主な処理場
◆ 格付等級
：2等級以上で協議会名簿に記載された生産者が協議会組織を通じて出荷された肉牛
◆ 年間出荷頭数
：5,000頭
◆ 主要取扱企業
：JAあいち経済連、JA全農ミートフーズ、杉本食肉産業、エスフーズ、立石食品、丸一精肉、石川屋、埴生ミートセンター、伊勢屋
◆ 輸出実績国・地域
：－
◆ 今後の輸出意欲
：－

販売指定店制度について

指定店制度　：無
販促ツール　：シール、のぼり等
　　　　　　　（条件付き）

特長

● 伊勢湾と三河湾の湾内に突き出す知多半島は南北に長く、夏はさわやかな海風により涼しく、冬は穏やかな海洋性の気候に恵まれ比較的暖かい。
● そんな穏やかな環境で育てられた「知多牛」は、肉質は軟らかく、味の広がりも良く、脂肪の甘さにはとくに高い評価をいただいています。

概要

管理主体：知多牛推進協議会
代表者：佐々木　康壽
所在地：美浜町大字北方字山井40-1
電話：0569-82-4029
FAX：0569-82-3144
URL：－
メールアドレス：chikusan@agris.or.jp

愛　知　県

知多和牛（誉）
ちたわぎゅう（ほまれ）

品種または交雑種の交配様式

黒毛和種

飼育管理

出荷月齢
：24カ月齢以上かつ管内で1年以上肥育
指定肥育地
：愛知県知多地域
飼料の内容
：－

GI登録・農場HACCP・JGAP

GI登　録：－
農場HACCP：－
JGAP：－

商標登録の有無：有
登録取得年月日：2007年4月6日
銘柄規約の有無：有
規約設定年月日：2006年9月7日
規約改定年月日：2018年4月6日

主な流通経路および販売窓口

◆ 主なと畜場
：名古屋市食肉市場、半田食肉市場、東三河食肉市場、大阪市食肉市場
◆ 主な処理場
：－
◆ 格付等級
：3等級以上で協議会名簿に記載された生産者が協議会組織を通じて出荷された肉牛
◆ 年間出荷頭数
：1,000頭
◆ 主要取扱企業
：JAあいち経済連、JA全農ミートフーズ、杉本食肉産業、エスフーズ、立石食品、丸一精肉、石川屋、埴生ミートセンター、伊勢屋
◆ 輸出実績国・地域
：－
◆ 今後の輸出意欲
：－

販売指定店制度について

指定店制度　：無
販促ツール　：シール、のぼり等
　　　　　　　（条件付き）

特長

● 伊勢湾と三河湾の湾内に突き出す知多半島は南北に長く、夏はさわやかな海風により涼しく、冬は穏やかな海洋性の気候に恵まれ比較的暖かい。
● そんな穏やかな環境で育てられた「知多和牛」は、肉質は軟らかく、味の広がりも良く、脂肪の甘さにはとくに高い評価をいただいています。

概要

管理主体：知多牛推進協議会
代表者：佐々木　康壽
所在地：美浜町大字北方字山井40-1
電話：0569-82-4029
FAX：0569-82-3144
URL：－
メールアドレス：chikusan@agris.or.jp

愛 知 県

ほうらいぎゅう
鳳 来 牛

品種または 交雑種の交配様式
黒毛和種

飼育管理

出荷月齢
　：26〜30カ月齢
指定肥育地
　：新城市内認定農家
飼料の内容
　：ー

GI登録・農場HACCP・JGAP

ＧＩ登　録：ー
農場HACCP：ー
ＪＧＡＰ：ー

販売指定店制度について

指定店制度　：ー
販促ツール　：パンフレット、卓
　　　　　　　上のぼり、木製看
　　　　　　　板

商標登録の有無：有
登録取得年月日：2020 年 7 月 16 日
銘柄規約の有無：有
規約設定年月日：1989 年 1 月 8 日
規約改定年月日：2019 年 6 月 3 日

主な流通経路および販売窓口

◆ 主なと畜場
　：東三河食肉流通センター、名古
　　屋市食肉市場
◆ 主な処理場
　：同上
◆ 格付等級
　：4 等級以上
◆ 年間出荷頭数
　：300 頭
◆ 主要取扱企業
　：JA あいち経済連、JA 愛知東、高
　　橋精肉店、内藤精肉店、鳥市精肉
　　店、サカイフーズ
◆ 輸出実績国・地域
　：ー

◆ 今後の輸出意欲
　：ー

特長
- 鳳来牛は現在、4戸の認定肥育農家により生産されています。少数精鋭の強みを生かし、素牛導入後の13カ月齢以降モネンシンナトリウムを給与せず肥育管理し、安全安心な牛肉生産に努めています。
- 奥三河の自然豊かな肥育牧場で18カ月以上の長期間肥育することで、脂の甘みと肉のうまみが詰まった見事な霜降り肉となります。
- その中でも奥三河で生まれた鳳来牛を「特産鳳来牛」と呼んでいます。
- 生産者の顔がみえる安全安心な生産・販売体制を志向し始まったJA直営焼き肉レストラン「こんたく長篠」、認定肥育農家が丹精込めて飼育した鳳来牛はこちらでご賞味いただけます。

概要	管 理 主 体	：	愛知東農業協同組合	電	話	：	0536-22-1251
	代 表 者	：	海野　文貴	F A X		：	0536-22-0870
	所 在 地	：	新城市平井字中田 6-1	U R L		：	www.ja-aichihigashi.com
				メールアドレス		：	chikusan@aichihigashi.aichi-ja.or.jp

愛 知 県

みかわうし
みかわ牛

品種または 交雑種の交配様式
黒毛和種

飼育管理

出荷月齢
　：29カ月齢平均
指定肥育地
　：ー
飼料の内容
　：ー

GI登録・農場HACCP・JGAP

ＧＩ登　録：無
農場HACCP：無
ＪＧＡＰ：無

販売指定店制度について

指定店制度　：有
販促ツール　：パックシール、のぼり、
　　　　　　　ミニのぼり、欅看板、卓
　　　　　　　上ミニ看板、ポスター、
　　　　　　　はっぴ、ブルゾンほか

商標登録の有無：有
登録取得年月日：1993 年 4 月 5 日
銘柄規約の有無：有
規約設定年月日：1990 年 6 月 5 日
規約改定年月日：2020 年 9 月

主な流通経路および販売窓口

◆ 主なと畜場
　：名古屋市食肉市場、東三河食肉流
　　通センター、半田食肉センター
◆ 主な処理場
　：名古屋ミートセンター、東三河
　　ミートセンター、杉本食肉産業
◆ 格付等級
　：4 等級以上

◆ 年間出荷頭数
　：2,500 頭
◆ 主要取扱企業
　：ＪＡあいち経済連、杉本食肉産
　　業、エスフーズ
◆ 輸出実績国・地域
　：タイ（バンコク）
◆ 今後の輸出意欲
　：有

特長
- 愛知県の豊かな自然にはぐくまれ、厳選された黒毛和牛が「みかわ牛」です。
- 令和2年9月に「みかわ牛銘柄推進協議会」が設立しました。

概要	管 理 主 体	：	愛知県経済農業協同組合連合会	電	話	：	0532-47-8232
	代 表 者	：	権田　博康	F A X		：	0532-47-8245
	所 在 地	：	名古屋市中区錦 3-3-8	U R L		：	www.ja-aichi.or.jp/main/product/chikusan/index.html
			畜産部・豊橋市西幸町笠松 111	メールアドレス		：	ー

愛 知 県

みさき牛
（みさきうし）

品種または交雑種の交配様式
交雑種

飼育管理

出荷月齢
　：約24〜28カ月齢
指定肥育地
　：愛知県内
飼料の内容
　：−

GI登録・農場HACCP・JGAP

ＧＩ登録：−
農場HACCP：−
ＪＧＡＰ：−

販売指定店制度について

指定店制度　：有
販促ツール　：パックシールほか

商標登録の有無：無
登録取得年月日：−
銘柄規約の有無：有
規約設定年月日：2014 年 8 月
規約改定年月日：−

特長
●地産地消をモットーに愛知県で生産された牛を愛知県内 A コープ・ＪＡグリーンセンターのみで販売。

主な流通経路および販売窓口

◆主なと畜場
　：名古屋市食肉市場、東三河食肉流通センター、半田食肉センター
◆主な処理場
　：名古屋ミートセンター、東三河ミートセンター
◆格付等級
　：2 等級以上
◆年間出荷頭数
　：3,000 頭
◆主要取扱企業
　：JA あいち経済連

◆輸出実績国・地域
　：実績国名

◆今後の輸出意欲
　：−

概要

管 理 主 体	： 愛知県経済農業協同組合連合会	電　　　　話 ： 052-951-3233
代　表　者	： 権田　博康	ＦＡＸ ： 052-953-6592
所　在　地	： 名古屋市中区錦 3-3-8	ＵＲＬ ： www.ja-aichi.or.jp/
		メールアドレス ： −

三 重 県

伊 賀 牛
（いがうし）

品種または交雑種の交配様式
黒毛和種（未経産）

飼育管理

出荷月齢
　：概ね28〜32カ月齢
指定肥育地
　：伊賀市、名張市
飼料の内容
　：−

GI登録・農場HACCP・JGAP

ＧＩ登録：無
農場HACCP： 2017 年 6 月 1 日
　　　　　　（一部農場）
ＪＧＡＰ：無

販売指定店制度について

指定店制度　：有
販促ツール　：証明書あり

商標登録の有無：有
登録取得年月日：2010 年 10 月 1 日
銘柄規約の有無：有
規約設定年月日：1972 年 7 月 1 日
規約改定年月日：−

特長
●生体取引が主。
●黒毛和種の未経産牛であり、肉はなめらかで軟らかく、甘みがあり、風味がよい。

主な流通経路および販売窓口

◆主なと畜場
　：三重県松阪食肉公社、京都市食肉市場、三重県四日市畜産公社
◆主な処理場
　：同上

◆格付等級
　：−
◆年間出荷頭数
　：1,200 頭
◆主要取扱企業
　：地元精肉店、ＪＡ全農みえ松阪食肉センター
◆輸出実績国・地域
　：アメリカ、香港、マレーシアほか
◆今後の輸出意欲
　：−

概要

管 理 主 体	： 伊賀産肉牛生産振興協議会	電　　　　話 ： 059-233-5335
代　表　者	： 岡本　栄	ＦＡＸ ： 059-233-5945
所　在　地	： 津市一身田平野字護摩田 6	ＵＲＬ ： −
	（事務局）ＪＡ全農みえ畜産課内	メールアドレス ： −

三 重 県

松阪牛
まつさかうし

品種または交雑種の交配様式	
黒毛和種（雌・未経産）	

飼育管理

出荷月齢
　：－
指定肥育地
　：2004年11月1日当時の22市町村
　（※下記の特長欄参照）
飼料の内容
　：－

GI登録・農場HACCP・JGAP

ＧＩ登録：2017年3月
　　　　　（「特産松阪牛」登録）
農場HACCP：一部農場で有り
ＪＧＡＰ：一部農場で有り

販売指定店制度について

指定店制度：有
販促ツール：パンフレット、のぼり、ポスター、松阪牛証明書、松阪牛シール

松阪牛
個体識別番号 00000-00000
肥育地：三重県松阪市大津町
農家名：松阪 太郎
発 行：㈱三重県松阪食肉公社
発行日：平成14年8月5日
品質規格 特産
URL:http://www.mie-msk.co.jp

商標登録の有無：有	
登録取得年月日：2007年2月	
銘柄規約の有無：有	
規約設定年月日：2002年9月	
規約改定年月日：－	

主な流通経路および販売窓口

◆主なと畜場
　：東京食肉市場、三重県松阪食肉公社
◆主な処理場
　：－
◆格付等級
　：－
◆年間出荷頭数
　：8,508頭（令和3年度）
◆主要取扱企業
　：266店（松阪肉牛協会、令和3年度）
◆輸出実績国・地域
　：アメリカ、香港、シンガポール、ベトナム
◆今後の輸出意欲
　：有

特長

- 松阪牛は、消費者に安全・安心な松阪牛を提供することを目的に、生産から出荷までの情報を管理する「松阪牛個体識別管理システム」を平成14年8月から運用しています。
- このシステムは肥育における情報を管理するとともに、販売においては「松阪牛シール」「松阪牛証明書」を発行し、これらに記載された個体識別番号をインターネットで検索すると、システムで管理されている36項目の情報をご覧いただくことができます。
- また、兵庫県から子牛を導入し、伝統の肥育技術によって900日以上長期肥育する「特産松阪牛」は、きめの細かいサシと、不飽和脂肪酸の割合が高く脂肪融点が低いのが特徴で、肉の芸術品として賞賛されています。
- ※ 松阪市、津市、久居市、伊勢市、一志町、白山町、美杉村、嬉野町、香良洲町、三雲町、飯南町、飯高町、明和町、多気町、大台町、勢和村、宮川村、大宮町、度会町、小俣町、玉城町、御薗村

概要

管理主体：松阪牛協議会（生産部門）、松阪肉牛協会（流通部門）	電　　　　話：0598-53-4119 ＦＡＸ：0598-22-0931
代表者：竹上 真人 会長 松阪市長	ＵＲＬ：http://www.city.matsusaka.mie.jp/site/matsusakaushi/
所在地：松阪市殿町1340-1 松阪市産業文化部農水振興課	メールアドレス：nor.div@city.matsusaka.mie.jp

---

滋 賀 県

近江牛
おうみぎゅう

品種または交雑種の交配様式	
黒毛和種	

飼育管理

出荷月齢
　：－
指定肥育地
　：滋賀県内
飼料の内容
　：－

GI登録・農場HACCP・JGAP

ＧＩ登録：農林水産大臣第56号
農場HACCP：－
ＪＧＡＰ：－

販売指定店制度について

指定店制度：有
販促ツール：－

伝統の味 近江牛
「近江牛」生産・流通推進協議会

商標登録の有無：有	
登録取得年月日：2007年5月11日	
銘柄規約の有無：有	
規約設定年月日：－	
規約改定年月日：－	

主な流通経路および販売窓口

◆主なと畜場
　：滋賀食肉市場、東京都食肉市場
◆主な処理場
　：－
◆格付等級
　：無
◆年間出荷頭数
　：6,000頭
◆主要取扱企業
　：県内食肉市場、東京都食肉市場
◆輸出実績国・地域
　：マカオ、シンガポール、タイ、フィリピン、台湾、ベトナム、ミャンマー
◆今後の輸出意欲
　：有

特長

- 清れつな水、栄養バランスに配慮された飼料で育まれたその肉質は、霜降り度合が高く、特有の香りと肉の軟らかさが特長。

概要

管理主体：「近江牛」生産・流通推進協議会	電　　　　話：0748-37-2635
代表者：田原 利秋 会長	ＦＡＸ：同上
所在地：近江八幡市長光寺町1089-4 滋賀食肉センター内	ＵＲＬ：www.oumiushi.com/ メールアドレス：oumiushisuishin@zc.ztv.ne.jp

京　都　府

亀岡牛
（かめおかぎゅう）

品種または 交雑種の交配様式		主な流通経路および販売窓口
黒毛和種		◆主なと畜場 　：亀岡市食肉センター
飼育管理		◆主な処理場 　：同上
出荷月齢 　：30カ月齢平均 指定肥育地 　：－ 飼料の内容 　：とうもろこし、大麦などの穀物 　　を使用した自社配合飼料		◆格付等級 　：AB・4等級以上 ◆年間出荷頭数 　：700頭 ◆主要取扱企業 　：京都府、大阪府
GI登録・農場HACCP・JGAP	商標登録の有無：有 登録取得年月日：－ 銘柄規約の有無：有 規約設定年月日：－ 規約改定年月日：－	◆輸出実績国・地域 　：－ ◆今後の輸出意欲 　：－
ＧＩ登　録：－ 農場HACCP：－ ＪＧＡＰ：－		
販売指定店制度について	**特長**	●美しい水と空気に恵まれ、夏と冬の気温差が大きい亀岡市で、長く飼養して成熟させることにより、肉の風味や脂の艶を引き出しています。 ●からっとしたしつこくない味が特徴です。
指定店制度：－ 販促ツール：－		

概要	管　理　主　体：亀岡牛枝肉振興協議会	電　　　　話：0771-22-5654	
	代　表　者：木曽　則雄　会長	ＦＡＸ：0771-22-5654	
	所　在　地：亀岡市篠町馬堀駅前 2-3-1	ＵＲＬ：kamegyu29.com/ メールアドレス：－	

京　都　府

京丹波平井牛
（きょうたんばひらいぎゅう）

品種または 交雑種の交配様式		主な流通経路および販売窓口
黒毛和種		◆主なと畜場 　：京都市中央食肉市場 ◆主な処理場 　：銀閣寺大西外商部プロセスセンター
飼育管理		
出荷月齢 　：30カ月齢以上 指定肥育地 　：京都府内 飼料の内容 　：－		◆格付等級 　：AB・4等級以上 ◆年間出荷頭数 　：約200頭 ◆主要取扱企業 　：京都府内 ◆輸出実績国・地域
GI登録・農場HACCP・JGAP	商標登録の有無：無 登録取得年月日：－ 銘柄規約の有無：有 規約設定年月日：2018 年 規約改定年月日：－	：アメリカ、タイ、ベトナム、シンガポール、ドイツ、イギリス、マルタ、フランス、イタリア、マカオ、クロアチア、香港、オランダ、フィンランド、台湾、フィリピン ◆今後の輸出意欲 　：有
ＧＩ登　録：無 農場HACCP：未取得 　　　　農場 HACCP 取得 　　　　チャレンジシステム ＪＧＡＰ：未定		
販売指定店制度について	**特長**	●京都丹波牧場の平井氏が育てた牛のうち、京都府産のものであり、AB・4等級以上のものかつ、銀閣寺大西が品質を認めたもの。 ●牛をストレスフリーな環境で育てるため、常に清潔な牛舎を保ち、地下150mからくんでいる新鮮な地下水を与えています。 ●子牛の買い付けから肥育までを行っており、全てデータ管理された記録を元に三代先までさかのぼって子牛の買い付けを行うことで、血統の良さを引き出す肥育をされています。 ●生後平均 30 カ月以上の長期間肥育することで体内熟成をさせることができ、オレイン酸を豊富に含みます。 ●深い味わいながら、あっさりとお召し上がりいただけます。
指定店制度：有 販促ツール：シール、ポスター、パンフレット		

概要	管　理　主　体：㈱銀閣寺大西	電　　　　話：075-761-0024	
	代　表　者：大西　雷三	ＦＡＸ：075-751-7575	
	所　在　地：京都市左京区浄土寺東田町 53	ＵＲＬ：www.onishi-g.co.jp メールアドレス：－	

京都府

きょうとにく
京都肉

品種または交雑種の交配様式	
黒毛和種	

飼育管理	
出荷月齢 ：28～36カ月齢平均 指定肥育地 ：京都府内 飼料の内容 ：－	

GI登録・農場HACCP・JGAP	
GI登　録：無 農場HACCP：無 JGAP：無	

販売指定店制度について	
指定店制度：有 販促ツール：のぼり、シール、 　　　　　　はっぴ	

商標登録の有無：有	
登録取得年月日：2005年3月18日	
銘柄規約の有無：有	
規約設定年月日：－	
規約改定年月日：－	

特長
● 「京都肉」とは、黒毛和種で京都府内において最も長く肥育されたもののうち、京都市中央卸売市場第二市場において、と畜解体された枝肉で、日本格付協会による枝肉格付「A5、B5、A4、B4」規格のものをいう。

主な流通経路および販売窓口
◆ 主なと畜場 ：京都市中央食肉市場
◆ 主な処理場 ：－
◆ 格付等級 ：AB・4等級以上 ◆ 年間出荷頭数 ：約1,100頭 ◆ 主要取扱企業 ：京都府内
◆ 輸出実績国・地域 ：タイ、マカオ、シンガポール、EU、米国、台湾、香港 ◆ 今後の輸出意欲 ：有（ベトナム）

概要	管理主体：京都肉牛流通推進協議会 代表者：平井 和惠 会長 所在地：京都市南区吉祥院石原東之口町2	電　　　話：075-681-8781 F　A　X：075-681-8815 U　R　L：www.kyoto-meat-market.co.jp/kyotoniku.html メールアドレス：info@kyoto-meat-market.co.jp

---

京都府

きょうのにく
京の肉

品種または交雑種の交配様式	
黒毛和種	

飼育管理	
出荷月齢 ：30カ月齢平均 指定肥育地 ：京都府内 飼料の内容 ：－	

GI登録・農場HACCP・JGAP	
GI登　録：－ 農場HACCP：－ JGAP：－	

販売指定店制度について	
指定店制度：－ 販促ツール：ポスター、のぼり	

商標登録の有無：有	
登録取得年月日：2004年6月4日	
銘柄規約の有無：有	
規約設定年月日：2003年7月20日	
規約改定年月日：－	

特長
● 産地表示が京都産で全農京都府本部が取り扱いするもの。

主な流通経路および販売窓口
◆ 主なと畜場 ：京都市食肉市場、亀岡市食肉センター
◆ 主な処理場 ：同上
◆ 格付等級 ：－ ◆ 年間出荷頭数 ：約1,000頭 ◆ 主要取扱企業 ：京都協同管理
◆ 輸出実績国・地域 ：－
◆ 今後の輸出意欲 ：有

概要	管理主体：全農京都府本部 代表者：宅間 敏廣 府本部長 所在地：京都市南区東九条西山王町1	電　　　話：075-681-4387 F　A　X：075-681-1760 U　R　L：－ メールアドレス：zz_kt_iken@zennoh.or.jp

大 阪 府

大阪ウメビーフ
おおさかうめびーふ

品種または交雑種の交配様式		主な流通経路および販売窓口

品種または交雑種の交配様式

黒毛和種

飼育管理

出荷月齢
　：26～35カ月齢平均
指定肥育地
　：大阪府内
飼料の内容
　：漬梅給与（出荷前1kg／頭・日を
　　6カ月以上）

GI登録・農場HACCP・JGAP

GI登　録：－
農場HACCP：－
ＪＧＡＰ：－

販売指定店制度について

指定店制度：有
販促ツール：のぼり、テナント

商標登録の有無：有
登録取得年月日：2003 年 5 月 9 日
銘柄規約の有無：有
規約設定年月日：2001 年 12 月 17 日
規約改定年月日：2014 年 1 月 20 日

主な流通経路および販売窓口

◆主なと畜場
　：羽曳野市立南食ミートセンター

◆主な処理場
　：－

◆格付等級
　：3等級以上、協議会規約による
　　別途の定めに基づく
◆年間出荷頭数
　：50 頭
◆主要取扱企業
　：ハンナン、イセヤほか

◆輸出実績国・地域
　：－

◆今後の輸出意欲
　：無

特長
● 梅酒の漬梅を毎日 1～2 kg、6 カ月以上給与。
● 梅の実は食物繊維を多く含み健胃整腸効果があり、このため肉牛は健康に育ち、お肉はあっさりとおいしい。
● 生産者の顔のみえる牛肉を消費者に提供している。

概要

管理主体　：大阪ウメビーフ協議会
代表者　：原野　祥次　会長
所在地　：大阪市中央区谷町 1-3-27
　　　　　大手前建設会館内
電　話：06-6941-1351
ＦＡＸ：06-6920-2228
ＵＲＬ：－
メールアドレス：osla27@mild.ocn.ne.jp

兵 庫 県

淡路ビーフ
あわじびーふ

AWAJI BEEF

品種または交雑種の交配様式

黒毛和種
但馬牛

飼育管理

出荷月齢
　：25カ月齢以上
指定肥育地
　：兵庫県内
飼料の内容
　：－

GI登録・農場HACCP・JGAP

GI登　録：－
農場HACCP：－
ＪＧＡＰ：－

販売指定店制度について

指定店制度：有
販促ツール：牛と地球のブロンズ像、
　　　　　　ＰＶ、ＣＭ、のぼり

商標登録の有無：有
登録取得年月日：2007 年 10 月 12 日
銘柄規約の有無：有
規約設定年月日：1987 年 4 月 1 日
規約改定年月日：2007 年 12 月 12 日

主な流通経路および販売窓口

◆主なと畜場
　：県内食肉センター

◆主な処理場
　：－

◆格付等級
　：AB・3 等級以上、B.M.S.No.4 以上、
　　肉重量雌 280 kg、去勢 330 kg以
　　上
◆年間出荷頭数
　：200 頭
◆主要取扱企業
　：40 店舗

◆輸出実績国・地域
　：－

◆今後の輸出意欲
　：－

特長
● 澄んだ空気とおいしい水、自然豊かな淡路島で生まれた淡路牛の中で厳しい認定基準を満たしたもののみが「淡路ビーフ」と称される。
● 地域団体商標登録第 5083795。
● 兵庫県認証食品。

概要

管理主体：淡路ビーフブランド化推進協議会
代表者：相坂　有俊　会長
所在地：淡路市塩田新島 3-2
電　話：0799-62-0068
ＦＡＸ：0799-62-0982
ＵＲＬ：awaji-beef.com
メールアドレス：awajibeef@awaji-katikuitiba.or.jp

兵　庫　県
太田牛
おおたぎゅう

品種または 交雑種の交配様式	
黒毛和種・雌	
飼育管理	

出荷月齢
：30カ月齢以上
指定肥育地
：兵庫県太田牧場
飼料の内容
：加熱処理大麦、とうもろこし、加熱処理とうもろこし、大麦、加熱処理大豆、ふすま、麦ぬか、米ぬか、大豆油かす

GI登録・農場HACCP・JGAP
ＧＩ登　録：－
農場HACCP：－
ＪＧＡＰ：－

販売指定店制度について
指 定 店 制 度：無
販 促 ツール：シール、パネル

主な流通経路および販売窓口

◆主なと畜場
　：加古川食肉センター、但馬食肉センター
◆主な処理場
　：同上
◆格付等級
　：A5
◆年間出荷頭数
　：800 頭
◆主要取扱企業
　：太田家
◆輸出実績国・地域
　：－
◆今後の輸出意欲
　：－

商標登録の有無：無
登録取得年月日：－
銘柄規約の有無：無
規約設定年月日：－
規約改定年月日：－

特 長	●太田牧場では、但馬牛の血統を強く引き継ぐ雌素牛のみを但馬の大自然の中、兵庫の最高峰、氷ノ山山系からわき出る澄んだ水、山間の澄んだ空気、独自の自家製配合飼料と良質な粗飼料で１頭１頭徹底した飼育管理とスタッフのきめ細やかなケアの中、約３年間つくり上げて行きます。 ●すべてのお客さまに満足いただけるような体型や肉のきめ、照り、脂の融点の低さなどにこだわった自社ブランド牛、それが「太田牛」です。

概 要	管 理 主 体　：㈱太田畜産	電　　　　　話：079-667-2956
	代　表　者　：太田 克典	Ｆ　Ａ　Ｘ：同上
	所　在　地　：養父市三宅 262	Ｕ　Ｒ　Ｌ：ohta-ya.com
		メールアドレス：ohta-ya.218@orenge.plala.or.jp

兵　庫　県
加古川和牛
かこがわわぎゅう

品種または 交雑種の交配様式	
黒毛和種 但馬牛	
飼育管理	

出荷月齢
：28カ月齢以上
指定肥育地
：－
飼料の内容
：－

GI登録・農場HACCP・JGAP
ＧＩ登　録：無
農場HACCP：無
ＪＧＡＰ：無

販売指定店制度について
指 定 店 制 度：有
販 促 ツール：－

主な流通経路および販売窓口

◆主なと畜場
　：神戸市食肉市場、加古川食肉市場
◆主な処理場
　：－
◆格付等級
　：AB 等級
◆年間出荷頭数
　：600 頭
◆主要取扱企業
　：－
◆輸出実績国・地域
　：－
◆今後の輸出意欲
　：－

商標登録の有無：無
登録取得年月日：－
銘柄規約の有無：有
規約設定年月日：2003 年 10 月 10 日
規約改定年月日：2011 年 5 月 20 日

特 長	●兵庫県産但馬牛の黒毛和種で加古川市内の肥育農家が育てた牛。 ●と畜月齢が生後 28 カ月齢から、60 カ月齢以下の牛であること。

概 要	管 理 主 体　：加古川和牛流通推進協議会 　　　　　　　　（JA 兵庫南）	電　　　　　話：079-496-5787
	代　表　者　：中村 良祐　会長	Ｆ　Ａ　Ｘ：079-492-8735
	所　在　地　：加古川郡稲美町北山 1243-1	Ｕ　Ｒ　Ｌ：－
		メールアドレス：nakashima720@ja-hyogominami.com

兵　庫　県

黒田庄和牛
くろだしょうわぎゅう

品種または交雑種の交配様式		
黒毛和種 但馬牛		

飼育管理
出荷月齢 ：30〜33カ月齢平均 指定肥育地 ：兵庫県西脇市黒田庄町地域 飼料の内容 ：地元産稲わらを使用（粗飼料）

GI登録・農場HACCP・JGAP
GI登録：無 農場HACCP：無 JGAP：無

販売指定店制度について
指定店制度：無 販促ツール：－

商標登録の有無：有
登録取得年月日：2013 年 3 月 8 日
銘柄規約の有無：有
規約設定年月日：－
規約改定年月日：－

主な流通経路および販売窓口
◆主なと畜場
：県内食肉センター

◆主な処理場
：－

◆格付等級
：－
◆年間出荷頭数
：640 頭
◆主要取扱企業
：神戸市食肉市場、加古川食肉市場、姫路市食肉市場
◆輸出実績国・地域
：マカオ、ＥＵ他

◆今後の輸出意欲
：有

特長
- 黒田庄和牛は、軟らかく、風味豊かで食べておいしい。
- 黒田庄地域での肥育限定。
- 地元産酒米山田錦の稲わらを粗飼料として給与。

概要		
管理主体：みのり農業協同組合	電話：0795-42-5141	
代表者：神澤 友重	FAX：0795-40-2775	
所在地：加東市社 1777-1	URL：－ メールアドレス：－	

兵　庫　県

神戸髙見牛
こうべたかみぎゅう

神戸髙見牛

品種または交雑種の交配様式		
黒毛和種 但馬系		

飼育管理
出荷月齢 ：30カ月齢以上 指定肥育地 ：兵庫県丹波市市島町内 飼料の内容 ：独自の配合飼料と天然添加物

GI登録・農場HACCP・JGAP
GI登録：－ 農場HACCP：－ JGAP：－

販売指定店制度について
指定店制度：有 販促ツール：有

商標登録の有無：有
登録取得年月日：2011 年 5 月 18 日
銘柄規約の有無：有
規約設定年月日：2011 年 5 月 26 日
規約改定年月日：－

主な流通経路および販売窓口
◆主なと畜場
：兵庫県、京都府の食肉センター

◆主な処理場
：－

◆格付等級
：日格協枝肉取引規格による
◆年間出荷頭数
：450〜500 頭
◆主要取扱企業
：神戸食肉市場、加古川食肉市場、京都食肉市場
◆輸出実績国・地域
：フランス、ドイツほか

◆今後の輸出意欲
：有

特長
- 兵庫県産但馬牛肉研究会に５頭出品し、脂肪に含まれるオレイン酸の平均含有率が 66.7％と好成績だったことにより但馬牛特別賞を受賞。
- 独自の指定配合飼料とおいしい牛肉の製法特許（PPT,No.3413169 号）に基づく、脂身、赤身ともにおいしい牛肉。

概要		
管理主体：神戸髙見牛牧場㈱	電話：0795-85-2914	
代表者：髙見 進 社長	FAX：0795-85-4060	
所在地：丹波市市島町勅使 1037-4	URL：www.takamibeef.com メールアドレス：－	

兵　庫　県

こうべびーふ（こうべにく、こうべぎゅう）

神戸ビーフ
（神戸肉、神戸牛）

品種または 交雑種の交配様式
黒毛和種 兵庫県産但馬牛

飼育管理
出荷月齢 ：31カ月齢平均 指定肥育地 ：兵庫県内 飼料の内容 ：－

GI登録・農場HACCP・JGAP
GI登　録：　2015 年 12 月 22 日 農場HACCP：－ JGAP：－

販売指定店制度について
指定店制度：　有 販促ツール：　神戸肉之証、シー ル、ポスター、モ ニュメント

商標登録の有無：有
登録取得年月日：2007 年 10 月 12 日
銘柄規約の有無：有
規約設定年月日：1983 年 9 月 1 日
規約改定年月日：2021 年 1 月 1 日

特長	● 「神戸ビーフ」は、兵庫県内で生産される優れた但馬牛を素牛として、熟練した農家が高度な肥育技術を駆使してつくりだした最高牛肉です。 ● 筋繊維が細かく、細やかな「サシ」が入った最高級の「霜降り肉」です。また、筋肉のもつ味と脂肪の香りが微妙にとけあい特有のまろやかさをかもしだします。

主な流通経路および販売窓口

◆ 主なと畜場
　：県内食肉センター
◆ 主な処理場
　県内食肉処理加工場
◆ 格付等級
　：AB 等級、B.M.S. No6 以上、枝肉重量雌 270～499.9 kg、去勢 300～499.9 kg
◆ 年間出荷頭数
　：6,298 頭
◆ 主要取扱企業
　：指定店約 784 店
◆ 輸出実績国・地域
　：マカオ、香港、米国、タイ、シンガポール、欧州、ベトナム、カナダ、ロシア、フィリピン、ＵＡＥ、台湾、メキシコ、オーストラリア
◆ 今後の輸出意欲
　：有

概要	管理主体：神戸肉流通推進協議会 代表者：神澤　友重　会長 所在地：神戸市西区玉津町居住 88	電　　　　話：078-927-0327 ＦＡＸ：078-927-0418 ＵＲＬ：www.kobe-niku.jp メールアドレス：info@kobe-niku.jp

---

兵　庫　県

こうべわいんびーふ

神戸ワインビーフ

KOBE Wine Beef
since 2008

品種または 交雑種の交配様式
黒毛和種

飼育管理
出荷月齢 ：28カ月齢以上 指定肥育地 ：兵庫県 飼料の内容 ：神戸ワイン用のブドウのしぼりかす等を使用

GI登録・農場HACCP・JGAP
GI登　録：－ 農場HACCP：－ JGAP：－

販売指定店制度について
指定店制度：　無 販促ツール：　有

商標登録の有無：有
登録取得年月日：2014 年 1 月 31 日
銘柄規約の有無：有
規約設定年月日：2008 年 4 月 4 日
規約改定年月日：－

特長	● 神戸ワイン用のブドウのしぼり粕を安全、安心、リサイクルの観点から飼料として活用しています。

主な流通経路および販売窓口

◆ 主なと畜場
　：県内食肉センター

◆ 主な処理場
　：兵庫県内市場

◆ 格付等級
　：－
◆ 年間出荷頭数
　：1,200 頭
◆ 主要取扱企
　：エスフーズ、伊藤ハム、牛肉商但馬屋、本神戸肉森谷商店
◆ 輸出実績国・地域
　：－
◆ 今後の輸出意欲
　：－

概要	管理主体：神戸ワインビーフ協議会 代表者：平井　良幸　会長 所在地：神戸市西区押部谷町和田 489-103	電　　　　話：078-995-2941 ＦＡＸ：078-995-2911 ＵＲＬ：－ メールアドレス：－

兵　庫　県

さんだぎゅう／さんだにく
三田牛／三田肉

品種または交雑種の交配様式		主な流通経路および販売窓口
黒毛和種 但馬牛に限る		◆主なと畜場 　：三田食肉センター
飼育管理		◆主な処理場 　：同上
出荷月齢 　：28カ月齢以上、60カ月齢未満 指定肥育地 　：三田市および本会指定生産地 飼料の内容 　：－		◆格付等級 　：三田牛（三田肉）のうち AB 4 等 　　級以上、BMS №7 以上を三田牛 　　「廻」、三田牛「廻」とする ◆年間出荷頭数 　：200〜300 頭
GI登録・農場HACCP・JGAP	商標登録の有無：有	◆主要取扱企業 　：－
G I 登　録：－ 農場HACCP：－ J G A P：－	登録取得年月日：2007 年 8 月 3 日 銘柄規約の有無：有 規約設定年月日：1986 年 6 月 27 日 規約改定年月日：－	◆輸出実績国・地域 　：無 ◆今後の輸出意欲 　：無
販売指定店制度について	特 長	●黒毛和牛の中で最も優れた資質をもつといわれている但馬牛を肉牛肥育に適した三田地域で生産農家が 1 頭 1 頭愛情を込めて育て上げられたもので、肉質は軟らかく、霜降りは口溶けがよく、するりとしたのどごしのおいしさが特長。
指定店制度　：有 販促ツール　：ポスター、のぼり、 　　　　　　　看板、パンフレット、シール		

概要	管　理　主　体　：三田肉流通振興協議会 代　　表　　者　：乾 哲朗 会長 所　在　地　：神戸市北区長尾町宅原 11 　　　　　　　㈱三田食肉公社内	電　　話　：078-986-2622 F A X　：078-986-2621 U R L　：www.sandaniku.com メールアドレス　：sandaniku-r@titan.ocn.ne.jp	

兵　庫　県

さんだわぎゅう
三　田　和　牛

品種または交雑種の交配様式		主な流通経路および販売窓口
黒毛和種		◆主なと畜場 　：三田食肉センター、加古川食肉 　　市場、新宮食肉センター、神戸市 　　食肉市場、サンキョーミート
飼育管理		◆主な処理場 　：伊藤ハム指定工場
出荷月齢 　：おおむね27カ月齢以上 指定肥育地 　：－ 飼料の内容 　：－		◆格付等級 　：－ ◆年間出荷頭数 　：1,000 頭 ◆主要取扱企業 　：伊藤ハム
GI登録・農場HACCP・JGAP	商標登録の有無：有	◆輸出実績国・地域 　：－
G I 登　録：－ 農場HACCP：－ J G A P：－	登録取得年月日：2005 年 7 月 15 日 銘柄規約の有無：有 規約設定年月日：2005 年 10 月 1 日 規約改定年月日：－	◆今後の輸出意欲 　：－
販売指定店制度について	特 長	●伊藤ハムと兵庫三田畜産組合指定農家の肥育技術、品質の安定を図り、安定的に生産することと、と畜場からカット場、お得意先まで品質管理を徹底した和牛肉。
指定店制度　：－ 販促ツール　：－		

概要	管　理　主　体　：兵庫三田畜産組合 代　　表　　者　：廣岡 誠道 所　在　地　：三田市南が丘 2-15-35	電　　話　：079-562-4641 F A X　：079-562-4649 U R L　：－ メールアドレス　：－

兵　庫　県

しかたぎゅう（しかたにく、しかたびーふ）

志方牛
（志方肉、志方ビーフ）

品種または 交雑種の交配様式		主な流通経路および販売窓口
交雑種（未経産雌、去勢） 黒毛和種（同）		◆ 主なと畜場 ：加古川食肉市場
飼育管理		◆ 主な処理場 ：加古川ミートセンターほか
出荷月齢 ：－ 指定肥育地 ：－ 飼料の内容 ：－		◆ 格付等級 ：－ ◆ 年間出荷頭数 ：－ ◆ 主要取扱企業 ：大浦ミート、志方ミートセンター、大樹商店、バーリーミート、ヒライ、福本精肉店、マツオカ
GI登録・農場HACCP・JGAP	商標登録の有無：無 登録取得年月日：－ 銘柄規約の有無：有 規約設定年月日：2011 年 1 月 25 日 規約改定年月日：－	◆ 輸出実績国・地域 ：マカオ、タイ、ベトナム ◆ 今後の輸出意欲 ：有
ＧＩ登　録：－ 農場HACCP：－ ＪＧＡＰ：－		
販売指定店制度について	特長	● 志方牛は「家庭で毎週食べられる高品質な牛肉」として、同協議会が産地にこだわらず、味・品質・価格を厳選した牛肉。
指定店制度 ： 有 販促ツール ： のぼり		

概要	管理主体：志方肉流通推進協議会 代表者：大浦　達也　理事長 所在地：加古川市志方町志方町 533 （加古川食肉産業協同組合内）	電話：079-452-0989 ＦＡＸ：－ ＵＲＬ：www.hotkakogawa.com メールアドレス：－

兵　庫　県

たじまぎゅう（たじまびーふ）

但馬牛（但馬ビーフ）

品種または 交雑種の交配様式		主な流通経路および販売窓口
黒毛和種 兵庫県産但馬牛		◆ 主なと畜場 ：県内食肉センター
飼育管理		◆ 主な処理場 ：県内食肉処理加工場
出荷月齢 ：約31カ月齢 指定肥育地 ：兵庫県内 飼料の内容 ：－		◆ 格付等級 ：AB・2 等級以上 ◆ 年間出荷頭数 ：6,828 頭 ◆ 主要取扱企業 ：指定店約 784 店 ◆ 輸出実績国・地域 ：マカオ、香港、米国、タイ、シンガポール、欧州、ベトナム、カナダ、ロシア、フィリピン、ＵＡＥ、台湾、メキシコ、オーストラリア
GI登録・農場HACCP・JGAP	商標登録の有無：有 登録取得年月日：2007 年 10 月 12 日 銘柄規約の有無：有 規約設定年月日：1983 年 9 月 1 日 規約改定年月日：2021 年 1 月 1 日	
ＧＩ登　録： 2015 年 12 月 22 日 農場HACCP： ＪＧＡＰ：		◆ 今後の輸出意欲 ：有
販売指定店制度について	特長	● 兵庫県産但馬牛は、兵庫県内で生産される優れた但馬牛をもと牛として、熟練した農家が高度な肥育技術を駆使してつくりだした牛肉です。 ● この兵庫県産但馬牛のうち B.M.S.6 以上の牛肉が「神戸ビーフ」となります。
指定店制度 ： 有 販促ツール ： シール、ポスター		

概要	管理主体：神戸肉流通推進協議会 代表者：神澤　友重　会長 所在地：神戸市西区玉津町居住 88	電話：078-927-0327 ＦＡＸ：078-927-0418 ＵＲＬ：www.kobe-niku.jp メールアドレス：info@kobe-niku.jp

兵 庫 県
たんばささやまぎゅう
丹波篠山牛

品種または交雑種の交配様式	
黒毛和種 但馬牛	

飼育管理

出荷月齢
：32カ月齢
指定肥育地
：丹波篠山地域
飼料の内容
：ささやま21

GI登録・農場HACCP・JGAP

ＧＩ登 録：無
農場HACCP：無
ＪＧＡＰ：無

商標登録の有無：有
登録取得年月日：2012 年 5 月 11 日
銘柄規約の有無：有
規約設定年月日：2005 年 9 月 13 日
規約改定年月日：2017 年 4 月 1 日

主な流通経路および販売窓口

◆ 主なと畜場
：神戸市食肉市場、加古川食肉市場、姫路食肉市場
◆ 主な処理場
：－

◆ 格付等級
：－
◆ 年間出荷頭数
：300 頭
◆ 主要取扱企業
：－

◆ 輸出実績国・地域
：ＥＵ

◆ 今後の輸出意欲
：有

販売指定店制度について

指 定 店 制 度：無
販 促 ツ ー ル：シール、のぼり

特 長
● 篠山盆地の気候風土がはぐくんだ丹波篠山牛。
● 篠山盆地の気候と生産者の技術の結果で、肉のしまり適度な霜降りがあり、風味豊かな牛肉である。

概要
管 理 主 体：丹波ささやま農業協同組合	電 話：079-556-2288
代 表 者：澤本 辰夫 代表理事組合長	ＦＡＸ：079-556-2606
	ＵＲＬ：－
所 在 地：丹波篠山市八上上 700	メールアドレス：einouhanbaika@ja-tanbasasayama.or.jp

---

兵 庫 県
ひめじわぎゅう
姫 路 和 牛

品種または交雑種の交配様式	
黒毛和種	

飼育管理

出荷月齢
：－
指定肥育地
：兵庫県内西播地方
飼料の内容
：－

GI登録・農場HACCP・JGAP

ＧＩ登 録：無
農場HACCP：無
ＪＧＡＰ：無

商標登録の有無：有
登録取得年月日：－
銘柄規約の有無：有
規約設定年月日：2010 年 7 月 3 日
規約改定年月日：－

主な流通経路および販売窓口

◆ 主なと畜場
：和牛マスター食肉センター

◆ 主な処理場
：－

◆ 格付等級
：AB・4 等級以上
◆ 年間出荷頭数
：470 頭（2021 年）
◆ 主要取扱企業
：全農兵庫

◆ 輸出実績国・地域
：米国、ＥＵ、台湾ほか

◆ 今後の輸出意欲
：有

販売指定店制度について

指 定 店 制 度：無
販 促 ツ ー ル：シール

特 長
● 西播地域の生産者とする。
● 最長肥育地が兵庫県であること。

概要
管 理 主 体：姫路畜産荷受㈱	電 話：079-224-6044
代 表 者：池田 政隆 社長	ＦＡＸ：079-224-8876
	ＵＲＬ：－
所 在 地：姫路市東郷町 1451-5	メールアドレス：himeji23@ia1.itkeeper.ne.jp

兵 庫 県

ぷれみあむひめじわぎゅう
PREMIUM姫路和牛

品種または交雑種の交配様式	
黒毛和種 兵庫県産但馬牛	

飼育管理	
出荷月齢	：31カ月齢平均
指定肥育地	：兵庫県内西播地方
飼料の内容	：－

GI登録・農場HACCP・JGAP	
GI登 録：無	
農場HACCP：無	
JGAP：無	

商標登録の有無：有
登録取得年月日：－
銘柄規約の有無：有
規約設定年月日：2010 年 7 月 3 日
規約改定年月日：－

主な流通経路および販売窓口
◆ 主なと畜場 ：和牛マスター食肉センター
◆ 主な処理場 ：－
◆ 格付等級 ：AB 等級
◆ 年間出荷頭数 ：935 頭（2021 年）
◆ 主要取扱企業 ：全農兵庫
◆ 輸出実績国・地域 ：米国、EU、台湾ほか
◆ 今後の輸出意欲 ：有

販売指定店制度について	特 長	● 神戸肉流通推進協議会規約に準じる。 ● 西播地域の生産者とする。 ● 兵庫県認証食品。
指 定 店 制 度 ： 有 販 促 ツ ー ル ： シール、のぼり		

概要	管 理 主 体 ： 姫路畜産荷受㈱ 代 表 者 ： 池田 政隆 社長 所 在 地 ： 姫路市東郷町 1451-5	電 話 ： 079-224-6044 F A X ： 079-224-8876 U R L ： － メールアドレス ： himeji23@ia1.itkeeper.ne.jp

兵 庫 県

ほんば けいさんたじまぎゅう
本場 経産但馬牛

品種または交雑種の交配様式	
黒毛和種 経産但馬牛	

飼育管理	
出荷月齢	：繁殖用雌牛で出荷前6カ月以上
指定肥育地	：－
飼料の内容	：－

GI登録・農場HACCP・JGAP	
GI登 録：－	
農場HACCP：－	
JGAP：－	

商標登録の有無：有
登録取得年月日：－
銘柄規約の有無：有
規約設定年月日：－
規約改定年月日：－

主な流通経路および販売窓口
◆ 主なと畜場 ：朝来市食肉センター
◆ 主な処理場 ：但馬食肉事業協同組合カット肉工場等
◆ 格付等級 ：AB 等級
◆ 年間出荷頭数 ：300 頭
◆ 主要取扱企業 ：5 店
◆ 輸出実績国・地域 ：－
◆ 今後の輸出意欲 ：－

販売指定店制度について	特 長	●「本場経産但馬牛証明書」の交付。
指 定 店 制 度 ： － 販 促 ツ ー ル ： －		

概要	管 理 主 体 ： 本場但馬牛銘柄推進協議会 代 表 者 ： 尾﨑 市朗 所 在 地 ： 朝来市和田山町林垣 268-1 朝来市食肉センター内	電 話 ： 079-672-3241 F A X ： 079-672-3243 U R L ： － メールアドレス ： －

兵　庫　県

ほんばたじまぎゅう
本場但馬牛

品種または 交雑種の交配様式	
黒毛和種 但馬牛	

飼育管理	
出荷月齢 　：60カ月齢未満 指定肥育地 　：－ 飼料の内容 　：－	

GI登録・農場HACCP・JGAP	
G I 登　録：－ 農場HACCP：－ J G A P：－	

商標登録の有無：有
登録取得年月日：－
銘柄規約の有無：有
規約設定年月日：－
規約改定年月日：－

主な流通経路および販売窓口

- ◆ 主なと畜場
  - ：朝来市食肉センター、県内食肉センター
- ◆ 主な処理場
  - ：但馬食肉事業協同組合カット肉工場等
- ◆ 格付等級
  - ：AB 等級、B.M.S. №3 以上
- ◆ 年間出荷頭数
  - ：150 頭
- ◆ 主要取扱企業
  - ：5 店

- ◆ 輸出実績国・地域
  - ：－

- ◆ 今後の輸出意欲
  - ：－

販売指定店制度について		特 長	● 「本場但馬牛証明書」の交付
指 定 店 制 度 ：－ 販 促 ツ ー ル ：－			

概 要	管 理 主 体　：　本場但馬牛銘柄推進協議会 代 表 者　：　尾﨑 市朗 所 在 地　：　朝来市和田山町林垣 268-1 　　　　　　　朝来市食肉センター内	電 話　：　079-672-3241 F A X　：　079-672-3243 U R L　：　－ メールアドレス：　－

兵　庫　県

ゆむらおんせんたじまびーふ
湯村温泉但馬ビーフ

品種または 交雑種の交配様式	
黒毛和種 但馬牛	

飼育管理	
出荷月齢 　：30カ月齢以上 指定肥育地 　：兵庫県内但馬地域 飼料の内容 　：－	

GI登録・農場HACCP・JGAP	
G I 登　録：無 農場HACCP：無 J G A P：無	

商標登録の有無：無
登録取得年月日：－
銘柄規約の有無：有
規約設定年月日：1983 年 7 月 17 日
規約改定年月日：2006 年 7 月 3 日

主な流通経路および販売窓口

- ◆ 主なと畜場
  - ：県内食肉センター
- ◆ 主な処理場
  - ：－
- ◆ 格付等級
  - ：－
- ◆ 年間出荷頭数
  - ：150 頭
- ◆ 主要取扱企業
  - ：JA たじま、太田家
- ◆ 輸出実績国・地域
  - ：－
- ◆ 今後の輸出意欲
  - ：－

販売指定店制度について		特 長	● 但馬の気候風土の中で育てられた但馬牛は、肉のキメが細かく、うま味があり、風味も抜群である。
指 定 店 制 度 ：有 販 促 ツ ー ル ：有			

概 要	管 理 主 体　：　湯村温泉但馬ビーフ流通振興協議会 代 表 者　：　中井 勝 所 在 地　：　美方郡温泉町飯野 1877-1	電 話　：　0796-92-1173 F A X　：　0796-92-2511 U R L　：　－ メールアドレス：　－

奈 良 県

大 和 牛
やまとうし

品種または 交雑種の交配様式
黒毛和種（未経産雌）もしくは県内生まれの黒毛和種（去勢）

飼育管理
出荷月齢 　：未経産雌牛については30カ月以上 　　去勢牛については28カ月以上 指定肥育地 　：奈良県内指定生産者 飼料の内容 　：各生産者の給与する飼料情報は 　　管理されています。

GI登録・農場HACCP・JGAP
Ｇ Ｉ 登 録：無 農場HACCP：無 Ｊ Ｇ Ａ Ｐ：無

販売指定店制度について
指定店制度　：有 販促ツール　：シール、のぼり

商標登録の有無：有
登録取得年月日：2004 年 8 月 13 日
銘柄規約の有無：有
規約設定年月日：2003 年 3 月 20 日
規約改定年月日：2015 年 4 月 1 日

主な流通経路および販売窓口
◆主なと畜場 　：奈良県食肉センター ◆主な処理場 　：同上 ◆格付等級 　：日格協枝肉取引規格による ◆年間出荷頭数 　：約 500 頭 ◆主要取扱企業 　：－ ◆輸出実績国・地域 　：無 ◆今後の輸出意欲 　：未定

特 長	●最長飼養地が奈良県内である黒毛和種であり、雌牛については未経産であること、去勢牛については県内生まれであること。 ●奈良県食肉センターへ出荷されたもの。 ●豊かな自然に恵まれた牧場で長期間、ゆったりと育てられています。 　吟味された良質の飼料を十分に与えられ、愛情込めて育てられた大和牛は、脂肪の口溶けがよく、風味が豊かな味わいのあるお肉です。 ●大和牛の中でも、奈良県が定めた厳しい品質基準（1. オレイン酸含有量 55％以上、2. 脂肪交雑＜BMS＞9 以上、3. 肥育期間＜出荷月齢＞32 カ月以上）をすべて満たしたものは、「奈良県プレミアムセレクト」に認証されます。

概 要	管 理 主 体：奈良県大和牛流通推進協議会 代 表 者：村井 浩 所 在 地：大和郡山市丹後庄町 475-1	電　　　　話：0743-56-6780 Ｆ Ａ Ｘ：0743-56-6233 Ｕ Ｒ Ｌ：www.yamatoushi.com/ メールアドレス：－

和 歌 山 県

熊 野 牛
くまのぎゅう

品種または 交雑種の交配様式
黒毛和種

飼育管理
出荷月齢 　：24カ月齢以上 指定肥育地 　：－ 飼料の内容 　：－

GI登録・農場HACCP・JGAP
Ｇ Ｉ 登 録：－ 農場HACCP：－ Ｊ Ｇ Ａ Ｐ：－

販売指定店制度について
指定店制度　：－ 販促ツール　：－

商標登録の有無：有
登録取得年月日：－
銘柄規約の有無：有
規約設定年月日：－
規約改定年月日：－

主な流通経路および販売窓口
◆主なと畜場 　：大阪市食肉市場 ◆主な処理場 　：－ ◆格付等級 　：熊野牛認定委員会において適当 　　と認められたもの ◆年間出荷頭数 　：250 頭 ◆主要取扱企業 　：和歌山県内 ◆輸出実績国・地域 　：－ ◆今後の輸出意欲 　：－

特 長	●世界遺産の地・紀州熊野で豊かな自然と愛情がはぐくんで生まれました。その肉質はキメ細やかで軟らかく、味は香ばしく、肉そのものの風味に優れています。 ●さらに焼いたときの香ばしい香りの良さも熊野牛ならではの魅力です。

概 要	管 理 主 体：和歌山県熊野牛ブランド化推進協議会 代 表 者：楠本 哲嗣 所 在 地：伊都郡かつらぎ町佐野 821-1	電　　　　話：090-1582-2572 Ｆ Ａ Ｘ：0736-22-6320 Ｕ Ｒ Ｌ：－ メールアドレス：99mg7nzd@solid.ocn.ne.jp

鳥取県

東伯牛
とうはくぎゅう

品種または 交雑種の交配様式
和種以外の品種

飼育管理
出荷月齢 　：20〜23カ月齢 指定肥育地 　：ー 飼料の内容 　：ー

GI登録・農場HACCP・JGAP
G I 登　録：ー 農場HACCP：ー J G A P：ー

販売指定店制度について
指 定 店 制 度：ー 販 促 ツ ー ル：ー

商標登録の有無：有
登録取得年月日：2007 年 11 月 22 日
銘柄規約の有無：無
規約設定年月日：ー
規約改定年月日：ー

特長	●地域団体商標　東伯牛。

主な流通経路および販売窓口

◆主なと畜場
　：鳥取県食肉センター

◆主な処理場
　：鳥取東伯ミート

◆格付等級
　：日格協枝肉取引規格による
◆年間出荷頭数
　：ー
◆主要取扱企業
　：ー

◆輸出実績国・地域
　：ー

◆今後の輸出意欲
　：ー

概要	管 理 主 体　：　鳥取中央農業協同組合	電　　　　話　：　0858-23-3000
	代　表　者　：　栗原　隆政	F　A　X　：　0858-23-3060
	所　在　地　：　倉吉市越殿町 1409	U R L　：　ー メールアドレス：　ー

鳥取県

東伯和牛
とうはくわぎゅう

品種または 交雑種の交配様式
黒毛和種

飼育管理
出荷月齢 　：26〜30カ月齢 指定肥育地 　：ー 飼料の内容 　：ー

GI登録・農場HACCP・JGAP
G I 登　録：ー 農場HACCP：ー J G A P：ー

販売指定店制度について
指 定 店 制 度：ー 販 促 ツ ー ル：ー

商標登録の有無：有
登録取得年月日：2007 年 11 月 22 日
銘柄規約の有無：無
規約設定年月日：ー
規約改定年月日：ー

特長	●地域団体商標　東伯和牛。

主な流通経路および販売窓口

◆主なと畜場
　：鳥取県食肉センター

◆主な処理場
　：鳥取東伯ミート

◆格付等級
　：日格協枝肉取引規格による
◆年間出荷頭数
　：ー
◆主要取扱企業
　：ー

◆輸出実績国・地域
　：ー

◆今後の輸出意欲
　：ー

概要	管 理 主 体　：　鳥取中央農業協同組合	電　　　　話　：　0858-23-3000
	代　表　者　：　栗原　隆政	F　A　X　：　0858-23-3060
	所　在　地　：　倉吉市越殿町 1409	U R L　：　ー メールアドレス：　ー

品種または 交雑種の交配様式	鳥 取 県	主な流通経路および販売窓口
交雑種 （ホルスタイン種 × 黒毛和種）	とっとりえふわんぎゅう **鳥取 F1 牛** 	◆主なと畜場 ：鳥取県食肉センター、大阪市食 肉市場 ◆主な処理場 ：鳥取県食肉センター

飼育管理

出荷月齢
：約24〜26カ月齢
指定肥育地
：—
飼料の内容
：—

◆格付等級
：2等級以上
◆年間出荷頭数
：約700頭
◆主要取扱企業
：JA全農ミートフーズ、大阪市食
肉市場
◆輸出実績国・地域
：—

GI登録・農場HACCP・JGAP

ＧＩ登　録：無
農場HACCP：無
ＪＧＡＰ：無

商標登録の有無：有
登録取得年月日：—
銘柄規約の有無：有
規約設定年月日：—
規約改定年月日：—

◆今後の輸出意欲
：—

販売指定店制度について

指定店制度：無
販促ツール：有

特長
●鳥取県牛肉販売協議会を通じ、鳥取県食肉センターならびに中央食肉市場で取引される鳥取県産を対象としている。

| 概要 | 管　理　主　体：鳥取県牛肉販売協議会
代　　表　　者：尾崎　博章
所　　在　　地：西伯郡大山町小竹 1291-1 | 電　　　　　話：0859-54-4799
Ｆ　Ａ　Ｘ：0859-54-3468
Ｕ　Ｒ　Ｌ：www.tottorigyuniku.com
メールアドレス：www.tottorigyuniku.com/contact/ | |

品種または 交雑種の交配様式	鳥 取 県	主な流通経路および販売窓口
ホルスタイン種	とっとりぎゅう **鳥 取 牛** 	◆主なと畜場 ：鳥取県食肉センター ◆主な処理場 ：同上

飼育管理

出荷月齢
：約20〜22カ月齢
指定肥育地
：—
飼料の内容
：—

◆格付等級
：2等級以上
◆年間出荷頭数
：約2,500頭
◆主要取扱企業
：JA全農ミートフーズ

◆輸出実績国・地域
：—

GI登録・農場HACCP・JGAP

ＧＩ登　録：無
農場HACCP：無
ＪＧＡＰ：無

商標登録の有無：有
登録取得年月日：—
銘柄規約の有無：有
規約設定年月日：—
規約改定年月日：—

◆今後の輸出意欲
：—

販売指定店制度について

指定店制度：無
販促ツール：有

特長
●鳥取県牛肉販売協議会を通じ、鳥取県食肉センターならびに中央食肉市場で取引される鳥取県産を対象としている。

| 概要 | 管　理　主　体：鳥取県牛肉販売協議会
代　　表　　者：尾崎　博章
所　　在　　地：西伯郡大山町小竹 1291-1 | 電　　　　　話：0859-54-4799
Ｆ　Ａ　Ｘ：0859-54-3468
Ｕ　Ｒ　Ｌ：www.tottorigyuniku.com
メールアドレス：www.tottorigyuniku.com/contact/ | |

鳥　取　県

鳥取米そだち牛
とっとりこめそだちうし

品種または交雑種の交配様式
ホルスタイン種

飼育管理
出荷月齢 ：約20カ月齢 指定肥育地 ：－ 飼料の内容 ：配合飼料、稲発酵飼料、飼料米を給与

GI登録・農場HACCP・JGAP
ＧＩ登録：－ 農場HACCP：－ ＪＧＡＰ：－

販売指定店制度について
指定店制度：無 販促ツール：条件付きで有り

商標登録の有無：無
登録取得年月日：－
銘柄規約の有無：無
規約設定年月日：－
規約改定年月日：－

主な流通経路および販売窓口
- ◆主なと畜場
  ：鳥取県食肉センター
- ◆主な処理場
  ：鳥取県畜産農業協同組合食肉加工センター
- ◆格付等級
  ：－
- ◆年間出荷頭数
  ：1,000 頭
- ◆主要取扱企業
  ：鳥取県畜産農協の直営店ほか
- ◆輸出実績国・地域
  ：－
- ◆今後の輸出意欲
  ：－

特長
- ●稲発酵飼料、飼料米を給与。

概要		
管　理　主　体：	鳥取県畜産農業協同組合 ㈱美歎牧場	電　　　　話：0857-52-1129 ＦＡＸ：0857-52-1131
代　　表　　者：	木下　智　代表理事組合長	ＵＲＬ：torichiku.or.jp/
所　在　地：	鳥取市若葉台南 7-2-11	メールアドレス：info@torichiku.or.jp

鳥　取　県

鳥取和牛
とっとりわぎゅう

TOTTORI WAGYU
鳥取和牛

品種または交雑種の交配様式
黒毛和種

飼育管理
出荷月齢 ：約28〜30カ月齢平均 指定肥育地 ：－ 飼料の内容 ：－

GI登録・農場HACCP・JGAP
ＧＩ登録：無 農場HACCP：無 ＪＧＡＰ：無

販売指定店制度について
指定店制度：有 販促ツール：－

商標登録の有無：有
登録取得年月日：－
銘柄規約の有無：有
規約設定年月日：－
規約改定年月日：－

主な流通経路および販売窓口
- ◆主なと畜場
  ：鳥取県食肉センター、神戸市食肉市場、大阪市食肉市場、東京食肉市場
- ◆主な処理場
  鳥取県食肉センター
- ◆格付等級
  ：3 等級以上
- ◆年間出荷頭数
  ：約 2,200 頭
- ◆主要取扱企業
  ：JA 全農ミートフーズ、神戸市食肉市場、東京食肉市場
- ◆輸出実績国・地域
  ：マカオ、シンガポール、香港、タイ
- ◆今後の輸出意欲
  ：有

特長
- ●鳥取県牛肉販売協議会を通じ、鳥取県食肉センターならびに中央食肉市場で取引される鳥取県産を対象としている。

概要		
管　理　主　体：	鳥取県牛肉販売協議会	電　　　　話：0859-54-4799 ＦＡＸ：0859-54-3468
代　　表　　者：	尾崎　博章	ＵＲＬ：www.tottorigyuniku.com
所　在　地：	西伯郡大山町小竹 1291-1	メールアドレス：www.tottorigyuniku.com/contact/

鳥　取　県

鳥取和牛オレイン55
とっとりわぎゅうおれいんごーごー

品種または交雑種の交配様式	主な流通経路および販売窓口
黒毛和種 気高系	◆主なと畜場 ：鳥取県食肉センター、神戸市食肉市場、東京食肉市場 ◆主な処理場 ：鳥取県食肉センター

飼育管理	
出荷月齢 ：約28〜30カ月齢 指定肥育地 ：— 飼料の内容 ：—	◆格付等級 ：4等級以上 ◆年間出荷頭数 ：約400頭 ◆主要取扱企業 ：JA全農ミートフーズ、神戸市食肉市場、東京食肉市場 ◆輸出実績国・地域 ：— ◆今後の輸出意欲 ：—

GI登録・農場HACCP・JGAP

GI登　録：無
農場HACCP：無
JGAP：無

商標登録の有無：有
登録取得年月日：—
銘柄規約の有無：有
規約設定年月日：—
規約改定年月日：—

販売指定店制度について

指定店制度：有
販促ツール：有

特長
- 鳥取県牛肉販売協議会を通じ、鳥取県食肉センターならびに神戸市食肉市場で取引される鳥取県産のうち、鳥取県の雄牛「気高」号の血統を有し、オレイン酸含有率55%以上を対象としている。
- BMS値6以上で認定。次のものを除く。「4等級 BMS 5のもの」「BCS 5以上のもの」「BFS 4以上のもの」「歩留まり等級C規格のもの」「瑕疵のあるもの」（平成29年4月1日から）

概要

管　理　主　体：鳥取県牛肉販売協議会	電　　　　　話：0859-54-4799
代　表　者：尾崎　博章	F　A　X：0859-54-3468
所　在　地：西伯郡大山町小竹1291-1	U　R　L：www.tottorigyuniku.com
	メールアドレス：www.tottorigyuniku.com/contact/

鳥　取　県

万　葉　牛
まんようぎゅう

品種または交雑種の交配様式	主な流通経路および販売窓口
黒毛和種	◆主なと畜場 ：神戸市食肉市場、鳥取県食肉センター ◆主な処理場 ：同上

飼育管理	
出荷月齢 ：定めなし 指定肥育地 ：鳥取県内全域 飼料の内容 ：—	◆格付等級 ：4等級以上 ◆年間出荷頭数 ：220頭 ◆主要取扱企業 ：はなふさ ◆輸出実績国・地域 ：台湾 ◆今後の輸出意欲 ：有

GI登録・農場HACCP・JGAP

GI登　録：無
農場HACCP：無
JGAP：無

商標登録の有無：有
登録取得年月日：2014年 9月 5日
銘柄規約の有無：有
規約設定年月日：2019年 5月
規約改定年月日：—

販売指定店制度について

指定店制度：有
販促ツール：条件付きで有り

特長
- 鳥取県にて飼育された黒毛和種で肉にうま味があり、脂の融点が低く、口の中に入れると溶けていく、口溶けの良さが特長。

概要

管　理　主　体：万葉牛生産流通組合	電　　　　　話：0857-37-2077
代　表　者：花房　稔 組合長	F　A　X：0857-32-5550
所　在　地：鳥取市南安長2-690-18	U　R　L：manyougyu.amebaownd.com
	メールアドレス：hanafusa@cap.ocn.ne.jp

鳥取県

美歎牛
（みたにぎゅう）

品種または交雑種の交配様式
ホルスタイン種

飼育管理

出荷月齢
　：約20カ月齢
指定肥育地
　：－
飼料の内容
　：配合飼料、飼料稲、飼料米

GI登録・農場HACCP・JGAP

Ｇ Ｉ 登 録：－
農場HACCP：－
Ｊ Ｇ Ａ Ｐ：－

販売指定店制度について

指 定 店 制 度 ： －
販 促 ツ ー ル ： シール、のぼり

商標登録の有無：無
登録取得年月日：－
銘柄規約の有無：無
規約設定年月日：－
規約改定年月日：－

主な流通経路および販売窓口

◆主なと畜場
　：鳥取県食肉センター

◆主な処理場
　：鳥取県畜産農業協同組合食肉加工センター
◆格付等級
　：日格協枝肉取引規格による
◆年間出荷頭数
　：約300頭
◆主要取扱企業
　：鳥取県畜産農協直営店舗など

◆輸出実績国・地域
　：－

◆今後の輸出意欲
　：有

特長
● 飼料稲、飼料米を給与している（米育ち）

概要	管 理 主 体 ： 鳥取県畜産農業協同組合 ㈱美歎牧場	電　　　　話 ： 0857-52-1129
	代　　表　　者 ： 木下　智　代表理事組合長	Ｆ　Ａ　Ｘ ： 0857-52-1131
		Ｕ　Ｒ　Ｌ ： www.torichiku.or.jp
	所　　在　　地 ： 鳥取市若葉台南 7-2-11	メールアドレス ： info@torichiku.or.jp

島根県

出雲香味牛
（いずもこうみぎゅう）

品種または交雑種の交配様式
黒毛和種

飼育管理

出荷月齢
　：32〜34カ月齢
指定肥育地
　：－
飼料の内容
　：アルコール発酵飼料

GI登録・農場HACCP・JGAP

Ｇ Ｉ 登 録：　　　年　　　月　　　日
農場HACCP：
Ｊ Ｇ Ａ Ｐ：

販売指定店制度について

指 定 店 制 度 ： －
販 促 ツ ー ル ： －

商標登録の有無：有
登録取得年月日：－
銘柄規約の有無：有
規約設定年月日：－
規約改定年月日：－

主な流通経路および販売窓口

◆主なと畜場
　：島根県食肉公社、越谷食肉センター、サンキョーミート
◆主な処理場
　：同上

◆格付等級
　：AB・3等級以上
◆年間出荷頭数
　：300頭
◆主要取扱企業
　：伊藤ハム

◆輸出実績国・地域
　：－

◆今後の輸出意欲
　：－

特長
● 出雲の国、島根ファームで高い肥育技術と新生飼料のアルコール発酵飼料で丹精込めて育てられた香味豊かな和牛肉です。

概要	管 理 主 体 ： 農業生産法人みらいファーム㈱	電　　　　話 ： 0855-77-0265
	代　　表　　者 ： 今福　保留	Ｆ　Ａ　Ｘ ： 0855-77-0267
		Ｕ　Ｒ　Ｌ ： －
	所　　在　　地 ： 邑智郡美郷町枦谷 374	メールアドレス ： －

島　根　県

いずもわぎゅう
いずも和牛

品種または 交雑種の交配様式
黒毛和種（未経産雌、去勢）

飼育管理
出荷月齢 　：肥育期間18カ月以上 指定肥育地 　：－ 飼料の内容 　：－

GI登録・農場HACCP・JGAP
ＧＩ登録：　　　年　　月　　日 農場HACCP： ＪＧＡＰ：

販売指定店制度について
指定店制度　：　無 販促ツール　：　条件付きで有り

商標登録の有無：有
登録取得年月日：－
銘柄規約の有無：有
規約設定年月日：－
規約改定年月日：－

主な流通経路および販売窓口
◆主なと畜場 　：島根県食肉公社
◆主な処理場 　：－
◆格付等級 　：－
◆年間出荷頭数 　：－
◆主要取扱企業 　：新日本食品
◆輸出実績国・地域 　：－
◆今後の輸出意欲 　：無

特長
●いずも和牛は、しまね和牛の中でも出雲市内でJAしまね出雲肥育牛部会員が生産した黒毛和種の去勢および未経産肥育牛のブランド。

概要	管　理　主　体　：	JAしまね出雲肥育牛部会 ・JAしまね出雲地区本部	電　　　　　話　：	0853-21-6043
	代　　表　　者　：	原　準司	Ｆ　Ａ　Ｘ　：	0853-21-6075
	所　　在　　地　：	出雲市今市町 106-1	Ｕ　Ｒ　Ｌ　：	ja-shimane.jp/izumo/
			メールアドレス　：	chikusanka@jaizumo.or.jp

島　根　県

いわみわぎゅうにく
石見和牛肉

品種または 交雑種の交配様式
黒毛和種（雌）

飼育管理
出荷月齢 　：27〜30カ月齢 指定肥育地 　：－ 飼料の内容 　：－

GI登録・農場HACCP・JGAP
ＧＩ登録：　　　年　　月　　日 農場HACCP： ＪＧＡＰ：

販売指定店制度について
指定店制度　：　－ 販促ツール　：　条件付きで有り

商標登録の有無：有
登録取得年月日：－
銘柄規約の有無：－
規約設定年月日：－
規約改定年月日：－

主な流通経路および販売窓口
◆主なと畜場 　：島根県食肉公社
◆主な処理場 　：島根おおち食肉加工場
◆格付等級 　：－
◆年間出荷頭数 　：30 t
◆主要取扱企業 　：－
◆輸出実績国・地域 　：－
◆今後の輸出意欲 　：－

特長
●大自然の中でゆったり育てた和牛肉です。

概要	管　理　主　体　：	島根県農業協同組合 島根おおち地区本部	電　　　　　話　：	0855-72-1177
	代　　表　　者　：	竹下　正幸　代表理事組合長	Ｆ　Ａ　Ｘ　：	0855-72-1392
	所　　在　　地　：	松江市殿町 19-1	Ｕ　Ｒ　Ｌ　：	iwami-wagyu.com/
			メールアドレス　：	tikusan@tx.miracle.ne.jp

島　根　県

隠　岐　牛
（おきぎゅう）

品種または交雑種の交配様式	
黒毛和種（未経産雌）	

飼育管理	
出荷月齢	：31カ月齢
指定肥育地	：－
飼料の内容	：－

GI登録・農場HACCP・JGAP	
Ｇ Ｉ 登 録：－	
農場HACCP：－	
Ｊ Ｇ Ａ Ｐ：－	

販売指定店制度について	
指 定 店 制 度：－	
販 促 ツ ー ル：－	

商標登録の有無：有
登録取得年月日：－
銘柄規約の有無：有
規約設定年月日：－
規約改定年月日：－

主な流通経路および販売窓口

◆主なと畜場
　：東京都食肉市場

◆主な処理場
　：同上

◆格付等級
　：4等級以上
◆年間出荷頭数
　：211頭
◆主要取扱企業
　：東京都食肉市場

◆輸出実績国・地域
　：－

◆今後の輸出意欲
　：－

特長	●島生まれ、島育ち。

概要	管 理 主 体：㈲隠岐潮風ファーム	電　　　　　　話：0851-42-1677
	代　表　者：田仲　寿夫	Ｆ Ａ Ｘ：0851-42-1699
	所 在 地：隠岐郡海士町大字福井387-2	Ｕ Ｒ Ｌ：ama-ushi-sakana.com/
		メールアドレス：oki-shiokaze.co.jp

島　根　県

奥出雲和牛
（おくいずもわぎゅう）

品種または交雑種の交配様式	
黒毛和種	

飼育管理	
出荷月齢	：28カ月齢平均
指定肥育地	：雲南管内肥育農場
飼料の内容	：－

GI登録・農場HACCP・JGAP	
Ｇ Ｉ 登 録：　－	
農場HACCP：　－	
Ｊ Ｇ Ａ Ｐ：　－	

販売指定店制度について	
指 定 店 制 度：無	
販 促 ツ ー ル：シール、のぼり、ポスター	

商標登録の有無：有
登録取得年月日：2020年10月22日
銘柄規約の有無：有
規約設定年月日：2001年4月1日
規約改定年月日：－

主な流通経路および販売窓口

◆主なと畜場
　：島根県食肉公社

◆主な処理場
　：島根県食肉公社、JAしまね雲南
　　地区本部畜産加工所
◆格付等級
　：－
◆年間出荷頭数
　：300頭
◆主要取扱企業
　：－

◆輸出実績国・地域
　：－

◆今後の輸出意欲
　：－

特長	●奥出雲地域で生まれ、奥出雲地域で肥育された黒毛和種の去勢牛および未経産牛に限定しています。 ●みた目より脂があっさりしていますが、赤身の肉にはしっかりと味があります。

概要	管 理 主 体：島根県農業協同組合 雲南地区本部	電　　　　　　話：0854-42-9000
	代　表　者：竹下　克美　常務理事本部長	Ｆ Ａ Ｘ：－
	所 在 地：雲南市木次町里市1088-6	Ｕ Ｒ Ｌ：－
		メールアドレス：－

島 根 県

銀山和牛
（ぎんざんわぎゅう）

品種または交雑種の交配様式		主な流通経路および販売窓口
黒毛和種		◆ 主なと畜場 ：神戸市食肉市場
飼育管理		◆ 主な処理場 ：同上
出荷月齢 ：28～31カ月齢平均 指定肥育地 ：島根農場 飼料の内容 ：ビール粕、きなこ使用		◆ 格付等級 ：－ ◆ 年間出荷頭数 ：600 頭 ◆ 主要取扱企業 ：伊藤ハム、神戸中央畜産荷受、全畜連
GI登録・農場HACCP・JGAP	商標登録の有無：有 登録取得年月日：2013 年 2 月 1 日	◆ 輸出実績国・地域 ：無
ＧＩ登 録： 未定 農場HACCP： 申請中 ＪＧＡＰ： －	銘柄規約の有無：－ 規約設定年月日：－ 規約改定年月日：－	◆ 今後の輸出意欲 ：有
販売指定店制度について	特長	● 雌のみ肥育。 ● ビール粕を使用して 30 カ月まで飼育。 ● 脂質は良く、口どけが良い。
指 定 店 制 度 ： 無 販 促 ツ ー ル ： シール、のぼり、 　　　　　　　　ポスター		

概要	管 理 主 体：島根農場	電　　　　話：0854-85-7351	
	代　表　者：坂口　泰司	Ｆ　Ａ　Ｘ：0854-85-7377	
		Ｕ　Ｒ　Ｌ：www.shimane-noujou.com	
	所 在 地：大田市朝山町朝倉 2159-8	メールアドレス：－	

島 根 県

潮 凪 牛
（しおなぎぎゅう）

品種または交雑種の交配様式		主な流通経路および販売窓口
黒毛和種		◆ 主なと畜場 ：島根県食肉公社
飼育管理		◆ 主な処理場 ：同上
出荷月齢 ：30カ月齢前後 指定肥育地 ：－ 飼料の内容 ：－		◆ 格付等級 ：A3 等級以上 ◆ 年間出荷頭数 ：120 頭 ◆ 主要取扱企業 ：－
GI登録・農場HACCP・JGAP	商標登録の有無：無 登録取得年月日：－	◆ 輸出実績国・地域 ：無
ＧＩ登 録：－ 農場HACCP：－ ＪＧＡＰ：－	銘柄規約の有無：有 規約設定年月日：2006 年 2 月 3 日 規約改定年月日：－	◆ 今後の輸出意欲 ：－
販売指定店制度について	特長	● 島根県隠岐の島で生まれ、生後 7～9 カ月間大自然の中で放牧。その後、奥出雲の牧場で 600～650 日間肥育育成したもの。 ● 大自然の豊かな食生活とストレスを感じない環境、農家の深い愛情で育成されている。 ●「良い牛づくり」「熟成保管」「職人の匠の技」の 3 大要素の上に成り立っている。
指 定 店 制 度 ： － 販 促 ツ ー ル ： －		

概要	管 理 主 体：㈱熟豊ファーム	電　　　　話：0854-43-8058
	代　表　者：石飛　修平 代表取締役	Ｆ　Ａ　Ｘ：0854-43-3562
		Ｕ　Ｒ　Ｌ：－
	所 在 地：雲南市大東下佐世 993-1	メールアドレス：sbfarm@athena.ocn.ne.jp

島 根 県

しまね和牛肉
しまねわぎゅうにく

品種または交雑種の交配様式		
黒毛和種		

飼育管理

出荷月齢
：－
指定肥育地
：島根県
飼料の内容
：－

GI登録・農場HACCP・JGAP

ＧＩ登　録：－
農場HACCP：－
ＪＧＡＰ：－

商標登録の有無：有	
登録取得年月日：－	
銘柄規約の有無：有	
規約設定年月日：－	
規約改定年月日：－	

主な流通経路および販売窓口

◆主なと畜場
　：島根県食肉公社

◆主な処理場
　：同上

◆格付等級
　：AB・4 等級以上
◆年間出荷頭数
　：－
◆主要取扱企業
　：しまね和牛肉ブランド確立推進
　　協議会指定登録店
◆輸出実績国・地域
　：－

◆今後の輸出意欲
　：無

販売指定店制度について

指定店制度　：有
販促ツール　：条件付きで有り

特長
● 島根産の優良な素牛を県内生産者が丹精込めて仕上げた質量ともに兼備した和牛肉。

概要		
管理主体：しまね和牛肉ブランド確立推進協議会 代表者：元根　正規　会長 所在地：大田市朝山町朝倉仙山 1677-2 　　　　島根県農業協同組合畜産部牛肉販売課	電　　　話：0854-85-7101 Ｆ　Ａ　Ｘ：0854-85-7102 Ｕ　Ｒ　Ｌ：www.shimane-wagyu.org メールアドレス：－	

島 根 県

熟豊和牛
じゅくほうわぎゅう

品種または交雑種の交配様式		
黒毛和種		

飼育管理

出荷月齢
：100カ月齢以下
指定肥育地
：－

飼料の内容
：配合飼料

GI登録・農場HACCP・JGAP

ＧＩ登　録：無
農場HACCP：無
ＪＧＡＰ：無

商標登録の有無：有	
登録取得年月日：2010 年 9 月 17 日	
銘柄規約の有無：無	
規約設定年月日：－	
規約改定年月日：－	

主な流通経路および販売窓口

◆主なと畜場
　：福岡市食肉市場、広島市食肉市場

◆主な処理場
　：同上

◆格付等級
　：A、B 等級
◆年間出荷頭数
　：1,000 頭
◆主要取扱企業
　：－

◆輸出実績国・地域
　：－

◆今後の輸出意欲
　：有

販売指定店制度について

指定店制度　：無
販促ツール　：シール、のぼり、
　　　　　　　ポスター

特長
● 母牛としての役目を終えた黒毛和牛（主に西日本）を再肥育した「おふくろ和牛肉」
● 適量の脂をつけるが、霜降りにこだわらず、和牛肉がもっている味わい深さと独特の濃縮した本来の肉のうまみと風味の増した牛肉に完成。
● 和牛表記でありながら、交雑牛とほぼ同じ価格帯で販売可能。

概要		
管理主体：㈱ＭＪビーフ 代表者：石飛　盛夫　代表取締役 所在地：松江市西嫁島 3-3-10	電　　　話：0852-61-8006 Ｆ　Ａ　Ｘ：0852-61-8178 Ｕ　Ｒ　Ｌ：www.mj-beef.com メールアドレス：info@mj-beef.com	

島　根　県

大国牛
（だいこくぎゅう）

品種または 交雑種の交配様式	主な流通経路および販売窓口
交雑種 （アンガス種 × 黒毛和種）	◆主なと畜場 　：島根県食肉公社、埼玉越谷食肉 　　センター ◆主な処理場 　：島根県食肉公社、IH ミートパッ 　　カー東京ミートセンター ◆格付等級 　：− ◆年間出荷頭数 　：800 頭 ◆主要取扱企業 　：伊藤ハム

飼育管理
出荷月齢
　：約30カ月齢
指定肥育地
　：−
飼料の内容
　：アルコール発酵飼料

GI登録・農場HACCP・JGAP
ＧＩ登　録：−
農場HACCP：−
ＪＧＡＰ：−

商標登録の有無：有	◆輸出実績国・地域 　：−
登録取得年月日：−	
銘柄規約の有無：有	
規約設定年月日：−	◆今後の輸出意欲 　：−
規約改定年月日：−	

販売指定店制度について
指定店制度　：−
販促ツール　：−

特長
●折り紙つきの血統（黒毛和種とアンガス種の肉専用種同士の交雑種）
●アルコール発酵飼料で甘味のある脂肪と肉質に仕上げています。

概要
管理主体：農業生産法人　みらいファーム㈱	電　　話：0855-77-0265
代表者：今福　保留	ＦＡＸ：0855-77-0267
所在地：邑智郡美郷町栃谷 374	ＵＲＬ：− メールアドレス：−

島　根　県

まつなが牛
（まつながぎゅう）

品種または 交雑種の交配様式	主な流通経路および販売窓口
交雑種	◆主なと畜場 　：東京都食肉市場、島根県食肉公 　　社、大阪市食肉市場 ◆主な処理場 　：同上 ◆格付等級 　：− ◆年間出荷頭数 　：1,500 頭 ◆主要取扱企業 　：−

飼育管理
出荷月齢
　：27カ月齢
指定肥育地
　：−
飼料の内容
　：−

GI登録・農場HACCP・JGAP
ＧＩ登　録：無
農場HACCP：無
ＪＧＡＰ：無

商標登録の有無：無	◆輸出実績国・地域 　：−
登録取得年月日：−	
銘柄規約の有無：−	
規約設定年月日：−	◆今後の輸出意欲 　：−
規約改定年月日：−	

販売指定店制度について
指定店制度　：−
販促ツール　：−

特長
●繁殖から肥育までの一貫生産。
●2005 年から、半数は JAS 牛として出荷。

概要
管理主体：㈱松永牧場	電　　話：0856-27-1341	
代表者：松永　和平	ＦＡＸ：0856-27-2133	
所在地：益田市種村町イ 1780-1	ＵＲＬ：www.matunaga-gyu.com/ メールアドレス：−	

島 根 県

まつながわぎゅう
まつなが和牛

品種または 交雑種の交配様式
黒毛和種

飼育管理
出荷月齢 ：30カ月齢 指定肥育地 ：－ 飼料の内容 ：－

GI登録・農場HACCP・JGAP
GI登録：無 農場HACCP：無 JGAP：無

販売指定店制度について
指定店制度：－ 販促ツール：－

商標登録の有無：無
登録取得年月日：－
銘柄規約の有無：－
規約設定年月日：－
規約改定年月日：－

主な流通経路および販売窓口

◆主なと畜場
：東京食肉市場、島根県食肉公社、大阪市食肉市場
◆主な処理場
：同上

◆格付等級
：－
◆年間出荷頭数
：1,100 頭
◆主要取扱企業
：－

◆輸出実績国・地域
：－

◆今後の輸出意欲
：－

特長
● 繁殖から肥育までの一貫生産（一部市場買い）
● 自家生産和牛はすべて JAS 牛。

概要	管 理 主 体 ：㈱松永牧場 代 表 者 ：松永 和平 所 在 地 ：益田市種村町イ 1780-1	電 話 ： 0856-27-1341 F A X ： 0856-27-2133 U R L ： www.matunaga-gyu.com/ メールアドレス ： －	

岡 山 県

おかやましじょうはつえふわんぎゅうにくきよまろ
岡山市場発F1牛肉
清麻呂

ヘルシービーフ

白桃の恵

品種または 交雑種の交配様式
交雑種 （黒毛和種 × ホルスタイン種）

飼育管理
出荷月齢 ：24.5カ月齢平均（令和元年） 指定肥育地 ：岡山、広島、鳥取県の指定生産農場11農場 飼料の内容 ：出荷前に指定生産農場において白桃と県産飼料米を活用した混合飼料を与えている

GI登録・農場HACCP・JGAP
GI登録： － 農場HACCP： 2020 年 2 月 28 日 （一部農場） JGAP： －

販売指定店制度について
指定店制度： 有 販促ツール： リーフレット、パネル、ポスター、のぼり（大・小）、パックシール

商標登録の有無：有
登録取得年月日：2016 年 12 月 22 日
銘柄規約の有無：有
規約設定年月日：2016 年 5 月 18 日
規約改定年月日：2016 年 7 月 22 日

主な流通経路および販売窓口

◆主なと畜場
：岡山県営食肉地方卸売市場

◆主な処理場
：岡山県食肉センター

◆格付等級
：2等級以上、BMS №.3以上
◆年間出荷頭数
：約 450 頭
◆主要取扱企業
：全農岡山県本部、岡山県食肉センター、西日本フード
◆輸出実績国・地域
：－

◆今後の輸出意欲
：有

特長
● 岡山県は、交雑種飼養頭数 全国ランキング 9 位であり、量的対応が可能。
● 指定生産農場は 11 農場と少なく、生産者の顔がみえやすい。
● 生産農場と流通販売が限定されている。
● 赤身と脂肪のバランスが取れており、価格もお手ごろ。
● 認定条件＝BMS：№.3 以上、BCS：№.3～4
● 枝肉重量：380 ㎏以上、銘柄認定員が認定したもの（瑕疵の程度等）
● 2020 年 3 月から「指定生産農場で出荷前に岡山の特産である白桃と県産飼料米を活用した混合飼料を与えています」

概要	管 理 主 体 ：岡山 F1 販売促進協議会 代 表 者 ：藤原 雅人 所 在 地 ：岡山市中区桜橋 1-2-43	電 話 ： 086-272-2221 F A X ： 086-272-2224 U R L ： www.kiyomaro.jp/ メールアドレス ： info@kiyomaro.jp	

岡山県
おかやま和牛肉
おかやまわぎゅうにく

品種または交雑種の交配様式
黒毛和種

飼育管理
出荷月齢 ：約28〜30カ月齢 指定肥育地 ：岡山県内指定農協 飼料の内容 ：岡山県肥育技術生産指標に基づいた指定配合飼料を給与

GI登録・農場HACCP・JGAP
GI 登 録：− 農場HACCP：− J G A P：−

販売指定店制度について
指定店制度：有 販促ツール：有

商標登録の有無：有
登録取得年月日：2014 年 7 月 11 日
銘柄規約の有無：有
規約設定年月日：1989 年 6 月 9 日
規約改定年月日：2015 年 6 月 10 日

主な流通経路および販売窓口
◆ 主なと畜場 ：岡山県営食肉地方卸売市場
◆ 主な処理場 ：岡山県食肉センター
◆ 格付等級 ：AB・3 等級以上、B.M.S. № 4 以上 ◆ 年間出荷頭数 ：約 1,000 頭 ◆ 主要取扱企業 ：JA 全農おかやま
◆ 輸出実績国・地域 ：−
◆ 今後の輸出意欲 ：有

特長
- 肥育素牛は岡山県産としており、肥育農場も岡山、肉牛の出荷市場としては岡山県営食肉市場オンリーなので「生まれも育ちも流通も岡山」
- 肉用牛の生産性向上と牛肉消費の拡大を図るため、関係団体と連携して岡山県の特産品である和牛の生産振興および、流通体制の整備等を推進し、銘柄確立を図る。

概要

管 理 主 体：岡山県産牛肉銘柄推進協議会	電　　　　話：086-296-5033	
代 表 者：藤原　雅人	F　A　X：086-296-5089	
所 在 地：岡山市南区藤田 566-126	U　R　L：www.okayama-wagyu.jp メールアドレス：−	

岡山県
千屋牛
ちやぎゅう

[岡山・新見]日本最古の蔓牛
千屋牛
CHIYAGYU

品種または交雑種の交配様式
黒毛和種

飼育管理
出荷月齢 ：肥育期間18カ月齢以上 指定肥育地 ：新見市内 飼料の内容 ：肥育部会指定の配合飼料。稲わら、WCS（県内産）

GI登録・農場HACCP・JGAP
GI 登 録：無 農場HACCP：無 J G A P：無

販売指定店制度について
指定店制度：有 販促ツール：のぼり、シール

商標登録の有無：有
登録取得年月日：2007 年 6 月 15 日
銘柄規約の有無：有
規約設定年月日：2000 年 2 月 1 日
規約改定年月日：2012 年 7 月 26 日

主な流通経路および販売窓口
◆ 主なと畜場 ：岡山県営食肉市場、津山食肉処理公社、 広島市食肉市場 ◆ 主な処理場 ：全農岡山ミートセンター
◆ 格付等級 ：3 等級以上、4 等級以上特撰千屋牛 ◆ 年間出荷頭数 ：900 頭 ◆ 主要取扱企業 ：全農 ◆ 輸出実績国・地域 ：無
◆ 今後の輸出意欲 ：有

特長
- 日本最古のつる牛「竹の谷つる」の血統をひく黒毛和種。
- ほどよい霜降りと赤身が特長。
- おいしさと軟らかさを誇るこだわりの和牛。

概要

管 理 主 体：千屋牛振興会	電　　　　話：0867-72-3079	
代 表 者：二摩 一正 会長	F　A　X：0867-72-7117	
所 在 地：新見市高尾 2423 　　　　　　JA 晴れの国岡山畜産課新見事務所	U　R　L：chiyagyu-shinkokai.jp/ メールアドレス：tikusan@an.oy-ja.or.jp	

岡　山　県

なぎビーフ
なぎびーふ

品種または 交雑種の交配様式
黒毛和種 交雑種（ホルスタイン種 × 黒毛和種）

飼育管理
出荷月齢 　：和牛26〜28カ月齢、交雑24カ月齢 指定肥育地 　：勝田郡奈義町 飼料の内容 　：－

GI登録・農場HACCP・JGAP
Ｇ Ｉ 登 録：－ 農場HACCP：－ Ｊ Ｇ Ａ Ｐ：－

販売指定店制度について
指定店制度 ： 有 販促ツール ： シール、のぼり

商標登録の有無：有
登録取得年月日：2015 年 10 月
銘柄規約の有無：有
規約設定年月日：2017 年 5 月 11 日
規約改定年月日：2018 年 7 月 10 日

主な流通経路および販売窓口
◆ 主なと畜場 　：岡山市食肉市場、姫路市食肉市場、大阪市食肉市場 ◆ 主な処理場 　：同上 ◆ 格付等級 　：－ ◆ 年間出荷頭数 　：950 頭 ◆ 主要卸売企業 ◆ 輸出実績国・地域 ◆ 今後の輸出意欲 　：有

特長

- 清らかな天然水と健康的な飼料なぎビーフは、那岐山脈に囲まれた豊かな自然の中、蛇淵の滝から流れる澄んだ清らかな天然水を飲んで育ちます。
- また、牛に与える粗飼料は地元の米農家から譲っていただいた稲わらを使用することで、安心・安全なお肉になります。
- ストレスを与えず健康的に育てます肥育期間でも最もストレスを感じる、出荷前 3 カ月間に勝英地域特産の黒大豆「作州黒」を粉にして与えています。黒大豆の特徴である黒い皮の黒大豆ポリフェノールは抗酸化作用により、免疫力を高め、老化防止・血流の改善など肥育後半のストレスを和らげ健康的に育てています。
- 岡山の和牛の血統を大切にしている岡山県は日本三大名蔓の一つに数えられ日本でも最も古い歴史をもつ蔓牛（つるうし）「竹の谷蔓（たけのたにつる）」の血統を守り続けています。この蔓牛は、体格が大きく長寿でたくさんの優秀な子を生み、温和で育てやすいという特徴があります。なぎビーフはこの血統も大切にしながら、誰が食べても「美味しい〜」といっていただける赤身と脂のバランスの良い和牛肉をお届けします。

概要	管 理 主 体：なぎビーフ銘柄推進協議会 代 表 者：内藤 敏男 会長 所 在 地：勝田郡奈義町久常 264 　　　　　　JA晴れの国岡山畜産課勝田奈義事務所内	電 話 ： 0868-36-4122 Ｆ Ａ Ｘ ： 0868-36-2320 Ｕ Ｒ Ｌ ： nagibeef.okayama.jp/ メールアドレス ： chiku2@se.oy-ja.or.jp

---

広　島　県

世羅みのり牛
せらみのりぎゅう

品種
交雑種、ホルスタイン種

飼育管理
出荷月齢 　：－ 指定肥育地 　：みのり牧場 飼料の内容 　：環境浄化に利用されるＥＭ菌を飼料に加え給与している。ＥＭとは光合成菌や乳酸菌、酵母菌、糸状菌など人間にとって有用な有機微生物。抗酸化性を高め、老化を防ぎ、健康的な肉牛づくりを行う

GI登録・農場 HACCP・JGAP について
Ｇ Ｉ 登 録：－ 農 場 HACCP：－ Ｊ Ｇ Ａ Ｐ：－

販売指定店制度について
指定店制度 ： － 販促ツール ： －

商標登録の有無：－
登録取得年月日：－
銘柄規約の有無：－
規約設定年月日：－
規約改定年月日：－

主な流通経路および販売窓口
◆ 主なと畜場 　：広島食肉市場 ◆ 主な処理場 　：同上 ◆ 格付等級 　：－ ◆ 年間出荷頭数 　：－ ◆ 主要取扱企業 　：ミノリフーズ ◆ 輸出実績国・地域 　：－ ◆ 今後の輸出意欲 　：－

特長

- あっさりした脂肪や肉のうまみ、ほど良いサシの入り具合などが特長で、同ブランドは広島県が魅力ある県産食材の販路拡大やＰＲなどを支援する「広島県応援登録制度」にも登録。
- 味、つくり方、ストーリー性などの観点から商品を審査した上で合格した商品が選ばれる。

概要	管 理 主 体 ： ㈱ミノリフーズ 代 表 者 ： 花田章浩 所 在 地 ： 三原市皆美 1-24-22	電 話 ： 0848-64-6315 Ｆ Ａ Ｘ ： 0848-64-5639 Ｕ Ｒ Ｌ ： minorifoods.jp/wp/ メールアドレス ： －

広 島 県

なかやま牛
なかやまぎゅう

品種または 交雑種の交配様式	
黒毛和種、乳用種、交雑種	

飼育管理	
出荷月齢 ：黒毛和種27カ月齢、交雑種23カ月齢、乳用種19カ月齢 指定肥育地 ：直営牧場・協力農家（広島・岡山） 飼料の内容 ：独自飼料	

GI登録・農場HACCP・JGAP	
GI登録：－ 農場HACCP：－ JGAP：－	

販売指定店制度について	
指定店制度：無 販促ツール：のぼり、パネル、ワンポイントシール	

商標登録の有無：有
登録取得年月日：2001 年 10 月 29 日
銘柄規約の有無：有
規約設定年月日：2001 年 10 月 29 日
規約改定年月日：－

主な流通経路および販売窓口
- ◆主なと畜場
  ：福山市食肉センター、岡山県営食肉市場
- ◆主な処理場
  ：なかやま牧場食肉加工場
- ◆格付等級
  ：全等級
- ◆年間出荷頭数
  ：約 6,000 頭
- ◆主要取扱企業
  ：ニチレイフレッシュ
- ◆輸出実績国・地域
  ：－
- ◆今後の輸出意欲
  ：無

特長
- ●なかやま牧場直営農場と協力農家で独自の飼料を8カ月以上与えて育てた牛の総称（経産牛を除く）
- ●なかやま牛の飼料はとうもろこしを含む割合が6割以上と高く、亜麻仁由来の成分が配合されているのが特徴。そのため食べると脂が溶けやすく甘みのある牛肉となっている。
- ●なかやま牛は一貫経営システムにより生産から販売までの情報を一元管理しており、温度管理、衛生管理、生産履歴を明確にし、顧客に安心・安全で高品質の商品を提供している。

概要		
管理主体：なかやま牧場	電話：084-970-2911	
代表者：増成 吉彦 代表取締役	FAX：084-970-2431	
所在地：福山市駅家町法成寺 1575-16	URL：www.nakayama-farm.jp メールアドレス：shouhin@nakayama-farm.jp	

広 島 県

ひろしま牛
ひろしまぎゅう

品種または 交雑種の交配様式	
黒毛和種	

飼育管理	
出荷月齢 ：－ 指定肥育地 ：広島県 飼料の内容 ：－	

GI登録・農場HACCP・JGAP	
GI登録：未定 農場HACCP：一部農場で有り JGAP：－	

販売指定店制度について	
指定店制度：無 販促ツール：シール、パネル、棚帯、ポスター	

商標登録の有無：有
登録取得年月日：2006 年 4 月 21 日
銘柄規約の有無：無
規約設定年月日：－
規約改定年月日：－

主な流通経路および販売窓口
- ◆主なと畜場
  ：広島市食肉市場
- ◆主な処理場
  ：同上
- ◆格付等級
  ：－
- ◆年間出荷頭数
  ：約 1,500 頭
- ◆主要取扱企業
  ：広島市内
- ◆輸出実績国・地域
  ：－
- ◆今後の輸出意欲
  ：無

特長
- ●生産農場及び飼育期間：最長飼養期間が広島県内である肥育牛であること。
- ●品種、性別：黒毛和種の去勢牛または未経産雌牛であること。
- ●その他：全国農業協同組合連合会広島県本部が取り扱う商品であること。

概要		
管理主体：全国農業協同組合連合会広島県本部	電話：082-831-1111	
代表者：水永 祐治 県本部長	FAX：082-846-4720	
所在地：広島市安佐南区大町東 2-14-12	URL：www.jazhr.jp/ メールアドレス：－	

広　島　県

ひろしまぎゅう
広 島 牛

品種または交雑種の交配様式
黒毛和種

飼育管理
出荷月齢 　：26〜30カ月齢平均 指定肥育地 　：広島県内 飼料の内容 　：—

GI登録・農場HACCP・JGAP
Ｇ I 登 録：無 農場HACCP：無 Ｊ Ｇ Ａ Ｐ：無

販売指定店制度について
指定店制度　：無 販促ツール：シール、のぼり、 　　　　　　包装紙

商標登録の有無：有
登録取得年月日：2002 年 2 月 22 日
銘柄規約の有無：有
規約設定年月日：1985 年 1 月 22 日
規約改定年月日：2021 年 7 月 27 日

	主な流通経路および販売窓口
	◆主なと畜場 　：広島市食肉市場 ◆主な処理場 　：同上 ◆格付等級 　：4 等級以上 ◆年間出荷頭数 　：約 1,900 頭 ◆主要取扱企業 　：広島市内 ◆輸出実績国・地域 　：— ◆今後の輸出意欲 　：有

特長	●歴史ある本県の主要系統の「比婆牛」と「神石牛」のクロスにより作出。 ●肉質の特徴は、筋繊維が細かく，無駄な脂肪が少ないこと。 ●鮮紅色で、小さな「サシ」が細かく入り、繊細な味わいに豊かな風味が加わった最高の和牛肉。

概要	管 理 主 体：広島牛特産化促進対策協議会 代 表 者：築道　繁男 所 在 地：広島市西区草津港 1-11-1	電　　　　話　：082-279-2920 Ｆ Ａ Ｘ　：082-279-2930 Ｕ Ｒ Ｌ　：www.hiroshimagyuu.com メールアドレス　：info@hiroshimagyuu.com	

広　島　県

ひろしまけっとうわぎゅうもとなり
広島血統和牛元就

品種または交雑種の交配様式
黒毛和種

飼育管理
出荷月齢 　：— 指定肥育地 　：広島県 飼料の内容 　：—

GI登録・農場HACCP・JGAP
Ｇ I 登 録：未定 農場HACCP：一部農場で有り Ｊ Ｇ Ａ Ｐ：—

販売指定店制度について
指定店制度　：無 販促ツール：シール、のぼり、 　　　　　　パネル、棚帯・ポ 　　　　　　スター、動画、パン 　　　　　　フレット

商標登録の有無：有
登録取得年月日：2014 年 5 月 30 日
銘柄規約の有無：有
規約設定年月日：2013 年 9 月 1 日
規約改定年月日：2019 年 3 月 31 日

	主な流通経路および販売窓口
	◆主なと畜場 　：広島市食肉市場 ◆主な処理場 　：同上 ◆格付等級 　：A・B、3 〜 5 等級 ◆年間出荷頭数 　：700 頭 ◆主要取扱企業 　：広島市内 ◆輸出実績国・地域 　：シンガポール、香港 ◆今後の輸出意欲 　：有

特長	●生産農場及び飼育期間：広島県内の生産農場で生まれ、全飼養期間が広島県内である肥育牛であること。 ●品種、性別、と畜場：黒毛和種の去勢牛または未経産雌牛で、広島県内又は全農広島県本部の認めると畜場でと畜された枝肉であること。 ●規格等：公益㈳日本食肉格付協会の牛枝肉取引規格に規定される歩留等級がAまたはBで、肉質等級が3等級以上であること。 ●血統等：公益㈳全国和牛登録協会が発行する子牛登記証明書を有し、記載されている1代祖（父牛）または2代祖（母の父牛）が以下の㋐、㋑いずれかの条件を満たす広島血統の牛であること。「㋐広島県が造成又は所有する種雄牛」「㋑㋐の血統を有し広島県または全農広島県本部が認めた種雄牛。

概要	管 理 主 体　：全国農業協同組合連合会広島県本部 代 表 者　：水永　祐治　県本部長 所 在 地　：広島市安佐南区大町東 2-14-12	電　　　　話　：082-831-1111 Ｆ Ａ Ｘ　：082-846-4720 Ｕ Ｒ Ｌ　：wagyu-ninsho.jp/ メールアドレス　：—	

山口県

皇牛（すめらぎぎゅう）

品種または交雑種の交配様式		主な流通経路および販売窓口
黒毛和種 肉専用種（黒毛和種・見島系統種）		◆主なと畜場 ：岩国市営周東食肉センター ◆主な処理場 ：岩国市営周東食肉流通センター ◆格付等級 ：A3 等級以上 ◆年間出荷頭数 ：100 頭 ◆主要取扱企業 ：安堂畜産 ◆輸出実績国・地域 ：ー ◆今後の輸出意欲 ：ー

飼育管理

出荷月齢
：28カ月齢平均
指定肥育地
：高森肉牛ファーム肥育センター
飼料の内容
：指定配合　前期後半圧扁麦を使用

GI登録・農場HACCP・JGAP

ＧＩ登　録：　　ー
農場HACCP：　2020 年 2 月 28 日
ＪＧＡＰ：　　ー

商標登録の有無：有
登録取得年月日：ー
銘柄規約の有無：無
規約設定年月日：ー
規約改定年月日：ー

販売指定店制度について

指定店制度：有
販促ツール：条件付きで有り

特長
●余分な脂肪が少なく、ロースしんが大きい。
●大麦の長期間給与により、あっさりとした甘味がある。

概要
管理主体：㈲高森肉牛ファーム
代表者：安堂　光明
所在地：岩国市周東町上久原 1088-1
電話：0827-84-0111
ＦＡＸ：0827-84-3260
ＵＲＬ：www.anchiku.co.jp
メールアドレス：t-ando@anchiku.co.jp

山口県

高森牛（たかもりぎゅう）

肉のふるさと　高森牛

品種または交雑種の交配様式		主な流通経路および販売窓口
黒毛和種、交雑種		◆主なと畜場 ：岩国市周東食肉センター、ほかと畜場（制限あり） ◆主な処理場 ：周東食肉流通センター、ほか処理場（制限あり） ◆格付等級 ：限定 ◆年間出荷頭数 ：1,000 頭 ◆主要取扱企業 ：安堂畜産、村田商店、ミコー食品 ◆輸出実績国・地域 ：中東および東南アジア ◆今後の輸出意欲 ：有

飼育管理

出荷月齢
：黒毛和種40カ月齢平均未満、交雑種30カ月齢平均未満
指定肥育地
：山口県内
飼料の内容
：ー

GI登録・農場HACCP・JGAP

ＧＩ登　録：無
農場HACCP：一部農場のみ取得
　　　　　　　（2020 年 2 月 28 日）
ＪＧＡＰ：無

商標登録の有無：無
登録取得年月日：ー
銘柄規約の有無：有
規約設定年月日：1999 年 4 月 14 日
規約改定年月日　2022 年 1 月 13 日

販売指定店制度について

指定店制度：有
販促ツール：あり

特長
●牛肉処理方法により新鮮さを強調できる。
●肥育期間の延長により肥育度数を向上させ、あま味のある牛肉、コクのある牛肉となる。

概要
管理主体：玖西食肉研究会
代表者：安堂　卓也　会長
所在地：岩国市周東町用田 10353-1
電話：0827-84-2669
ＦＡＸ：同上
ＵＲＬ：ー
メールアドレス：ー

山口県

やまぐちけんとくさん　むかくわぎゅうにく
山口県特産　無角和牛肉

品種または交雑種の交配様式
無角和種

飼育管理
出荷月齢 　：約24カ月齢 指定肥育地 　：－ 飼料の内容 　：－

GI登録・農場HACCP・JGAP
ＧＩ登　録：－ 農場HACCP：－ ＪＧＡＰ：－

商標登録の有無：有
登録取得年月日：－
銘柄規約の有無：有
規約設定年月日：－
規約改定年月日：－

販売指定店制度について
指定店制度　：無 販促ツール：条件付きで有り

主な流通経路および販売窓口

◆ 主なと畜場
：岩国市周東食肉センター、防府市と畜場
◆ 主な処理場
：同上

◆ 格付等級
：－
◆ 年間出荷頭数
：36 頭
◆ 主要取扱企業
：安堂畜産

◆ 輸出実績国・地域
：－

◆ 今後の輸出意欲
：無

特長
- 軟らかく適度の脂身をもつ肉用牛。
- 山口県にしか飼養されていない、"つの"のない牛。

概要	管　理　主　体：(一社)無角和種振興公社 代　　表　　者：花田　憲彦　理事長 所　　在　　地：阿武郡阿武町大字奈古2636	電　　　　　話：08388-2-3114 ＦＡＸ：08388-2-0100 ＵＲＬ：www.town.abu.lg.jp/mukaku メールアドレス：keizai@town.abu.lg.jp	

徳島県

あわくろうし
阿波黒牛

品種または交雑種の交配様式
黒毛和種、ホルスタイン種、 交雑種(黒毛和種 × ホルスタイン種)

飼育管理
出荷月齢 　：26カ月齢以上 指定肥育地 　：長谷川グループ牧場 飼料の内容 　：長谷川牧場オリジナル飼料

GI登録・農場HACCP・JGAP
ＧＩ登　録：－ 農場HACCP：2019 年 3 月 29 日 ＪＧＡＰ：2019 年 8 月 30 日

商標登録の有無：有
登録取得年月日：2004 年 11 月 8 日
銘柄規約の有無：有
規約設定年月日：－
規約改定年月日：－

販売指定店制度について
指定店制度　：無 販促ツール：ポスター、リーフレット、のぼりなど

主な流通経路および販売窓口

◆ 主なと畜場
：徳島市立食肉センター

◆ 主な処理場
：フジミツハセガワ

◆ 格付等級
：－
◆ 年間出荷頭数
：約 3,000 頭
◆ 主要卸売企業
：伊藤ハム

◆ 輸出実績国・地域
：タイ、マカオ、台湾、ＵＡＥ、カタール
◆ 今後の輸出意欲
：有

特長
- 一般交雑牛より、数カ月長く長期肥育（ブランド定義 26 カ月以上）したものだけをいいます。
- 飼料にはオリジナル配合飼料、水は吉野川の伏流水を与え、肥育期間の一時期にさつまいもやコーンを与えβ- カロチンやビタミン、ミネラル類がバランス良く豊富に含まれており、うまみの詰まったヘルシーな赤身肉とグルタミン酸濃度の高い牛肉に仕上がっています。

概要	管理主体：長谷川牧場 　　　　　(株)フジミツハセガワ 代表者：長谷川　貴文 所在地：鳴門市大麻町桧字西谷山 6-3	電　　　　　話：088-689-3844／088-633-5000 ＦＡＸ：088-689-3846／088-634-3775 ＵＲＬ：fujimitsu-hasegawa.jp/ メールアドレス：kurimoto@fujimitsu-hasegawa.jp

徳 島 県

阿波華牛
（あわはなぎゅう）

品種または交雑種の交配様式	主な流通経路および販売窓口
黒毛和種	◆主なと畜場 ：神戸市食肉市場、坂出食肉市場

飼育管理

出荷月齢
：28カ月齢以上
指定肥育地
：徳島県内阿波華牛出荷組合組合員
飼料の内容
：－

◆主な処理場
：同上

◆格付等級
：AB・4 等級以上
◆年間出荷頭数
：1,200 頭
◆主要取扱企業
：－

GI登録・農場HACCP・JGAP

ＧＩ登　録：未定
農場HACCP：未定
ＪＧＡＰ：未定

◆輸出実績国・地域
：無

◆今後の輸出意欲
：有

販売指定店制度について

指定店制度：無
販促ツール：シール、ミニのぼり、ポスター、のぼり

商標登録の有無：有
登録取得年月日：2013 年 2 月 1 日
銘柄規約の有無：有
規約設定年月日：2013 年 2 月 1 日
規約改定年月日：－

特長
● 徳島のおいしい水と空気、そして改良を重ねた独自の飼料で、のびのびと愛情たっぷりに育った牛、それが「阿波華牛」です。
● その最大の特徴は脂、口の中ですっととろけるようなうまみ、ただ甘いだけでなく、脂のうまさを十分に感じていただけます。

概要
管 理 主 体：阿波華牛出荷組合
代 表 者：内藤 崇 会長
所 在 地：阿波市土成町郡字原 197-1
電 話：088-624-7457
Ｆ Ａ Ｘ：－
Ｕ Ｒ Ｌ：－
メールアドレス：－

徳 島 県

和 一
（わいち）

品種または交雑種の交配様式	主な流通経路および販売窓口
黒毛和種、褐毛和種	◆主なと畜場 ：にし阿波ビーフ

飼育管理

出荷月齢
：平均28カ月齢
指定肥育地
：－
飼料の内容
：とうもろこし、大麦などの穀物を使用した自社配合飼料

◆主な処理場
：同上

◆格付等級
：A3 等級以上
◆年間出荷頭数
：約 900 頭
◆主要取扱企業
：谷藤ファーム、にし阿波ビーフ

GI登録・農場HACCP・JGAP

ＧＩ登　録：－
農場HACCP：－
ＪＧＡＰ：－

◆輸出実績国・地域
：マレーシア、タイ、インドネシア、台湾、シンガポール
◆今後の輸出意欲
：有

販売指定店制度について

指定店制度：無
販促ツール：のぼり、パンフレット、シール

商標登録の有無：有
登録取得年月日：2012 年 2 月 10 日
銘柄規約の有無：有
規約設定年月日：2011 年 10 月 1 日
規約改定年月日：－

特長
● 徳島、宮崎の自社牧場および徳島、香川、宮崎のグループ農場で飼育した純和牛および経営者自らが厳選した黒毛和牛肉のみを販売。
● 平成 27 年に HALAL 対応のと畜場、カット工場を建設。

概要
管 理 主 体：㈱谷藤ファーム
代 表 者：谷藤 哲弘
所 在 地：三好郡東みよし町足代 916
電 話：0883-79-3125
Ｆ Ａ Ｘ：0883-79-2052
Ｕ Ｒ Ｌ：www.tanifujifarm.com
メールアドレス：info@tanifujifarm.com

香 川 県

オリーブ牛
おりーぶぎゅう

金ラベル　　　　銀ラベル

品種または 交雑種の交配様式
黒毛和種

飼育管理
出荷月齢 ：－ 指定肥育地 ：香川県内 飼料の内容 ：出荷2カ月前から毎日100g以 　上のオリーブ飼料を与える

GI登録・農場HACCP・JGAP
ＧＩ登　録：－ 農場HACCP：一部農場 ＪＧＡＰ：一部農場 　　　　（チャレンジGAP）

販売指定店制度について
指定店制度：有 販促ツール：シール、のぼり、 　　　　　　ポスター等

商標登録の有無：有
登録取得年月日：2011年7月29日
銘柄規約の有無：有
規約設定年月日：2011年3月25日
規約改定年月日　2014年6月5日

主な流通経路および販売窓口

◆主なと畜場
：香川県畜産公社、高松市食肉セン
ター、加古川食肉市場、神戸市
食肉市場
◆主な処理場
：－

◆格付等級
：A5、A4、B5、B4（金ラベル）
A3、B3（銀ラベル）
◆年間出荷頭数
：2,600頭（讃岐牛を含む）
◆主要取扱企業
：－

◆輸出実績国・地域
：マカオ、タイ、ベトナム、シンガ
ポール、ＥＵ、アメリカ
◆今後の輸出意欲
：有

特長
- 讃岐牛の中で、オリーブ飼料を給与したものをオリーブ牛という。
- オレイン酸を多く含むオリーブ飼料を給与することにより、肉質、おいし
さの向上を図っている。
- 口溶けが良く、うま味が濃いのに、脂はあっさりしている。

概要
管　理　主　体：一般社団法人讃岐牛・オリーブ牛振興会（2020年11月25日より一般社団法人化）
代　表　者：二川　隆一　会長理事
所　在　地：高松市郷東町587-197
Ｕ　　Ｒ　　Ｌ：olivefedwagyu.jp　　　メールアドレス：info@olivetedwagyu.jp

香 川 県

讃 岐 牛
さぬきうし

金ラベル　　　　銀ラベル

品種または 交雑種の交配様式
黒毛和種

飼育管理
出荷月齢 ：－ 指定肥育地 ：香川県内 飼料の内容 ：－

GI登録・農場HACCP・JGAP
ＧＩ登　録：－ 農場HACCP：一部農場 ＪＧＡＰ：一部農場 　　　　（チャレンジGAP）

販売指定店制度について
指定店制度：有 販促ツール：シール、のぼり

商標登録の有無：有
登録取得年月日：2005年10月7日
銘柄規約の有無：有
規約設定年月日：1988年10月14日
規約改定年月日：2014年6月5日

主な流通経路および販売窓口

◆主なと畜場
：香川県畜産公社、高松市食肉セン
ター、加古川食肉市場、神戸市
食肉市場
◆主な処理場
：－

◆格付等級
：A5、A4、B5、B4（金ラベル）
A3、B3（銀ラベル）
◆年間出荷頭数
：2,600頭（オリーブ牛を含む）
◆主要取扱企業
：－

◆輸出実績国・地域
：－

◆今後の輸出意欲
：－

特長
- 血統明確な黒毛和種で、香川県で飼育され A5、A4、B5、B4 に格付された
ものを「讃岐牛（金ラベル）」。A3、B3 のものを「讃岐牛（銀ラベル）」と
している。

概要
管　理　主　体：讃岐牛銘柄推進協議会
代　表　者：池田　豊人　会長　香川県知事
所　在　地：高松市寿町1-3-6
電　　話：087-825-0284
Ｆ　Ａ　Ｘ：087-825-1098
Ｕ　Ｒ　Ｌ：www.sanchiku.gr.jp
メールアドレス：k.chikusan@klia.jp

愛 媛 県

いよぎゅう「きぬのあじ」
伊予牛「絹の味」

品種または 交雑種の交配様式
黒毛和種、ホルスタイン種、 交雑種（ホルスタイン種 × 黒毛和種）

飼育管理
出荷月齢 　：平均・和牛28カ月齢、乳牛20カ 　月齢、交雑牛24カ月齢 指定肥育地 　：愛媛県内の指定農家 飼料の内容 　：－

GI登録・農場HACCP・JGAP
ＧＩ登　録：無 農場HACCP：無 ＪＧＡＰ：無

販売指定店制度について
指 定 店 制 度 ： 有 販 促 ツ ー ル ： のぼり、シール、 　　　　　　　　パネル、ポスター

商標登録の有無：有
登録取得年月日：1996 年 11 月 27 日
銘柄規約の有無：有
規約設定年月日：1992 年 10 月 1 日
規約改定年月日：2013 年 4 月 1 日

特長
● 穏やかな気候風土の中、ＪＡが指定した生産者が、愛媛県内で肥育した肉牛
　で、「黒毛和牛」「交雑牛」「乳肉牛」の３畜種を品ぞろえしている。
● 肉の保水性が良く、おいしさを引き出す肉汁を逃がさない。

主な流通経路および販売窓口
◆主なと畜場 　：JA えひめアイパックス、神戸市 　中央卸売食肉市場 ◆主な処理場 　：同上 ◆格付等級 　：2 等級以上 ◆年間出荷頭数 　：2,300 頭 ◆主要取扱企業 　：－ ◆輸出実績国・地域 　：台湾 ◆今後の輸出意欲 　：有

概要	管 理 主 体：全国農業協同組合連合会愛媛県本部	電　　　　　話 ： 089-997-3500
	代　表　者：関岡　光昭　県本部長	Ｆ　Ａ　Ｘ ： 089-983-4757
	所　在　地：松山市南堀端 2-3	Ｕ　Ｒ　Ｌ ： www.zennoh.or.jp/eh/ メールアドレス ： －

愛 媛 県

えひめあかねわぎゅう
愛媛あかね和牛

品種または交雑種の 交配様式と系統
黒毛和種

飼育管理
出荷月齢 　：27カ月齢以下 指定肥育地・牧場 　：愛媛県内 飼料の内容 　：専用配合飼料、柑橘ジュース粕 　サイレージ、キーオメガ

GI登録・農場HACCP・JGAP
ＧＩ登　録：未定 農場HACCP：無 ＪＧＡＰ：未定

販売指定店制度について
指 定 店 制 度 ： 無 販 促 ツ ー ル ： ポスター、のぼ 　　　　　　　　り、卓上のぼり、 　　　　　　　　リーフレット

商標登録の有無：有
登録取得年月日：2016 年 1 月 15 日
銘柄規約の有無：有
規約設定年月日：2016 年 5 月 11 日
規約改定年月日：－

特長
● 飼養給与マニュアルに沿って、専用配合飼料と県内産柑橘ジュースしぼり
　粕 + 亜麻仁油を与え早期肥育することで、たんぱく質を高めながら脂肪を
　抑えたヘルシーな牛肉としています。
● BMS №３～９のものを「愛媛あかね和牛」として出荷しています。

主な流通経路および販売窓口
◆主なと畜場 　：県内食肉センター（ＪＡアイパッ 　クス） ◆主な処理場 　：県内食肉処理加工場（ＪＡアイ 　パックス） ◆格付等級 　：BMS №３～９ ◆年間出荷頭数 　：約 150 頭 ◆主要取扱企業 　：篠崎畜産精肉直売店 ◆輸出実績国・地域 　：台湾 ◆今後の輸出意欲 　：有

概要	管 理 主 体： 愛媛あかね和牛普及協議会	電　　　　　話 ： 089-912-2575
	代　表　者： 土居　玄典　会長	Ｆ　Ａ　Ｘ ： 089-912-2574
	所　在　地： 松山市一番町 4-4-2（事務局）	Ｕ　Ｒ　Ｌ ： akane-wagyu.jp/ メールアドレス ： chikusan@pref.ehime.lg.jp

高　知　県

しまんとぎゅう
四万十牛

品種または 交雑種の交配様式
黒毛和種の未経産

飼育管理
出荷月齢 　：28カ月齢平均 指定肥育地 　：高知県四万十市・横山畜産 飼料の内容 　：－

GI登録・農場HACCP・JGAP
ＧＩ登　録：未定 農場HACCP：未定 ＪＧＡＰ：未定

販売指定店制度について
指定店制度　：無 販促ツール：パックシール

商標登録の有無：有
登録取得年月日：1997 年
銘柄規約の有無：有
規約設定年月日：－
規約改定年月日：－

主な流通経路および販売窓口
◆主なと畜場 　：県内食肉市場、神戸市食肉市場 ◆主な処理場 　：同上 ◆格付等級 　：－ ◆年間出荷頭数 　：約 100 頭 ◆主要取扱企業 　：四万十牛本舗 ◆輸出実績国・地域 　：－ ◆今後の輸出意欲 　：有

特長
- 四万十川北部、四万十川中流域にある西土佐地区で育てられている未経産の雌牛。
- 寝床には地元の製材所などからいただいた杉やヒノキのおが屑を敷くなど牛がゆったりとストレスなく過ごせる環境づくりを徹底。
- 飲み水には四万十川支流の水を引きいつでも新しい水をたっぷりと飲めるようにしている。
- 美しいサシの入ったきめ細やかな肉質の「四万十牛」はとろけるような食感と上品な甘さ、噛むたびに肉のうまみが溢れ出す極上の逸品です。

概要

管 理 主 体 ：㈱横山畜産	電　　　　話：0880-52-1238 　　　　　　　0880-52-1229 ㈱四万十牛本舗) Ｆ　Ａ　Ｘ：－ Ｕ　Ｒ　Ｌ：－ メールアドレス：－
代 表 者 ：横山　大河	
所 在 地 ：四万十市西土佐橘	

高　知　県

とさわぎゅう
土　佐　和　牛

品種または 交雑種の交配様式
黒毛和種、褐毛和種

飼育管理
出荷月齢 　：24～32カ月齢 指定肥育地 　：高知県内 飼料の内容 　：－

GI登録・農場HACCP・JGAP
ＧＩ登　録：無 農場HACCP：無 ＪＧＡＰ：無

販売指定店制度について
指定店制度　：無 販促ツール：シール、のぼり

商標登録の有無：有
登録取得年月日：1998 年 11 月
銘柄規約の有無：有
規約設定年月日：1998 年 11 月
規約改定年月日：－

主な流通経路および販売窓口
◆主なと畜場 　：高知県広域食肉センター（令和 5 　　年 4 月からミートプロこうち） ◆主な処理場 　：ＪＡ高知県農畜産部畜産課（令 　　和 5 年 4 月から高知県食肉セン 　　ター） ◆格付等級 　：日格協枝肉取引規格による ◆年間出荷頭数 　：1,000 頭 ◆主要取扱企業 　：ＪＡ高知県（令和 5 年 4 月から 　　高知県食肉センター）、西日本フー 　　ド、ビージョイ ◆輸出実績国・地域 　：無 ◆今後の輸出意欲 　：有

特長
褐毛和種
- 高知県内で独自に改良を重ね、県内だけで生産されている希少な牛。
- 赤身のおいしさが際立つきめ細かな肉質、かむほどに広がる濃いうまみ。

黒毛和種
- 土佐の気候・風土と土佐人気質が育てた風味良好、コク深いおいしさ。

概要

管理主体：高知県農業協同組合（令和 5 年 4 月から高知県食肉センター㈱）	電　　　　話：088-883-4413
代 表 者：秦泉寺　雅一（令和 5 年 4 月から澤田　章史）	ＦＡＸ：088-882-2123
所 在 地：高知市五台山 5015-1（令和 5 年 4 月から高知市海老ノ丸 13-58）	Ｕ　Ｒ　Ｌ：－ メールアドレス：－

福岡県

糸島牛（いとしまぎゅう）

品種または交雑種の交配様式
黒毛和種 交雑種（ホルスタイン種 × 黒毛和種）

飼育管理
出荷月齢 　：－ 指定肥育地 　：地域内 飼料の内容 　：－

GI登録・農場HACCP・JGAP
GI登　録：－ 農場HACCP：－ JGAP：－

販売指定店制度について
指定店制度　：無 販促ツール：シール、のぼり、 　　　　　　ポスター（条件付 　　　　　　き）

商標登録の有無：無
登録取得年月日：－
銘柄規約の有無：無
規約設定年月日：－
規約改定年月日：－

特長
- 安全でおいしい。
- 私達が自信を持って届ける安心と信頼のおいしさ。

主な流通経路および販売窓口
- ◆ 主なと畜場
　：九州協同食肉、福岡食肉市場
- ◆ 主な処理場
　：同上
- ◆ 格付等級
　：－
- ◆ 年間出荷頭数
　：700 頭
- ◆ 主要取扱企業
　：JA 糸島、JA 全農ミートフーズ、
　福岡食肉販売
- ◆ 輸出実績国・地域
　：－
- ◆ 今後の輸出意欲
　：無

概要		
管理主体：糸島農業協同組合	電話：092-322-2761	
代表者：山﨑　重俊　代表理事組合長	FAX：092-323-6137	
所在地：糸島市前原東 2-7-1	URL：－	
	メールアドレス：－	

福岡県・山口県

関門ビーフ（かんもんびーふ）

品種または交雑種の交配様式
交雑種 （ホルスタイン種 × 黒毛和種）

飼育管理
出荷月齢 　：22カ月以上 指定肥育地 　：福岡・山口指定牧場 飼料の内容 　：－

GI登録・農場HACCP・JGAP
GI登　録：－ 農場HACCP：－ JGAP：－

販売指定店制度について
指定店制度　：無 販促ツール：シール

商標登録の有無：無
登録取得年月日：－
銘柄規約の有無：無
規約設定年月日：－
規約改定年月日：－

特長
- 福岡県、山口県の関門海峡を挟んだ両県の指定牧場で生産された交雑種であり北九州市立食肉センターでのと畜と北九州ミートセンターでのカット処理を条件とする両県にまたがる新ブランドの国産牛。

主な流通経路および販売窓口
- ◆ 主なと畜場
　：北九州市立食肉センター
- ◆ 主な処理場
　：北九州ミートセンター
- ◆ 格付等級
　：3 等級以上
- ◆ 年間出荷頭数
　：300 頭
- ◆ 主要取扱企業
　：さつま屋産業、北九州ミートセ
　ンター、S.T.M フーズ
- ◆ 輸出実績国・地域
　：－
- ◆ 今後の輸出意欲
　：有

概要		
管理主体：北九州ミートセンター㈱	電話：093-541-6100	
代表者：宮下　博文　代表取締役社長	FAX：093-541-4300	
所在地：北九州市小倉北区末広 2-3-7	URL：－	
	メールアドレス：kmc@tiara.ocn.ne.jp	

福岡県・山口県
関門和牛
（かんもんわぎゅう）

品種または 交雑種の交配様式
黒毛和種
飼育管理

出荷月齢
：26カ月以上
指定肥育地
：福岡・山口指定牧場
飼料の内容
：－

GI登録・農場HACCP・JGAP

ＧＩ登　録：－
農場HACCP：－
ＪＧＡＰ：－

販売指定店制度について

指定店制度：無
販促ツール：シール

商標登録の有無：無
登録取得年月日：－
銘柄規約の有無：無
規約設定年月日：－
規約改定年月日：－

主な流通経路および販売窓口

◆主なと畜場
　：北九州市立食肉センター

◆主な処理場
　：北九州ミートセンター

◆格付等級
　：3 等級以上
◆年間出荷頭数
　：300 頭
◆主要取扱企業
　：さつま屋産業、北九州ミートセンター、S.T.M フーズ
◆輸出実績国・地域
　：－

◆今後の輸出意欲
　：有

特長
●福岡県、山口県の関門海峡を挟んだ両県の指定牧場で生産された黒毛和牛であり北九州市立食肉センターでのと畜と北九州ミートセンターでのカット処理を条件とする両県にまたがる新ブランドの国産牛。

概要	管　理　主　体　：北九州ミートセンター㈱	電　　　　　話：093-541-6100
	代　　表　　者　：宮下　博文　代表取締役社長	ＦＡＸ：093-541-4300
	所　　在　　地　：北九州市小倉北区末広 2-3-7	ＵＲＬ：－ メールアドレス：kmc@tiara.ocn.ne.jp

福　岡　県
小　倉　牛
（こくらぎゅう）

品種または 交雑種の交配様式
黒毛和種
飼育管理

出荷月齢
：26カ月齢以上
指定肥育地
：北九州市内
飼料の内容
：－

GI登録・農場HACCP・JGAP

ＧＩ登　録：無
農場HACCP：無
ＪＧＡＰ：無

販売指定店制度について

指定店制度：有
販促ツール：シール、のぼり、ミニのぼり、はっぴ

商標登録の有無：有
登録取得年月日：1992 年
銘柄規約の有無：有
規約設定年月日：1992 年 6 月 25 日
規約改定年月日：2014 年 7 月 30 日

主な流通経路および販売窓口

◆主なと畜場
　：九州協同食肉

◆主な処理場
　：JA 全農ミートフーズ

◆格付等級
　：AB・4 等級または B.M.S. №5 以上
◆年間出荷頭数
　：50 頭
◆主要取扱企業
　：福留ハム

◆輸出実績国・地域
　：－

◆今後の輸出意欲
　：無

特長
●緑と水の豊かな自然で肥育・見事なまでの霜降り、部位を問わない美しい色つや、うま味たっぷりな絶妙の感触。
●北九州市内の指定店のみ販売。

概要	管　理　主　体：小倉牛流通促進協議会	電　　　　　話：093-451-9210	
	代　表　者：森　克己	ＦＡＸ：093-451-1035	
	所　在　地：北九州市小倉南区徳吉西 1-4-11	ＵＲＬ：ja-kitakyu.or.jp メールアドレス：t-einou1@ja-kitakyu.or.jp	

福 岡 県

ちくほぎゅう
筑 穂 牛

品種または 交雑種の交配様式		主な流通経路および販売窓口
黒毛和種		◆主なと畜場 ：九州協同食肉
飼育管理		◆主な処理場 ：同上
出荷月齢 ：30カ月齢平均 指定肥育地 ：飯塚市（旧筑穂町） 飼料の内容 ：－		◆格付等級 ：AB・3 等級以上 ◆年間出荷頭数 ：200 頭 ◆主要取扱企業 ：－
GI登録・農場HACCP・JGAP	商標登録の有無：有	◆輸出実績国・地域 ：－
GI登 録：無 農場HACCP：無 JGAP：無	登録取得年月日：1971 年 4 月 銘柄規約の有無：有 規約設定年月日：1971 年 4 月 規約改定年月日：－	◆今後の輸出意欲 ：－
販売指定店制度について	特	●独自の飼料・肥育法で育てられた筑穂牛は、すこやかな環境で育てられる
指定店制度：－ 販促ツール：のぼり	長	ことにより、じっくりと軟らかく、甘みのある肉質を生み出す。

概 要	管 理 主 体：福岡嘉穂農業協同組合 代 表 者：笹尾 宏俊 所 在 地：飯塚市小正 319-1	電 話：0948-24-7060 F A X：0948-29-5387 U R L：－ メールアドレス：－

福 岡 県

はかたわぎゅう
博 多 和 牛

品種または 交雑種の交配様式		主な流通経路および販売窓口
黒毛和種		◆主なと畜場 ：九州協同食肉、福岡食肉市場
飼育管理		◆主な処理場 ：－
出荷月齢 ：30カ月齢平均 指定肥育地 ：博多和牛登録生産者 飼料の内容 ：博多和牛飼養管理目標、博多和 牛飼養管理指針		◆格付等級 ：3 等級以上 ◆年間出荷頭数 ：3,141 頭 ◆主要取扱企業 ：JA 全農ミートフーズ、福岡食肉 市場
GI登録・農場HACCP・JGAP	商標登録の有無：有	◆輸出実績国・地域 ：マカオ、タイ
GI登 録：－ 農場HACCP：－ JGAP：－	登録取得年月日：2005 年 6 月 17 日 銘柄規約の有無：有 規約設定年月日：2008 年 4 月 1 日 規約改定年月日：2013 年 4 月 12 日	◆今後の輸出意欲 ：有
販売指定店制度について	特	●「消費者に安心して食べてもらえる牛肉を」との思いから平成 16 年 7 月 福岡県肉用牛生産者の会により生産者自らがブランド化。
指定店制度：有 販促ツール：シール、のぼり、 ポスター	長	●博多和牛販売促進協議会で関係機関、団体が連携して PR に努めている。

概 要	管 理 主 体：博多和牛販売促進協議会 代 表 者：鈴木 雅明 会長 所 在 地：福岡市博多区千代 4-1-27 　　　　　　福岡県畜産協会内	電 話：092-641-8723 F A X：092-642-1276 U R L：www.hakata-wagyu.com メールアドレス：－	

福岡県

福岡牛
（ふくおかぎゅう）

品種または 交雑種の交配様式
交雑種、乳用種

飼育管理
出荷月齢 　：17〜26カ月齢 指定肥育地 　：— 飼料の内容 　：—

GI登録・農場HACCP・JGAP
G I 登 録：無 農場HACCP：無 Ｊ Ｇ Ａ Ｐ：無

販売指定店制度について
指 定 店 制 度 ： 無 販 促 ツ ー ル ： 条件付きで有り

商標登録の有無：無
登録取得年月日：—
銘柄規約の有無：有
規約設定年月日：—
規約改定年月日：—

特長

主な流通経路および販売窓口
◆ 主なと畜場 　：県内と畜場
◆ 主な処理場 　：—
◆ 格付等級 　：AB・2 等級以上
◆ 年間出荷頭数 　：1,500 頭
◆ 主要取扱企業 　：福岡食肉市場
◆ 輸出実績国・地域 　：—
◆ 今後の輸出意欲 　：無

概要	管 理 主 体 ： 福岡県銘柄牛肉推進協議会 代 表 者 ： 山下　克之　会長 所 在 地 ： 福岡市博多区千代 4-1-27 　　　　　　福岡県畜産協会内	電 　 　 　 話 ： 092-641-8723 Ｆ 　 Ａ 　 Ｘ ： 092-642-1276 Ｕ 　 Ｒ 　 Ｌ ： — メールアドレス ： —

佐賀県

佐賀牛
（さがぎゅう）

品種または 交雑種の交配様式
黒毛和種

飼育管理
出荷月齢 　：30カ月齢平均 指定肥育地 　：JAグループ佐賀管内生産者 飼料の内容 　：—

GI登録・農場HACCP・JGAP
G I 登 録：無 農場HACCP：無 Ｊ Ｇ Ａ Ｐ：無

販売指定店制度について
指 定 店 制 度 ： 有 販 促 ツ ー ル ： ポスター、のぼ 　　　　　　　　　り、ミニのぼり

商標登録の有無：有
登録取得年月日：2000 年 12 月 1 日
銘柄規約の有無：有
規約設定年月日：—
規約改定年月日：—

特長
- 佐賀の恵まれた自然環境の中で気候や風土にあった独自の飼育法で丹念に育て上げる。
- 「艶さし」といわれる風味ただよう脂肪と柔らかく鮮やかな赤身が織りなす見事な霜降り肉。
- 香港、マカオ、シンガポールのホテルや飲食店でも取り扱われる世界が認める味と品質。

主な流通経路および販売窓口
◆ 主なと畜場 　：九州協同食肉、福岡食肉市場、佐 　　賀県畜産公社、大阪市食肉市場、 　　神戸市食肉市場、東京都食肉市 　　場ほか
◆ 主な処理場 　：—
◆ 格付等級 　：4 等級以上、B.M.S. № 7 以上
◆ 年間出荷頭数 　：12,700 頭（令和 4 年度実績）
◆ 主要取扱企業 　：JA 全農ミートフーズ
◆ 輸出実績国・地域 　：米国、香港、タイ、シンガポール、 　　フィリピン、台湾、マカオ
◆ 今後の輸出意欲 　：有

概要	管 理 主 体 ： 佐賀県農業協同組合 代 表 者 ： 大島　信之 所 在 地 ： 多久市北多久町大字小侍 1951-1 　　　　　　（JA さが畜産販売課）	電 　 　 　 話 ： 0952-75-2911 Ｆ 　 Ａ 　 Ｘ ： 0952-20-1009 Ｕ 　 Ｒ 　 Ｌ ： www.sagagyu.jp メールアドレス ： chikusan05@saga-ja.jp	

佐 賀 県

佐賀産和牛
さがさんわぎゅう

品種または 交雑種の交配様式	
黒毛和種	

飼育管理

出荷月齢
：30カ月齢平均
指定肥育地
：JAグループ佐賀管内生産者
飼料の内容
：－

GI登録・農場HACCP・JGAP

ＧＩ登録：無
農場HACCP：無
ＪＧＡＰ：無

販売指定店制度について

指定店制度：有
販促ツール：ポスター、のぼり、ミニのぼり

商標登録の有無：有
登録取得年月日：2006 年 9 月 22 日
銘柄規約の有無：有
規約設定年月日：－
規約改定年月日：－

主な流通経路および販売窓口

◆ 主なと畜場
：九州協同食肉、福岡食肉市場、佐賀県畜産公社、大阪市食肉市場、神戸市食肉市場、東京都食肉市場ほか
◆ 主な処理場
：－

◆ 格付等級
：2～4 等級、B.M.S. No.6 以下
◆ 年間出荷頭数
：3,300 頭（令和 3 年度実績）
◆ 主要取扱企業
：JA 全農ミートフーズ

◆ 輸出実績国・地域
：米国、香港、フィリピン、タイ、シンガポール、台湾、マカオ
◆ 今後の輸出意欲
：有

特長
● JA グループ佐賀管内肥育農家で飼育された黒毛和種で、肉質等級 5 等級および 4 等級の B.M.S. No.7 以上を「佐賀牛」と呼び、それ未満を「佐賀産和牛」としています。

概要

管理主体：佐賀県農業協同組合	電　　話：0952-75-2911
代表者：大島 信之	ＦＡＸ：0952-20-1009
所在地：多久市北多久町大字小侍 1951-1 （JA さが畜産販売課）	ＵＲＬ：www.sagagyu.jp メールアドレス：chikusan05@saga-ja.jp

---

佐 賀 県

佐 賀 和 牛
さがわぎゅう

品種または 交雑種の交配様式	
黒毛和種	

飼育管理

出荷月齢
：－
指定肥育地
：佐賀県内
飼料の内容
：－

GI登録・農場HACCP・JGAP

ＧＩ登録：無
農場HACCP：無
ＪＧＡＰ：無

販売指定店制度について

指定店制度：無
販促ツール：ポスター、シール、のぼり

商標登録の有無：有
登録取得年月日：1994 年 4 月 28 日
銘柄規約の有無：有
規約設定年月日：1994 年 6 月 10 日
規約改定年月日：2010 年 10 月 1 日

主な流通経路および販売窓口

◆ 主なと畜場
：－

◆ 主な処理場
：一ノ瀬畜産

◆ 格付等級
：－
◆ 年間出荷頭数
：－
◆ 主要取扱企業
：一ノ瀬畜産

◆ 輸出実績国・地域
：－

◆ 今後の輸出意欲
：有

特長
● 佐賀で生産された黒毛和種を佐賀にある一ノ瀬畜産でカットし、その牛肉に対して「佐賀和牛」の銘柄を付けている。

概要

管理主体：㈱一ノ瀬畜産	電　　話：0954-66-5529
代表者：一ノ瀬 定信	ＦＡＸ：0954-66-5519
所在地：嬉野市塩田町大字久間乙 2577-1	ＵＲＬ：www.ichinosechikusan.com メールアドレス：i-chiku@coffee.ocn.ne.jp

長　崎　県

壱岐牛
（いきぎゅう）

品種または交雑種の交配様式		主な流通経路および販売窓口

品種または交雑種の交配様式
黒毛和種

飼育管理
出荷月齢
：27カ月齢平均
指定肥育地
：壱岐市農協肥育部会構成員
飼料の内容
：JA北九州くみあい飼料製造の「一支國配合」

GI登録・農場HACCP・JGAP
ＧＩ登録：無
農場HACCP：2019年 6月3日
（一部農場）
ＪＧＡＰ：無

販売指定店制度について
指定店制度：無
販促ツール：シール、のぼり、リーフレット

商標登録の有無：有
登録取得年月日：2014年 4月25日
銘柄規約の有無：無
規約設定年月日：2013年 11月22日
規約改定年月日 －

特長
●壱岐生まれ、壱岐育ち。
●融点が低く、コクときれがある脂質。

主な流通経路および販売窓口
◆主なと畜場
：福岡食肉市場、九州協同食肉、佐世保食肉センター
◆主な処理場
：－

◆格付等級
：3等級以上
◆年間出荷頭数
：1,000頭
◆主要取扱企業
：福岡食肉市場

◆輸出実績国・地域
：－

◆今後の輸出意欲
：無

概要
管理主体：壱岐市農業協同組合
代表者：川﨑 裕司 代表理事組合長
所在地：壱岐市郷ノ浦町東触560

電話：0920-47-1331　畜産部 0920-45-2513
ＦＡＸ：0920-47-1283　畜産部 0920-45-2543
ＵＲＬ：ja-iki.jp/
メールアドレス：gyomu02@jaiki.sakura.ne.jp

長　崎　県

雲仙きわみ牛
（うんぜんきわみぎゅう）

品種または交雑種の交配様式
交雑種

飼育管理
出荷月齢
：22カ月齢以上
指定肥育地
：雲仙市、長崎市、西海市
飼料の内容
：－

GI登録・農場HACCP・JGAP
ＧＩ登録：無
農場HACCP：無
ＪＧＡＰ：無

販売指定店制度について
指定店制度：有
販促ツール：シール、のぼり、ポスター

商標登録の有無：有
登録取得年月日：2001年 9月8日
銘柄規約の有無：無
規約設定年月日：－
規約改定年月日：－

特長
●雲仙市の雲仙瑞穂牧場が中心になり、3等級以上の牛の中から食肉小売業のニュー・クイック向けに「霜降りの度合、肉色、キメの細かさ、脂質」などを総合評価し選別されたもので、枝肉を7日間熟成させ肉質が軟らかくなり、保水性が高く、うまみを向上させます。

主な流通経路および販売窓口
◆主なと畜場
：全開連人吉食肉センター

◆主な処理場
：ゼンカイミート

◆格付等級
：3等級以上
◆年間出荷頭数
：500頭
◆主要取扱企業
：－

◆輸出実績国・地域
：－

◆今後の輸出意欲
：無

概要
管理主体：開拓ながさき農業協同組合
代表者：平木 勇 代表理事組合長
所在地：諫早市中通町1672

電話：0957-28-0007
ＦＡＸ：0957-28-0008
ＵＲＬ：－
メールアドレス：－

長 崎 県

長崎ほまれ牛
ながさきほまれぎゅう

品種または 交雑種の交配様式
交雑種 （ホルスタイン種 × 黒毛和種）

飼育管理
出荷月齢 　：25カ月齢平均 指定肥育地 　：長崎県内 飼料の内容 　：－

GI登録・農場HACCP・JGAP
ＧＩ登　録：－ 農場HACCP：－ ＪＧＡＰ：－

販売指定店制度について
指定店制度　：無 販促ツール　：シール

商標登録の有無：有
登録取得年月日：2013 年 11 月 8 日
銘柄規約の有無：無
規約設定年月日：－
規約改定年月日：－

主な流通経路および販売窓口
◆主なと畜場 　：九州のと畜場 ◆主な処理場 　：九州の処理場 ◆格付等級 　：2 等級以上 ◆年間出荷頭数 　：500 頭以上 ◆主要取扱企業 　：食品卸メーカー ◆輸出実績国・地域 　：－ ◆今後の輸出意欲 　：有

特長	●長崎県内の生産者が産地に適した飼養方法で管理をおこなっております。 ●また、専門の畜産技術担当職員が定期巡回を行うことで品質、味ともに高品質の 　水準を保っております。 ●「高品質の牛肉をお求めやすい価格」で提供します。 ●長崎ほまれ牛は適度な霜降りですので、さまざまな料理でお楽しみ下さい。

概要	管　理　主　体　：　全国開拓農業協同組合連合会 代　表　者　：　新津　賀庸 所　在　地　：　東京都千代田区平河町 1-2-10 　　　　　　　　第一生命ビルディング	電　　　　　話：03-6380-8125 Ｆ　Ａ　Ｘ：03-6380-8135 Ｕ　Ｒ　Ｌ：www.zenkairen.or.jp メールアドレス：info@zenkairen.or.jp	

長 崎 県

長崎和牛
ながさきわぎゅう

品種または 交雑種の交配様式
黒毛和種、褐毛和種

飼育管理
出荷月齢 　：28～30カ月齢平均 指定肥育地 　：長崎県内 飼料の内容 　：－

GI登録・農場HACCP・JGAP
ＧＩ登　録：－ 農場HACCP：－ ＪＧＡＰ：－

販売指定店制度について
指定店制度　：有 販促ツール　：シール、のぼり(大 　　　　　　　　小)、ポスター、リ 　　　　　　　　ーフレット、はっ 　　　　　　　　ぴ

商標登録の有無：有
登録取得年月日：2013 年 5 月 2 日
銘柄規約の有無：有
規約設定年月日：1991 年 2 月 18 日
規約改定年月日：2019 年 5 月 29 日

主な流通経路および販売窓口
◆主なと畜場 　：佐世保食肉センター、西宮市食 　　肉センター、九州協同食肉、福岡 　　食肉市場ほか ◆主な処理場 　：同上 ◆格付等級 　：全等級(老廃を除く県内産和牛) ◆年間出荷頭数 　：10,000 頭 ◆主要取扱企業 　：JA 全農ミートフーズ、佐世保食 　　肉センター ◆輸出実績国・地域 　：香港、タイ、米国、シンガポール、 　　ベトナム等 ◆今後の輸出意欲 　：有

特長	●平成 24 年第 10 回全国和牛能力共進会長崎大会において肉牛の部（第 8 区）内閣総理 　大臣賞受賞。 ●平成 29 年第 11 回全国和牛能力共進会宮城大会において第 7 区(肉牛群)特別賞受賞(交 　雑脂肪の形状賞) ●自然と情熱、深い歴史が育んだおいしさの血統、ここに極まる。 ●和牛源流の地と牛肉料理の発祥、質の高い子牛、徹底した血統と成育環境へのこだわり。

概要	管　理　主　体：長崎和牛銘柄推進協議会 （事　務　局） 代　表　者：綾香　直芳　長崎県農林部部長 所　在　地：長崎市尾上町 3-1	電　　　　　話　：095-895-2997 Ｆ　Ａ　Ｘ　：095-895-2592 Ｕ　Ｒ　Ｌ　：nagasakiwagyu-brand.jp メールアドレス　：－	

品種または交雑種の交配様式	熊　本　県	主な流通経路および販売窓口
黒毛和種	あまくさくろうし **天草黒牛**	◆主なと畜場 　：熊本畜産流通センター、福岡市 　　食肉市場 ◆主な処理場 　：－

天草生まれ、天草育ち。
AMAKUSA KUROUSHI
天草黒牛
あまくさくろうし

飼育管理
出荷月齢 　：30カ月齢 指定肥育地 　：天草地域内 飼料の内容 　：子牛の期間は主に天草産の乾牧 　　草や稲わら、飼料用稲など給与

◆格付等級
　：3等級以上
◆年間出荷頭数
　：400頭
◆主要取扱企業
　：－

GI登録・農場HACCP・JGAP
ＧＩ登録：無 農場HACCP：無 ＪＧＡＰ：無

商標登録の有無：無
登録取得年月日：－
銘柄規約の有無：有
規約設定年月日：2012年3月8日
規約改定年月日：2012年6月20日

◆輸出実績国・地域
　：－
◆今後の輸出意欲
　：無

販売指定店制度について	特 長	●天草生まれ、天草育ち。
指定店制度：有 販促ツール：シール、のぼり 　　　　　　（条件付き）		

概要	管　理　主　体　：　天草畜産農業協同組合 代　　表　　者　：　源　義通　代表理事組合長 所　　在　　地　：　天草市佐伊津町682	電　　　　　話　：　0969-22-3189 Ｆ　Ａ　Ｘ　：　0969-22-4015 Ｕ　Ｒ　Ｌ　：　www.amatiku.jp メールアドレス　：　info@amatiku.jp

---

品種または交雑種の交配様式	熊　本　県	主な流通経路および販売窓口
ホルスタイン種	えこめぎゅう **えこめ牛**	◆主なと畜場 　：熊本畜産流通センター、九州協 　　同食肉 ◆主な処理場 　：熊本畜産流通センター、全農ミ 　　ートフーズ九州支社

菊池　えこめ牛
くまもと県産
飼料用米
プロジェクトF88
©2010熊本県くまモン
ＪＡ菊池

飼育管理
出荷月齢 　：20カ月齢平均 指定肥育地 　：菊池地域 飼料の内容 　：菊池地域内で生産した飼料米 　　300kgを給与している

◆格付等級
　：2等級以上
◆年間出荷頭数
　：1,000頭
◆主要取扱企業
　：熊本畜産流通センター、全農ミ
　　ートフーズ九州支社

GI登録・農場HACCP・JGAP
ＧＩ登録：－ 農場HACCP：－ ＪＧＡＰ：－

商標登録の有無：有
登録取得年月日：2011年3月4日
銘柄規約の有無：無
規約設定年月日：－
規約改定年月日：－

◆輸出実績国・地域
　：－
◆今後の輸出意欲
　：無

販売指定店制度について	特 長	●地域内で生産した飼料米を約300kg給与している。
指定店制度：無 販促ツール：シール、のぼり、 　　　　　　リーフレット		

概要	管　理　主　体　：　菊池地域農業協同組合 代　　表　　者　：　三角　修　代表理事組合長 所　　在　　地　：　菊池市旭志川辺1875	電　　　　　話　：　0968-23-3208 Ｆ　Ａ　Ｘ　：　0968-37-2342 Ｕ　Ｒ　Ｌ　：　－ メールアドレス　：　－

熊　本　県

くまもとあかうし
くまもとあか牛

品種または 交雑種の交配様式	
褐毛和種	

飼育管理	
出荷月齢 　：24〜27カ月齢 指定肥育地 　：県内で12カ月以上肥育 　　最長かつ最終飼養地が県内 飼料の内容 　：－	

GI登録・農場HACCP・JGAP	
ＧＩ登　録　：　2018年　9月27日 農場HACCP：　無 ＪＧＡＰ：　無	

販売指定店制度について	
指 定 店 制 度　：　有 販 促 ツ ー ル　：　シール、のぼり、パン 　　　　　　　　　フレット、ポスター	

商標登録の有無：無
登録取得年月日：－
銘柄規約の有無：有
規約設定年月日：2003年　2月20日
規約改定年月日：2021年　11月26日

特長
- 2018年に地理的表示（GI）保護制度に登録されました。
- 赤身が多く適度に脂肪交雑があることから赤身の特長的なあっさりとした味わいが魅力です。
- うまみや肉らしい加熱香気の生成に重要な遊離アミノ酸が多く含まれており、"うまみ"や肉らしさも味わえる。

主な流通経路および販売窓口

- 主なと畜場
　：熊本畜産流通センターほか
- 主な処理場
　：同上
- 格付等級
　：2等級以上
- 年間出荷頭数
　：約3,300頭
- 主要取扱企業
　：－
- 輸出実績国・地域
　：香港、台湾、シンガポール
- 今後の輸出意欲
　：継続実施

概要	管　理　主　体　：　熊本県産牛肉消費拡大推進協議会 代　　表　　者　：　蒲島　郁夫　会長　熊本県知事 所　　在　　地　：　熊本市東区桜木6-3-54 　　　　　　　　　（公社）熊本県畜産協会内	電　　　　　　話　：　096-365-8200 Ｆ　Ａ　Ｘ　：　096-367-9760 Ｕ　Ｒ　Ｌ　：　kumamoto-beef.com メールアドレス　：　－

熊　本　県

くまもとあかうし　あそおう
くまもとあか牛　阿蘇王

品種または 交雑種の交配様式	
褐毛和種	

飼育管理	
出荷月齢 　：25カ月齢平均 指定肥育地 　：熊本県内 飼料の内容 　：－	

GI登録・農場HACCP・JGAP	
ＧＩ登　録：　　　年　　月　　日 農場HACCP： ＪＧＡＰ：	

販売指定店制度について	
指 定 店 制 度　：　無 販 促 ツ ー ル　：　シール、のぼり、 　　　　　　　　　ミニのぼり	

商標登録の有無：有
登録取得年月日：2009年　1月23日
銘柄規約の有無：無
規約設定年月日：－
規約改定年月日：－

特長
- 赤身と脂肪の絶妙なバランスのあか毛和牛。

主な流通経路および販売窓口

- 主なと畜場
　：熊本畜産流通センターほか
- 主な処理場
　：－
- 格付等級
　：2等級以上、B.C.S. №5 以下
- 年間出荷頭数
　：2,000頭
- 主要取扱企業
　：－
- 輸出実績国・地域
　：－
- 今後の輸出意欲
　：無

概要	管 理 主 体　：　熊本県畜産農業協同組合連合会 代　表　者　：　穴見　盛雄　代表理事会長 所　在　地　：　熊本市東区桜木6-3-54	電　　　　　話　：　096-365-8811 Ｆ　Ａ　Ｘ　：　096-369-7712 Ｕ　Ｒ　Ｌ　：　www.akaushi.jp メールアドレス　：　kumatiku@solail.ocn.ne.jp

熊　本　県

くまもとくろげわぎゅう
くまもと黒毛和牛

品種または交雑種の交配様式
黒毛和種

飼育管理
出荷月齢 ：29〜30カ月齢 指定肥育地 ：県内で12カ月以上肥育 　最長かつ最終飼養地が県内 飼料の内容 －

GI登録・農場HACCP・JGAP
ＧＩ登　録：無 農場HACCP：無 ＪＧＡＰ：無

販売指定店制度について
指 定 店 制 度：有 販 促 ツ ー ル：シール、のぼり、パンフレット、ポスター

商標登録の有無：無
登録取得年月日：－
銘柄規約の有無：有
規約設定年月日：2003 年 2 月 20 日
規約改定年月日　2017 年 8 月 8 日

特 長	●生産者の高い肥育技術に支えられた安定した肉質に高い評価をいただいています。 　美しい霜降りと、とろけるような味わいが魅力です。

主な流通経路および販売窓口

◆主なと畜場
：熊本畜産流通センターほか

◆主な処理場
：同上

◆格付等級
：3 等級以上
◆年間出荷頭数
：9,400 頭
◆主要取扱企業
：－
◆輸出実績国・地域
：台湾、香港、アメリカ、シンガポール、マカオ、タイ、カナダ、オーストラリア
◆今後の輸出意欲
：有

概 要	管　理　主　体　：　熊本県産牛肉消費拡大推進協議会 代　　表　　者　：　蒲島 郁夫 会長 熊本県知事 所　　在　　地　：　熊本市東区桜木 6-3-54 　　　　　　　　　（公社）熊本県畜産協会内	電　　　　　話　：　096-367-9760 Ｆ　Ａ　　Ｘ　：　096-331-1018 Ｕ　Ｒ　　Ｌ　：　kumamoto-beef.com メールアドレス　：　－	

熊　本　県

くまもとのあじさいぎゅう
くまもとの味彩牛

品種または交雑種の交配様式
交雑種 （ホルスタイン種 × 黒毛和種）

飼育管理
出荷月齢 ：24〜27カ月齢 指定肥育地 ：県内で12カ月以上肥育 　最長かつ最終飼養地が県内 飼料の内容 ：－

GI登録・農場HACCP・JGAP
ＧＩ登　録：無 農場HACCP：無 ＪＧＡＰ：無

販売指定店制度について
指 定 店 制 度：有 販 促 ツ ー ル：シール、のぼり、パンフレット、ポスター

商標登録の有無：有
登録取得年月日：2003 年 8 月 29 日
銘柄規約の有無：有
規約設定年月日：2003 年 2 月 20 日
規約改定年月日：2021 年 11 月 26 日

特 長	●毎日の食卓に多彩なおいしさ（味わい）を添える牛肉という意味を込めたブランド名です。 ●父に黒毛和種を母にホルスタイン種をもつ交雑種の牛肉。 ●適度な霜降りと柔らかい肉質をリーズナブルな価格で味わえます。

主な流通経路および販売窓口

◆主なと畜場
：熊本畜産流通センターほか

◆主な処理場
：同上

◆格付等級
：B.M.S. No.3 以上、B.C.S. No.4 以下
◆年間出荷頭数
：5,200 頭
◆主要取扱企業
：－

◆輸出実績国・地域
：－

◆今後の輸出意欲
：－

概 要	管　理　主　体　：　熊本県産牛肉消費拡大推進協議会 代　　表　　者　：　蒲島 郁夫 会長 熊本県知事 所　　在　　地　：　熊本市東区桜木 6-3-54 　　　　　　　　　（公社）熊本県畜産協会内	電　　　　　話　：　096-365-8200 Ｆ　Ａ　　Ｘ　：　096-367-9760 Ｕ　Ｒ　　Ｌ　：　kumamoto-beef.com メールアドレス　：　－	

大分県

おおいた豊後牛
おおいたぶんごぎゅう

品種または交雑種の交配様式
黒毛和種

飼育管理
出荷月齢 ：－ 指定肥育地 ：大分県内 飼料の内容 ：－

GI登録・農場HACCP・JGAP
ＧＩ登　録：無 農場HACCP：無 ＪＧＡＰ：無

販売指定店制度について
指定店制度　：有 販促ツール　：シール、のぼり、ミニのぼり、ポスター、パンフレット

商標登録の有無：無
登録取得年月日：－
銘柄規約の有無：有
規約設定年月日：2007 年 12 月 3 日
規約改定年月日：2014 年 5 月 9 日

特長
- 平成 23 年 1 月よりオレイン酸の測定を実施し、30 年 9 月から測定値を公表している。
- 平成 25 年度より「おおいた豊後牛」としてブランドマークなどを刷新し、県域ブランドとして県内を中心に流通。
- 第 11 回全国和牛能力共進会種牛の部で内閣総理大臣賞を受賞。

主な流通経路および販売窓口
- ◆主なと畜場
：大分県畜産公社、大阪市食肉市場、福岡市食肉市場、九州協同食肉ほか
- ◆主な処理場
：同上
- ◆格付等級
：－
- ◆年間出荷頭数
：－
- ◆主要取扱企業
：全農大分県本部、大分県畜産公社、JA 全農ミートフーズほか
- ◆輸出実績国・地域
：米国、タイ、マカオ、台湾ほか
- ◆今後の輸出意欲
：有

概要	管理主体：大分県豊後牛流通促進対策協議会 代表者：梅木 英伸 会長 所在地：大分市大手町 3-1-1 　　　　大分県農林水産部畜産振興課内	電話：080-2794-0076 ＦＡＸ：－ ＵＲＬ：oita-wagyu.jp/bungogyu/ メールアドレス：info@oita-wagyu.jp	

大分県

おおいた和牛
おおいたわぎゅう

品種または交雑種の交配様式
黒毛和種

飼育管理
出荷月齢 ：－ 指定肥育地 ：大分県内 飼料の内容 ：飼料用米またはビールかすの給与

GI登録・農場HACCP・JGAP
ＧＩ登　録：無 農場HACCP：無 ＪＧＡＰ：無

販売指定店制度について
指定店制度　：有 販促ツール　：シール、のぼり、ミニのぼり、ポスター、パンフレット

商標登録の有無：有
登録取得年月日：2018 年 12 月 21 日
銘柄規約の有無：有
規約設定年月日：2018 年 9 月 4 日
規約改定年月日：－

特長
- 「おおいた和牛」は品質の高い豊後牛の中でもおいしさにこだわった農場で育てられた、肉質 4 等級以上のものだけを選んだ逸品。
- 第 11 回全国和牛能力共進会種牛の部で内閣総理大臣賞を受賞するなど、幾度となく日本一に輝いてきた豊後牛、歴史が始まって百年目の節目に「おおいた和牛」が誕生。

主な流通経路および販売窓口
- ◆主なと畜場
：大分県畜産公社、大阪市食肉市場、神戸市食肉市場、福岡市食肉市場、京都食肉市場ほか
- ◆主な処理場
：同上
- ◆格付等級
：4等級以上
- ◆年間出荷頭数
：5,500 頭
- ◆主要取扱企業
：大分県畜産公社、全農大分県本部、JA 全農ミートフーズほか
- ◆輸出実績国・地域
：米国、台湾、香港、タイ、マカオ
- ◆今後の輸出意欲
：有

概要	管理主体：大分県豊後牛流通促進対策協議会 代表者：梅木 英伸 会長 所在地：大分市大手町 3-1-1 　　　　大分県農林水産部畜産振興課内	電話：080-2794-0076 ＦＡＸ：－ ＵＲＬ：oita-wagyu.jp/ メールアドレス：info@oita-wagyu.jp	

大 分 県

ファゼンダ牛
ふぁぜんだぎゅう

品種または交雑種の交配様式
黒毛和種

飼育管理

出荷月齢
　：－
指定肥育地
　：玖珠町
飼料の内容
　：－

GI登録・農場HACCP・JGAP

ＧＩ登録：－
農場HACCP：－
ＪＧＡＰ：－

商標登録の有無：無
登録取得年月日：－
銘柄規約の有無：無
規約設定年月日：－
規約改定年月日：－

販売指定店制度について

指定店制度　：無
販促ツール　：シール、のぼり

主な流通経路および販売窓口

◆主なと畜場
　：大阪市食肉市場、神戸市食肉市場、大分県畜産公社
◆主な処理場
　：同上

◆格付等級
　：－
◆年間出荷頭数
　：1,100頭
◆主要卸売企業
　：大阪市食肉市場、神戸中央畜産荷受、大分県畜産公社
◆輸出実績国・地域
　：－

◆今後の輸出意欲
　：有

特長
●豊後牛の生産地として名高い大分県玖珠町で、和牛本来の「きめ」「しまり」を重視した但馬色の強い素牛を厳選のうえ導入し、独自の飼料と飼育法によって、耶馬日田英彦山国定公園にある広大な肥育場「ファゼンダ・グランデ」において、約2年間丁寧に肥育し、出荷前の厳格な基準をクリアした牛だけに与えられる新たなブランド牛である。

概要

管理主体	：㈲ファゼンダ・グランデ	電話	：0973-73-4505
代表者	：川藤 博紀 代表	ＦＡＸ	：0973-73-4506
所在地	：玖珠郡玖珠町日出生1699-44	ＵＲＬ	：－
		メールアドレス	：－

大 分 県

豊後湯布院牛
ぶんごゆふいんぎゅう

品種または交雑種の交配様式
黒毛和種

飼育管理

出荷月齢
　：29カ月齢平均
指定肥育地
　：湯布院町
飼料の内容
　：－

GI登録・農場HACCP・JGAP

ＧＩ登録：－
農場HACCP：2016年3月30日
　　　　ゆふいん牧場　都野農場
ＪＧＡＰ：－

商標登録の有無：有
登録取得年月日：－
銘柄規約の有無：有
規約設定年月日：－
規約改定年月日：－

販売指定店制度について

指定店制度　：無
販促ツール　：のぼり

主な流通経路および販売窓口

◆主なと畜場
　：大分県畜産公社

◆主な処理場
　：まるひで

◆格付等級
　：4等級以上
◆年間出荷頭数
　：約120頭
◆主要取扱企業
　：まるひで

◆輸出実績国・地域
　：香港、米国

◆今後の輸出意欲
　：無

特長
●自然豊かな由布市で生まれ育った湯布院牛。
●安心安全なおいしさをお届けします。

概要

管理主体	：まるひで	電話	：097-524-3711
代表者	：小野 秀幸 代表取締役	ＦＡＸ	：097-524-3712
所在地	：大分市大分流通業務団地1-3-6	ＵＲＬ	：－
		メールアドレス	：gift@maruhide.info

宮崎県・鹿児島県

あやめ牛
（あやめぎゅう）

品種または交雑種の交配様式	
交雑種 （ホルスタイン種 × 黒毛和種）	

飼育管理	
出荷月齢 ：25カ月齢前後	
指定肥育地 ：－	
飼料の内容 ：良質な植物性タンパク質を含む約18品種の原料からつくられたバランスのとれた独自配合飼料を給与	

GI登録・農場HACCP・JGAP	
GI登録：無	
農場HACCP：無	
JGAP：無	

販売指定店制度について	
指定店制度：無	
販促ツール：有	

商標登録の有無：無
登録取得年月日：－
銘柄規約の有無：無
規約設定年月日：－
規約改定年月日：－

特長
●あやめグループ独自に配合した13品目の穀物を給餌しきなこを与え、味や風味にこだわっています。

主な流通経路および販売窓口
- ◆主なと畜場
  ：阿久根食肉流通センター、南さつま食肉流通センター
- ◆主な処理場
  ：スターゼンミートプロセッサー阿久根工場、同 加世田工場
- ◆格付等級
  ：－
- ◆年間出荷頭数
  ：約800頭
- ◆主要取扱企業
  ：スターゼン
- ◆輸出実績国・地域
  ：シンガポール、台湾、タイ、香港、アメリカ等
- ◆今後の輸出意欲
  ：有

概要		
管理主体：あやめグループ	電話：0986-21-5599	
代表者：土持 幸男	FAX：0986-21-5598	
所在地：都城市	URL：－	
	メールアドレス：－	

宮崎県

霧峰牛
（きりみねぎゅう）

品種または交雑種の交配様式	
交雑種 （ホルスタイン種 × 黒毛和種）	

飼育管理	
出荷月齢 ：27カ月齢平均	
指定肥育地 ：宮崎県内	
飼料の内容 ：－	

GI登録・農場HACCP・JGAP	
GI登録：無	
農場HACCP：無	
JGAP：無	

販売指定店制度について	
指定店制度：無	
販促ツール：有	

商標登録の有無：有
登録取得年月日：2015年 3 月13日
銘柄規約の有無：有
規約設定年月日：2014年 7 月30日
規約改定年月日：－

特長
●宮崎県内の協力農場で肥育し、衛生管理された工場でと畜・食肉処理された「安全・安心」な牛肉です。

主な流通経路および販売窓口
- ◆主なと畜場
  ：サンキョーミート
- ◆主な処理場
  ：同上
- ◆格付等級
  ：－
- ◆年間出荷頭数
  ：2,200頭
- ◆主要取扱企業
  ：伊藤ハム
- ◆輸出実績国・地域
  ：－
- ◆今後の輸出意欲
  ：有

概要		
管理主体：Jファーム宮崎グループ	電話：0984-25-6808	
代表者：原屋敷 昭治	FAX：0984-25-6818	
所在地：小林市細野 5470-1218	URL：－	
	メールアドレス：－	

宮　崎　県

みつば牛
（みつばぎゅう）

品種または交雑種の交配様式	
交雑種（ホルスタイン種雌 × 黒毛和種雄）	

飼育管理	
出荷月齢	：25カ月齢前後
指定肥育地	：宮崎県内
飼料の内容	：宮崎三ッ葉畜産オリジナル配合飼料

GI登録・農場HACCP・JGAP	
GI登　録：無	
農場HACCP：無	
JGAP：無	

販売指定店制度について	
指定店制度：無	
販促ツール：トレーシール、ミニのぼり	

商標登録の有無：無
登録取得年月日：－
銘柄規約の有無：無
規約設定年月日：－
規約改定年月日：－

特長
● ワインかす、米ぬかを与える事によりビタミンE、オレイン酸の含有量が高い。

主な流通経路および販売窓口
- ◆ 主なと畜場
  ：阿久根流通センター、ミヤチク都農工場
- ◆ 主な処理場
  ：スターゼンミートプロセッサー　阿久根工場、ミヤチク　都農工場
- ◆ 格付等級
  ：－
- ◆ 年間出荷頭数
  ：約 1,600 頭
- ◆ 主要卸売企業
  ：スターゼン
- ◆ 輸出実績国・地域
  ：－
- ◆ 今後の輸出意欲
  ：－

概要	管 理 主 体	：㈱宮崎三ッ葉畜産	電　　　話	：0983-44-4790
	代 表 者	：川西　信雄	F A X	：0983-44-4790
	所 在 地	：西都市大字上三財 5250	U R L	：－
			メールアドレス	：－

宮　崎　県

宮崎牛
（みやざきぎゅう）

THE CHAMPION BRAND 2007・2012・2017
宮崎牛
MIYAZAKI-WAGYU
より良き宮崎牛づくり対策協議会
JAPAN GEOGRAPHICAL INDICATION
日本地理的表示 GI
黒毛水産大臣登録第55号

品種または交雑種の交配様式	
黒毛和種	

飼育管理	
出荷月齢	：30カ月齢平均
指定肥育地	：県内生まれ、県内育ち
飼料の内容	：－

GI登録・農場HACCP・JGAP	
GI登　録：2017 年 12 月 15 日	
農場HACCP：一部農場	
JGAP：一部農場	

販売指定店制度について	
指定店制度：有	
販促ツール：条件付きで有り	

商標登録の有無：有
登録取得年月日：2006 年 4 月 3 日
銘柄規約の有無：有
規約設定年月日：1986 年 7 月 6 日
規約改定年月日：2017 年 4 月 1 日

特長
● 宮崎牛は、長年に渡る改良により選抜された優秀な血統の黒毛和種を飼育したものです。
● 第 12 回全国和牛能力共進会において 4 大会連続内閣総理大臣賞を受賞しました。
● 風味豊かでとろけるような軟らかさとうまさが口の中に広がります。
● 地域団体商標 5028588 号

主な流通経路および販売窓口
- ◆ 主なと畜場
  ：ミヤチクほか
- ◆ 主な処理場
  ：同上
- ◆ 格付等級
  ：4 等級以上
- ◆ 年間出荷頭数
  ：21,500 頭
- ◆ 主要取扱企業
  ：ミヤチクほか
- ◆ 輸出実績国・地域
  ：アメリカ、香港、シンガポール、マカオ、タイ、カナダ、台湾、フィリピン、イギリス、EU ほか
- ◆ 今後の輸出意欲
  ：有

概要	管 理 主 体	：より良き宮崎牛づくり対策協議会	電　　　話	：0985-31-2130
	代 表 者	：坂下　栄次　会長	F A X	：0985-31-5765
	所 在 地	：宮崎市霧島 1-1-1	U R L	：www.miyazakigyu.jp
			メールアドレス	：－

宮崎県

みやざきハーブ牛
（みやざきはーぶぎゅう）

みやざきハーブ牛

品種または交雑種の交配様式
黒毛和種、交雑種

飼育管理

出荷月齢
：黒毛和種：約29カ月齢
交雑種：約25カ月齢
指定肥育地
：宮崎県
飼料の内容
：4種類のハーブとビタミンEを含む専用飼料

GI登録・農場HACCP・JGAP

ＧＩ登　録：無
農場HACCP：無
ＪＧＡＰ：無

販売指定店制度について

指定店制度：黒毛和種：有
　　　　　　交雑種：無
販促ツール：有

商標登録の有無：有
登録取得年月日：2020年 1 月 7 日
銘柄規約の有無：有
規約設定年月日：2011年 1 月24日
規約改定年月日：—

主な流通経路および販売窓口

◆主なと畜場
：延岡市食肉センター

◆主な処理場
：同上
◆格付等級
：黒毛和種：3 等級以上
交雑種：2 等級以上
◆年間出荷頭数
黒毛和種：960 頭
交雑種：1,800 頭
◆主要取扱企業
：—

◆輸出実績国・地域
：—

◆今後の輸出意欲
：有

特長

● 統一されたハーブ飼料で宮崎県内で肥育された牛。
● 口どけのよい脂肪質とアクの出にくい牛肉。

概要

管理主体	：宮崎県乳用牛肥育事業農業協同組合
代表者	：黒岩 優
所在地	：宮崎市昭栄町53

電　　話：0985-26-2324
ＦＡＸ：0985-23-7351
ＵＲＬ：www.herb-beef.jp
メールアドレス：—

鹿児島県

指宿牛
（いぶすきぎゅう）

指宿牛 IBUSUKIGYU

品種または交雑種の交配様式
黒毛和種

飼育管理

出荷月齢
：28カ月齢前後
指定肥育地
：指宿市
飼料の内容
：多種多様な原料を使用した自家配合飼料

GI登録・農場HACCP・JGAP

ＧＩ登　録：無
農場HACCP：無
ＪＧＡＰ：無

販売指定店制度について

指定店制度：無
販促ツール：販促シール

商標登録の有無：有
登録取得年月日：2016年 12 月 9 日
銘柄規約の有無：有
規約設定年月日：2018年 12 月 1 日
規約改定年月日　—

主な流通経路および販売窓口

◆主なと畜場
：阿久根食肉流通センター、南さつま食肉流通センター
◆主な処理場
：スターゼンミートプロセッサー阿久根工場・加世田工場
◆格付等級
：4 等級以上
◆年間出荷頭数
：約 700 頭
◆主要取扱企業
：スターゼン

◆輸出実績国・地域
：香港、台湾、シンガポール、アメリカ、EU 等
◆今後の輸出意欲
：有

特長

● 鹿児島県生まれの素牛を指宿市内で肥育。
● 約 16 種類の多種多様な原料を使用した配合飼料とリサイクル発酵飼料を与え、赤身のおいしい牛を目ざして肥育しています。

概要

管理主体	：水迫畜産グループ
代表者	：水迫 政治
所在地	：指宿市東方 10808-10

電　　話：0993-24-3738
ＦＡＸ：0993-24-5305
ＵＲＬ：—
メールアドレス：—

鹿児島県
おごじょさくら牛
（おごじょさくらぎゅう）

品種または 交雑種の交配様式		主な流通経路および販売窓口
黒毛和種 全国の優良血統和牛	商標登録の有無：有 登録取得年月日：2016 年 8 月 5 日 銘柄規約の有無：－ 規約設定年月日：－ 規約改定年月日：－	◆主なと畜場 　：ＪＡ食肉かごしま

飼育管理
出荷月齢 　：28カ月齢以上 指定肥育地 　：小川農場 飼料の内容 　：特定配合飼料「小川ビーフ」に 　限定

◆主な処理場
　：同上

◆格付等級
　：－
◆年間出荷頭数
　：1,200 頭
◆主要取扱企業
　：ＪＡ食肉かごしま
　南州農場
◆輸出実績国・地域
　：無

◆今後の輸出意欲
　：無

GI登録・農場HACCP・JGAP
ＧＩ登　録：－ 農場HACCP：－ ＪＧＡＰ：－

販売指定店制度について
指定店制度：無 販促ツール：無

特長
- 黒毛和種の雌牛のみに限定して肥育。
- 市場評価が必ずしも高くない血統の子牛でも高級和牛に仕上げる肥育技術を蓄積している。

概要

管理主体：株式会社小川農場	電　　話：0993-34-0637
代表者：小川　貴之　代表取締役	ＦＡＸ：0993-35-3222
所在地：指宿市山川小川 3283-1	ＵＲＬ：ogawa500.sakura.ne.jp メールアドレス：－

鹿児島県
小田牛
（おだぎゅう）

品種または 交雑種の交配様式		主な流通経路および販売窓口
黒毛和種	商標登録の有無：有 登録取得年月日：2014 年 9 月 5 日 銘柄規約の有無：無 規約設定年月日：－ 規約改定年月日：－	◆主なと畜場 　：ナンチク、ＪＡ食肉かごしま、サンキョーミート

飼育管理
出荷月齢 　：28カ月齢平均 指定肥育地 　：鹿児島、南九州・南さつま農場 飼料の内容 　：小田ブレンド（精白米、大麦を含 　む12種類）

◆主な処理場
　：同上

◆格付等級
　：A3、A4、A5 等級
◆年間出荷頭数
　：約 2,500 頭
◆主要取扱企業
　：ナンチク、ＪＡ食肉かごしま、サンキョーミート
◆輸出実績国・地域
　：香港、台湾ほか

◆今後の輸出意欲
　：有

GI登録・農場HACCP・JGAP
ＧＩ登　録：無 農場HACCP：無 ＪＧＡＰ：無

販売指定店制度について
指定店制度：有 販促ツール：シール、のぼり

特長
- 「小田牛」とは、小田健一が1973年就農の鹿児島産黒毛和牛専門農場「小田牧場」で独自の配合飼料を使い育てた、生産者によるプレミアムブランド牛です。
- 私どもの考える「おいしい肉」とは口どけが良く、しつこさを感じない、風味豊かに感じることができる「味のある牛肉」だと就農以来ずっと考えています。

概要

管理主体：㈲小田畜産	電　　話：0993-52-8829
代表者：小田　健一	ＦＡＸ：0993-76-6400
所在地：南さつま市加世田益山 5489-3	ＵＲＬ：www.odagyu.com メールアドレス：info@odagyu.com

鹿 児 島 県

鹿児島黒牛
かごしまくろうし

品種または交雑種の交配様式
黒毛和種

飼育管理
出荷月齢 ：約28〜30カ月齢 指定肥育地 ：鹿児島県内 飼料の内容 ：－

GI登録・農場HACCP・JGAP
GI登　録： 2017 年 12 月 15 日 農場HACCP：無 JGAP：無

商標登録の有無：有
登録取得年月日：－
銘柄規約の有無：有
規約設定年月日：－
規約改定年月日：－

主な流通経路および販売窓口
◆主なと畜場 ：JA 食肉かごしま、ナンチク、京都市食肉市場、大阪市食肉市場 ◆主な処理場 ：同上

◆格付等級
：－
◆年間出荷頭数
：24,000 頭
◆主要取扱企業
：JA 食肉かごしま、ナンチク

◆輸出実績国・地域
：香港、アメリカ、シンガポール、タイ、マカオ、ニュージーランド、フィリピン、メキシコ、カナダ、台湾
◆今後の輸出意欲
：－

販売指定店制度について
指定店制度：有 販促ツール：有

特長
●日本一の和牛産地鹿児島で、生産者が大切に育てました。きめ細やかな柔らかい肉質と、バランスの良い霜降り肉のうまさは、年月をかけて造られた鹿児島黒牛の特徴です。

概要	管理主体：鹿児島黒牛黒豚銘柄販売促進協議会	電　　話：099-258-5411
	代表者：柚木　弘文	FAX：099-257-4197
	所在地：鹿児島市鴨池新町 15	URL：www.kagoshima-kuro-ushi-buta.com
		メールアドレス：info@kagoshima-kuro-ushi-buta.com

鹿 児 島 県

薩 州 牛
さっしゅうぎゅう

品種または交雑種の交配様式
交雑種 （ホルスタイン種 × 黒毛和種）

飼育管理
出荷月齢 ：－ 指定肥育地 ：鹿児島県内 飼料の内容 ：加熱大豆等を含む独自の指定配合飼料を給与

GI登録・農場HACCP・JGAP
GI登　録：無 農場HACCP：無 JGAP：無

商標登録の有無：無
登録取得年月日：－
銘柄規約の有無：有
規約設定年月日：2008 年 5 月 1 日
規約改定年月日：－

主な流通経路および販売窓口
◆主なと畜場 ：阿久根食肉流通センター、南さつま食肉流通センター ◆主な処理場 ：スターゼンミートプロセッサー阿久根工場、同加世田工場

◆格付等級
：－
◆年間出荷頭数
：約 1,400 頭
◆主要取扱企業
：スターゼンミートプロセッサー阿久根工場、同加世田工場
◆輸出実績国・地域
：シンガポール、タイ、台湾、香港アメリカなど
◆今後の輸出意欲
：有

販売指定店制度について
指定店制度：無 販促ツール：シール、のぼり、はっぴ

特長
●加熱大豆等を含んだ指定配合飼料を与え、口当たりの良いおいしい牛肉です。

概要	管理主体：薩州牛銘柄協議会	電　　話：099-812-8080
	代表者：肥後　良明　会長	FAX：099-812-8090
	所在地：鹿児島市上荒田町 22-3	URL：－
		メールアドレス：－

鹿児島県 薩摩牛（さつまぎゅう）

品種または交雑種の交配様式	
黒毛和種	

飼育管理	
出荷月齢	： 28〜29カ月齢前後
指定肥育地	：鹿児島県内
飼料の内容	：牛の月齢に応じて餌の量が決められており、自社で生産されたTMRや配合飼料、乾草を与えている

GI登録・農場HACCP・JGAP	
GI登録：「無」 カミチクファーム金峰農場ではISO22000、カミチクファーム加世田農場ではSQFを取得済	

販売指定店制度について	
指定店制度 ： 無	
販促ツール ： 販促シール、ポスター、のぼり、棚帯、パネルなど	

商標登録の有無：有
登録取得年月日：2013 年 6 月 21 日
銘柄規約の有無：有
規約設定年月日：2013 年 6 月 21 日
規約改定年月日 ―

主な流通経路および販売窓口
◆主なと畜場 ：鹿児島食肉センター
◆主な処理場 ：同上
◆格付等級 ：4 等級以上
◆年間出荷頭数 ：4,834 頭（2021 年）、5,246 頭（2022 年）
◆主要取扱企業 ：ピースマイルプロジェクト、ケイファーマーズ、PGF ASIA COMPANY LIMITED
◆輸出実績国・地域 ：タイ、マカオ、ベトナム、香港、イタリア、スペイン、台湾、アメリカ、インドネシア、マレーシア、ドバイ、シンガポール、カンボジア、フィリピン
◆今後の輸出意欲 ：有

特長
- 品評会の歴代受賞者から選抜された、鹿児島県内の生産者が育てた 4 等級以上の鹿児島県産黒毛和牛です。
- 牛のもっている能力をすべて引き出す牛飼い名人の技と牛への深い愛情が「薩摩牛」をつくり上げます。

概要

管理主体	㈱カミチク	電話 ：099-268-5296
代表者	山下 大三 代表取締役社長	FAX ：099-260-4923
所在地	鹿児島市上福元町 6921-1	URL ：www.kamichiku.co.jp/
		メールアドレス ：―

鹿児島県 薩摩黒牛（さつまくろうし）

品種または交雑種の交配様式	
黒毛和種	

飼育管理	
出荷月齢	：約28〜32カ月齢
指定肥育地	：鹿児島県内
飼料の内容	：―

GI登録・農場HACCP・JGAP	
GI 登録：無	
農場HACCP： 2016 年 8 月 22 日	
JGAP： 2018 年 12 月 27 日	

販売指定店制度について	
指定店制度 ： 無	
販促ツール ： 有	

商標登録の有無：無
登録取得年月日：―
銘柄規約の有無：有
規約設定年月日：―
規約改定年月日：―

主な流通経路および販売窓口
◆主なと畜場 ：サンキョーミート
◆主な処理場 ：同上
◆格付等級 ：AB・3 等級以上
◆年間出荷頭数 ：4,000 頭
◆主要取扱企業 ：伊藤ハム
◆輸出実績国・地域 ：―
◆今後の輸出意欲 ：有

特長
- 鹿児島県内の広々とした風通しの良い環境で、1 頭 1 頭丹精込めて肥育された和牛肉です。

概要

管理主体	みらいファーム㈱ほか	電話 ：0994-62-3848
代表者	塩崎 晃	FAX ：0994-62-3847
所在地	鹿屋市串良町細山田 2175-2	URL ：―
		メールアドレス ：―

鹿児島県

さつまにしきぎゅう
薩摩錦牛

品種または交雑種の交配様式
黒毛和種

飼育管理
出荷月齢 ：28〜30カ月齢平均 指定肥育地 ：鹿児島県内 飼料の内容 ：－

GI登録・農場HACCP・JGAP
ＧＩ登　録：無 農場HACCP：2016 年 8 月 22 日 ＪＧＡＰ：2018 年 12 月 27 日

販売指定店制度について
指定店制度：無 販促ツール：有

商標登録の有無：有
登録取得年月日：2014 年 8 月 22 日
銘柄規約の有無：有
規約設定年月日：2014 年 1 月 16 日
規約改定年月日：－

主な流通経路および販売窓口

◆ 主なと畜場
：サンキョーミート

◆ 主な処理場
：同上

◆ 格付等級
：4 等級以上
◆ 年間出荷頭数
：5,000 頭
◆ 主要取扱企業
：伊藤ハム

◆ 輸出実績国・地域
：－

◆ 今後の輸出意欲
：有

特長
- 鹿児島県内の協力農場で肥育し、衛生管理された工場でと畜・食肉処理された「安全・安心」な牛肉です。
- 肉質4等級以上の黒毛和種にこだわりました。

概要	管 理 主 体：みらいファーム㈱ほか 代 表 者：塩崎 晃 所 在 地：志布志市有明町伊崎田 1262-12	電　　　　話：0994-62-3848 Ｆ　Ａ　Ｘ：0994-62-3847 Ｕ　Ｒ　Ｌ：－ メールアドレス：－

鹿児島県

さつまびーふ
さつまビーフ

品種または交雑種の交配様式
黒毛和種

飼育管理
出荷月齢 ：28カ月齢前後 指定肥育地 ：鹿児島県内 飼料の内容 ：多種多様な原料を使用した自家配合飼料

GI登録・農場HACCP・JGAP
ＧＩ登　録：無 農場HACCP：無 ＪＧＡＰ：無

販売指定店制度について
指定店制度：無 販促ツール：のぼり、ポスター、シールなど

商標登録の有無：有
登録取得年月日：2009 年 12 月 25 日
銘柄規約の有無：有
規約設定年月日：2009 年 3 月 1 日
規約改定年月日：2012 年 8 月 20 日

主な流通経路および販売窓口

◆ 主なと畜場
：阿久根食肉流通センター、南さつま食肉流通センター
◆ 主な処理場
：スターゼンミートプロセッサー阿久根工場、同加世田工場
◆ 格付等級
：－
◆ 年間出荷頭数
：約 8,000 頭
◆ 主要取扱企業
：スターゼングループ

◆ 輸出実績国・地域
：香港、台湾、シンガポール、アメリカ、EU、メキシコ等
◆ 今後の輸出意欲
：有

特長
- 約 16 種類の多種多様な原料を使用した配合飼料とリサイクル発酵飼料を与え、赤身のおいしい牛を目ざして肥育しています。

概要	管 理 主 体：水迫畜産グループ 代 表 者：水迫 政治 所 在 地：指宿市東方 10808-10	電　　　　話：0993-24-3738 Ｆ　Ａ　Ｘ：0993-24-5305 Ｕ　Ｒ　Ｌ：－ メールアドレス：－

鹿児島県
薩摩和牛
さつまわぎゅう

品種または交雑種の交配様式
黒毛和種
気高系、但馬系、栄系、糸系

飼育管理
出荷月齢 ：27カ月齢以上 指定肥育地 ：鹿児島県内 飼料の内容 ：－

GI登録・農場HACCP・JGAP
GI登録：－ 農場HACCP：－ JGAP：－

販売指定店制度について
指定店制度：無 販促ツール：－

商標登録の有無：有
登録取得年月日：2014年2月7日
銘柄規約の有無：有
規約設定年月日：2014年2月7日
規約改定年月日：－

主な流通経路および販売窓口

- ◆ 主なと畜場
  ：サンキョーミート、JA食肉かごしま
- ◆ 主な処理場
  ：同上
- ◆ 格付等級
  ：－
- ◆ 年間出荷頭数
  ：200頭
- ◆ 主要取扱企業
  ：JA食肉かごしま、サンキョーミート
- ◆ 輸出実績国・地域
  ：－
- ◆ 今後の輸出意欲
  ：有

特長	● 鹿児島県内の子牛市場より導入された、鹿児島県生まれの子牛を肥育。

概要	管理主体：㈲坂元種畜場	電話：0994-42-3045
	代表者：高木 千波	FAX：0994-42-4755
		URL：－
	所在地：鹿屋市下祓川町1707	メールアドレス：－

鹿児島県
曽於さくら牛
そおさくらぎゅう

品種または交雑種の交配様式
黒毛和種

飼育管理
出荷月齢 ：28～30カ月齢平均 指定肥育地 ：JAそお鹿児島 飼料の内容 ：そお肥育さくら、そお黒牛さくら

GI登録・農場HACCP・JGAP
GI登録：－ 農場HACCP：－ JGAP：－

販売指定店制度について
指定店制度：無 販促ツール：ポスター、シール、のぼり、ミニのぼり、横幕

商標登録の有無：有
登録取得年月日：2010年3月12日
銘柄規約の有無：有
規約設定年月日：2010年3月12日
規約改定年月日：－

主な流通経路および販売窓口

- ◆ 主なと畜場
  ：ナンチク
- ◆ 主な処理場
  ：福永産業
- ◆ 格付等級
  ：4等級以上
- ◆ 年間出荷頭数
  ：500頭
- ◆ 主要取扱企業
  ：－
- ◆ 輸出実績国・地域
  ：－
- ◆ 今後の輸出意欲
  ：有

特長	● 日本最大級の和牛生産地帯、鹿児島県の曽於（そお）で育てられた枝肉規格4等級以上の牛である。 ● 徹底的にこだわり抜かれた「飼料」・「素牛」・「水」・「環境」が育んだ、その牛肉の肉質、肉色はまさに桜を連想させる。

概要	管理主体：㈱福永産業	電話：093-293-2299
	代表者：福永 真二	FAX：093-293-2255
		URL：www.fukunaga-brand.co.jp
	所在地：福岡県遠賀郡遠賀町広渡2434	メールアドレス：info@fukunaga-brand.co.jp

鹿児島県

南州黒牛
なんしゅうくろうし

品種または 交雑種の交配様式	主な流通経路および販売窓口

品種または交雑種の交配様式

黒毛和種
但馬系を重視

飼育管理

出荷月齢
：28カ月齢以上
指定肥育地
：繁殖＝南大隅町の野尻野牧場
　肥育＝錦江町の田代農場
飼料の内容
：独自に設計した配合飼料

GI登録・農場HACCP・JGAP

ＧＩ登録：無
農場HACCP：無
ＪＧＡＰ：無

販売指定店制度について

指定店制度：無
販促ツール：ポスター、シール、のぼり

商標登録の有無：－
登録取得年月日：－
銘柄規約の有無：有
規約設定年月日：－
規約改定年月日：－

主な流通経路および販売窓口

◆主なと畜場
：ＪＡ食肉かごしま
その他食肉センター
◆主な処理場
：同上

◆格付等級
：－
◆年間出荷頭数
：350頭
◆主要取扱企業
：南州農場

◆輸出実績国・地域
：無

◆今後の輸出意欲
：有

特長
●九州最南端に位置する自然環境に恵まれた農場で、気候・風土に合わせた独自の肥育方法で育てている。
●但馬系黒毛和種の繁殖雌牛420頭を有する一貫体制で安全性と高肉質を確保している。
●肉質4等級以上の出現率が8割を超す実績を維持している。

概要
管理主体：南州ファーム株式会社
代表者：本田　晴花　代表取締役社長
所在地：肝属郡南大隅町佐多伊座敷5950
電話：0994-65-3161
ＦＡＸ：0994-65-3162
ＵＲＬ：www.nanshunojo.or.jp
メールアドレス：－

鹿児島県

のざき牛
のざきぎゅう

品種または交雑種の交配様式

黒毛和種

飼育管理

出荷月齢
：28～30カ月齢
指定肥育地
：－
飼料の内容
：－

GI登録・農場HACCP・JGAP

ＧＩ登録：－
農場HACCP：－
ＪＧＡＰ：－

販売指定店制度について

指定店制度：無
販促ツール：のぼり、シール、ポスター、リーフ

商標登録の有無：無
登録取得年月日：－
銘柄規約の有無：有
規約設定年月日：－
規約改定年月日：－

主な流通経路および販売窓口

◆主なと畜場
：東京都食肉市場、鹿児島食肉センター、福岡市食肉市場、ナンチク、和牛マスター、アグリス・ワン
◆主な処理場
：東京都食肉市場、鹿児島食肉センター、カミチク、ナンチク、福岡市食肉市場、アグリス・ワン、和牛マスター
◆格付等級
：ＡＢ・4等級以上
◆年間出荷頭数
：3,200頭
◆主要取扱企業
：エスフーズ、カミチク
◆輸出実績国・地域
：香港、カナダ、アメリカ、シンガポール、ＥＵ
◆今後の輸出意欲
：有

特長
●全国肉用牛枝肉共励会で去勢牛名誉賞、雌最優秀賞を獲得。
●品質において高い評価を受けている。

概要
管理主体：野﨑グループ
代表者：野﨑　喜久雄
所在地：薩摩川内市御陵下町7-47
電話：0996-29-2723
ＦＡＸ：0996-29-2722
ＵＲＬ：nozaki-farm.jp
メールアドレス：f-nozaki@muse.ocn.ne.jp

鹿児島県

華鶴和牛
（はなつるわぎゅう）

品種または交雑種の交配様式	
黒毛種	

飼育管理	
出荷月齢	：27カ月齢以上
指定肥育地	：ＪＡいずみ管内
飼料の内容	：－

GI登録・農場HACCP・JGAP	
ＧＩ登録	：無
農場HACCP	：無
ＪＧＡＰ	：無

販売指定店制度について	
指定店制度	：有
販促ツール	：有

商標登録の有無：有
登録取得年月日：2006年 6 月
銘柄規約の有無：有
規約設定年月日：2005年 10 月
規約改定年月日：2014年 5 月

主な流通経路および販売窓口

- ◆ 主なと畜場
  ：阿久根食肉流通センター
- ◆ 主な処理場
  ：スターゼンミートプロセッサー阿久根工場
- ◆ 格付等級
  ：4 等級以上
- ◆ 年間出荷頭数
  ：約 250 頭
- ◆ 主要取扱企業
  ：スターゼン
- ◆ 輸出実績国・地域
  ：アメリカ、台湾、香港ほか
- ◆ 今後の輸出意欲
  ：有

特長　● 鶴の渡来する自然豊かな気候で飼育され、肉質、脂質、肉つきの良い牛肉です。

概要

管理主体	：JA鹿児島いずみ銘柄牛推進協議会	電話	：0996-64-2640
代表者	：上 宗光 代表理事組合長	ＦＡＸ	：0996-64-2643
所在地	：出水市高尾野町下水流 890	ＵＲＬ	：－
		メールアドレス	：－

鹿児島県

南さつま和牛
（みなみさつまわぎゅう）

品種または交雑種の交配様式	
黒毛和種	

飼育管理	
出荷月齢	：30カ月前後
指定肥育地	：南さつま市
飼料の内容	：指定委託配合飼料

GI登録・農場HACCP・JGAP	
ＧＩ登録	：無
農場HACCP	：無
ＪＧＡＰ	：無

販売指定店制度について	
指定店制度	：無
販促ツール	：－

商標登録の有無：有
登録取得年月日：2018年 8 月 24 日
銘柄規約の有無：無
規約設定年月日：－
規約改定年月日：－

主な流通経路および販売窓口

- ◆ 主なと畜場
  ：南さつま食肉流通センター
- ◆ 主な処理場
  ：スターゼンミートプロセッサー
  ・加世田工場
- ◆ 格付等級
  ：－
- ◆ 年間出荷頭数
  ：約 600 頭
- ◆ 主要取扱企業
  ：スターゼン
- ◆ 輸出実績国・地域
  ：－
- ◆ 今後の輸出意欲
  ：有

特長　● 肥育期間において、独自の指定配合飼料を給仕し、健康な牛づくりをモットーに、安心で安全な牛の生産に努めています。

概要

管理主体	：㈲ウトファーム	電話	：0993-53-3740
代表者	：宇都 輪太郎	ＦＡＸ	：0993-53-3740
所在地	：南さつま市加世田川畑 6421	ＵＲＬ	：－
		メールアドレス	：－

鹿児島県 宮路牛（みやじぎゅう）

品種または交雑種の交配様式
黒毛和種

飼育管理

出荷月齢
：28カ月齢以上
指定肥育地
：－
飼料の内容
：指定配合飼料

GI登録・農場HACCP・JGAP

GI登録：未定
農場HACCP：未定
JGAP：未定

販売指定店制度について

指定店制度：無
販促ツール：シール、のぼり

商標登録の有無：無
登録取得年月日：－
銘柄規約の有無：無
規約設定年月日：－
規約改定年月日：－

主な流通経路および販売窓口

◆主なと畜場
：カミチク、大阪市食肉市場、名古屋市食肉市場、和牛マスターなど
◆主な処理場
：－
◆格付等級
：－
◆年間出荷頭数
：1,200頭
◆主要取扱企業
：－
◆輸出実績国・地域
：無
◆今後の輸出意欲
：－

特長
●自社独自の指定配合飼料を与え、自然豊かな環境の中、赤身のおいしさのみならず、脂のおいしさにもこだわり、丹精込めて育てた黒毛和牛です。

概要

管理主体：㈲宮路畜産センター ㈱宮路K畜産	電話：0993-76-3576
代表者：宮路 孝蔵 代表取締役社長	FAX：0993-76-3586 URL：www.k-cowboy.com
所在地：枕崎市板敷西町363-23	メールアドレス：YM@k-cowboy.com

鹿児島県 宮下牧場 薩摩和牛（みやしたぼくじょう さつまわぎゅう）

品種または交雑種の交配様式
黒毛和種

飼育管理

出荷月齢
：26カ月齢以上
指定肥育地
：鹿児島県日置市伊集院町・ミヤボク宮下牧場
飼料の内容
：－

GI登録・農場HACCP・JGAP

GI登録：－
農場HACCP：－
JGAP：－

販売指定店制度について

指定店制度：有
販促ツール：シール、のぼり

商標登録の有無：無
登録取得年月日：－
銘柄規約の有無：有
規約設定年月日：2000年1月
規約改定年月日：－

主な流通経路および販売窓口

◆主なと畜場
：JA食肉かごしま南薩工場
◆主な処理場
：同上
◆格付等級
：4等級以上
◆年間出荷頭数
：100頭
◆主要取扱企業
：さつま屋産業
◆輸出実績国・地域
：－
◆今後の輸出意欲
：有

特長
●2022年第12回全国和牛能力共進会鹿児島大会、第3区若雌の2部において全国2位。
●繁殖からの一貫生産。

概要

管理主体：㈱さつま屋産業	電話：093-631-1013
代表者：宮下 博文 代表取締役社長	FAX：093-642-3947 URL：stm-satsumaya.com
所在地：福岡県北九州市八幡西区穴生1-5-26	メールアドレス：stm@stm-satsumaya.com

鹿児島県

もーもーなかやまぎゅう
も～も～中山牛

品種または交雑種の交配様式		主な流通経路および販売窓口

品種または交雑種の交配様式

黒毛和種

飼育管理

出荷月齢
：28カ月齢平均
指定肥育地
：鹿児島県内
飼料の内容
：－

GI登録・農場HACCP・JGAP

ＧＩ登　録：－
農場HACCP：－
ＪＧＡＰ：－

販売指定店制度について

指定店制度：無
販促ツール：シール

商標登録の有無：有
登録取得年月日：2019年12月17日
銘柄規約の有無：無
規約設定年月日：－
規約改定年月日：－

主な流通経路および販売窓口

◆ 主なと畜場
：JA食肉かごしま、ナンチク、福岡食肉市場、京都食肉市場、大阪市食肉市場
◆ 主な処理場
：同上
◆ 格付等級
：－
◆ 年間出荷頭数
：2,400頭
◆ 主要取扱企業
：－

◆ 輸出実績国・地域
：－

◆ 今後の輸出意欲
：有

特長
● 鹿児島県鹿屋市「うしの中山」で肥育された牛のすべてを指す。
● 独自の配合飼料を独自の方法で与え、ほかでは真似のできないこだわりで育てている。
● ストレスレスに重きを置き、農場を設計している。
● 寒さや暑さへの対策も毎シーズン改善を心がけている。
● 肉質は高品質でA5等級の出現率は7割を越える。

概要
管理主体：㈲うしの中山
代表者：中山　高司　代表取締役
所在地：鹿屋市串良町有里5137-3
電話：0994-62-4510
ＦＡＸ：0994-62-4520
ＵＲＬ：nakayama-kimotsuki.com/
メールアドレス：shibushifarm@gmail.com

鹿児島県

ろーずびーふ
Rose Beef

品種または交雑種の交配様式

黒毛和種

飼育管理

出荷月齢
：28カ月齢平均
指定肥育地
：鹿児島県内
飼料の内容
：－

GI登録・農場HACCP・JGAP

ＧＩ登　録：－
農場HACCP：－
ＪＧＡＰ：－

販売指定店制度について

指定店制度：有
販促ツール：シール、ポスター

商標登録の有無：有
登録取得年月日：2019年12月17日
銘柄規約の有無：無
規約設定年月日：－
規約改定年月日：－

主な流通経路および販売窓口

◆ 主なと畜場
：JA食肉かごしま、ナンチク
◆ 主な処理場
：同上

◆ 格付等級
：－
◆ 年間出荷頭数
：2,400頭
◆ 主要取扱企業
：nixy

◆ 輸出実績国・地域
：無

◆ 今後の輸出意欲
：有

特長
● 鹿児島県鹿屋市「うしの中山」で育てられた肥育牛で雌牛全般。
● 赤いバラのような赤身と白いバラのような穏やかな霜降りが自慢の牛肉。
● 鹿屋市の市花に由来する。

概要
管理主体：㈲うしの中山
代表者：中山　高司　代表取締役
所在地：鹿屋市串良町有里5137-3
電話：0994-62-4510
ＦＡＸ：0994-62-4520
ＵＲＬ：nakayama-kimotsuki.com/
メールアドレス：shibushifarm@gmail.com

沖　縄　県

いしがきぎゅう・いしがきうし
石　垣　牛

BEEF OF ISHIGAKI ISLAND
沖縄銘産
日本の最南端、長寿の島…、石垣島。
石垣牛
商標登録第5181072号
沖縄県農業協同組合

品種または交雑種の交配様式
黒毛和種

飼育管理

出荷月齢
：去勢24カ月以上35カ月以下
　雌24カ月以上40カ月以下
指定肥育地
：八重山郡内で生産・育成された登記書および、生産履歴書を有する
飼料の内容
：20カ月以上統一された独自配合飼料で肥育管理

GI登録・農場HACCP・JGAP

ＧＩ登録：無
農場HACCP：無
ＪＧＡＰ：無

販売指定店制度について

指定店制度：有
販促ツール：大のぼり、小のぼり、ポスター、リーフレット・シール

商標登録の有無：有
登録取得年月日：2008年4月11日
銘柄規約の有無：有
規約設定年月日：－
規約改定年月日：－

主な流通経路および販売窓口

◆ 主なと畜場
：八重山食肉センター

◆ 主な処理場
：同上
◆ 格付等級
：AB2～3を銘産・AB4～5を特選で表記
◆ 年間出荷頭数
：約800頭
◆ 主要取扱企業
：ニイチク、高那、八重山パーツミート
◆ 輸出実績国・地域
：台湾

◆ 今後の輸出意欲
：有

特長
● 世界基準で食せる統一飼料と、ミネラルとカルシウムが豊富な牧草を給与することで、のどごしに脂質感が残らず霜降でもあっさりしている。

概要
管理主体：JAおきなわ　八重山地区畜産振興センター
代表者：石垣　信治　本部長
所在地：石垣市字大浜391
電話：0980-83-2577
ＦＡＸ：0980-83-2834
ＵＲＬ：www.ishigakigyu.com/
メールアドレス：info@ishigakigyu.com

沖　縄　県

いしがきじまきたうちぼくじょう
ぷれみあむびーふ
石垣島きたうち牧場
プレミアムビーフ

石垣島きたうち牧場
プレミアムビーフ ®

品種または交雑種の交配様式
黒毛和種（雌のみ）

飼育管理

出荷月齢
：36カ月齢以上
指定肥育地
：石垣市川平
飼料の内容
：大麦主体の独自飼料

GI登録・農場HACCP・JGAP

ＧＩ登録：－
農場HACCP：－
ＪＧＡＰ：－

販売指定店制度について

指定店制度：無
販促ツール：琉球ガラス、シール、のぼり

商標登録の有無：有
登録取得年月日：2013年1月18日
銘柄規約の有無：有
規約設定年月日：2008年4月
規約改定年月日：－

主な流通経路および販売窓口

◆ 主なと畜場
：八重山食肉センター

◆ 主な処理場
：同上

◆ 格付等級
：－
◆ 年間出荷頭数
：48頭
◆ 主要取扱企業
：ケイアールエス

◆ 輸出実績国・地域
：－

◆ 今後の輸出意欲
：有

特長
● 沖縄・石垣島の大自然の中で、おいしさの遺伝子をもつ血統を選び抜き、雌牛のみを36～40カ月まで長期肥育しています。
● 脂の融点が非常に低く、すっきりとした脂の滑らかさ、赤身の深い味わい、芳醇な香りが特徴です。
● おいしさに優位性のある種雄牛や母牛を保有し、繁殖～肥育～食肉加工～レストランまで手がけることにより自社で責任をもって提供する体制を確立しています。

概要
管理主体：農業生産法人㈲石垣島きたうち牧場
代表者：北内　毅　取締役社長
所在地：石垣市字川平大高1218-257
営業窓口：㈱ケイアールエス
電話：06-4307-5729
ＦＡＸ：06-4307-6529
ＵＲＬ：krs-beef.jp
メールアドレス：krs@cocoa.ocn.ne.jp

沖縄県

石垣島きたうち牧場 プレミアムビーフ40
いしがきじまきたうちぼくじょう
ぷれみあむびーふよんじゅう

品種または交雑種の交配様式
黒毛和種(雌のみ)

飼育管理
出荷月齢
：40カ月齢以上
指定肥育地
：石垣市川平
飼料の内容
：大麦主体の独自飼料

GI登録・農場HACCP・JGAP
ＧＩ登録：－
農場HACCP：－
ＪＧＡＰ：－

販売指定店制度について
指定店制度：無
販促ツール：琉球ガラス、シール、のぼり

商標登録の有無：有
登録取得年月日：2013 年 1 月 18 日
銘柄規約の有無：有
規約設定年月日：2008 年 4 月
規約改定年月日：－

主な流通経路および販売窓口
◆ 主なと畜場
：八重山食肉センター

◆ 主な処理場
：同上

◆ 格付等級
：－
◆ 年間出荷頭数
：24 頭
◆ 主要取扱企業
：ケイアールエス

◆ 輸出実績国・地域
：－

◆ 今後の輸出意欲
：有

特長
- 沖縄・石垣島の大自然の中で、おいしさの遺伝子をもつ血統を選び抜き、雌牛のみを36～40 カ月まで長期肥育しています。
- 脂の融点が非常に低く、すっきりとした脂の滑らかさ、赤身の深い味わい、芳醇な香りが特徴です。
- おいしさに優位性のある種雄牛や母牛を保有し、繁殖～肥育～食肉加工～レストランまで手がけることにより自社で責任をもって提供する体制を確立しています。

概要
管理主体	：農業生産法人㈲石垣島きたうち牧場
代表者	：北内 毅 取締役社長
所在地	：石垣市字川平大高 1218-257
営業窓口	：㈱ケイアールエス
電話	：06-4307-5729
ＦＡＸ	：06-4307-6529
ＵＲＬ	：krs-beef.jp
メールアドレス	：krs@cocoa.ocn.ne.jp

沖縄県

おきなわ和牛
おきなわわぎゅう

品種または交雑種の交配様式
黒毛和種

飼育管理
出荷月齢
：30カ月齢平均
指定肥育地
：沖縄県内
飼料の内容
：－

GI登録・農場HACCP・JGAP
ＧＩ登録：－
農場HACCP：－
ＪＧＡＰ：－

販売指定店制度について
指定店制度：無
販促ツール：のぼり、シール

商標登録の有無：有
登録取得年月日：2006 年 4 月 1 日
銘柄規約の有無：無
規約設定年月日：－
規約改定年月日：－

主な流通経路および販売窓口
◆ 主なと畜場
：沖縄県食肉センター、九州協同食肉
◆ 主な処理場
：JA おきなわミートパーツセンター
◆ 格付等級
：等級指定なし
◆ 年間出荷頭数
：1,200 頭
◆ 主要取扱企業
：ミートコンパニオン、ミーティッジ、西日本フード
◆ 輸出実績国・地域
：タイ、マカオ、ベトナム、台湾

◆ 今後の輸出意欲
：有

特長
- 沖縄で生まれ、南の島の太陽の光と海の潮風の恵みを受けて育った子牛を、沖縄で丹精込めつくり上げた、安心、安全な牛肉です。

概要
管理主体	：沖縄県農業協同組合
代表者	：前田 典男
所在地	：那覇市壺川 2-9-1
電話	：098-831-5170
ＦＡＸ	：098-853-9385
ＵＲＬ	：www.ja-okinawa.or.jp/agriculture/detail.php?id=1417
メールアドレス	：－

沖縄県

もとぶ牛
(もとぶぎゅう)

生産者：(株)もとぶ牧場

品種または 交雑種の交配様式
黒毛和種

飼育管理
出荷月齢 　：約30カ月齢 指定肥育地 　：もとぶ牧場 飼料の内容 　：糖蜜、発酵菌、ビールかすを混ぜ 　た発酵飼料

GI登録・農場HACCP・JGAP
GI登録：無 農場HACCP：無 JGAP：無

販売指定店制度について	
指定店制度：－ 販促ツール：盾(琉球松、琉球 　　　　　　ガラス)、ポスタ 　　　　　　ー、のぼり、Tシ 　　　　　　ャツなど	

商標登録の有無：有
登録取得年月日：2004年12月24日
銘柄規約の有無：有
規約設定年月日：－
規約改定年月日：－

特長
● 独自の菌体発酵飼料(ビール粕、乳酸菌)を加えることでおいしい牛肉となっている。
● 脂肪融点が低く、口溶けの良い、とろけるような甘さが特長。

主な流通経路および販売窓口
◆ 主なと畜場
　：サンキョーミート、沖縄県食肉センター
◆ 主な処理場
　：同上

◆ 格付等級
　：3等級以上
◆ 年間出荷頭数
　：約1,200頭
◆ 主要取扱企業
　：伊藤ハム

◆ 輸出実績国・地域
　：香港、シンガポール、マカオ、台湾、タイ
◆ 今後の輸出意欲
　：有

概要	管理主体：(株)もとぶ牧場 代表者：坂口　泰司　代表取締役 所在地：国頭郡本部町字大嘉陽472	電話：0980-47-5911 FAX：0980-47-5913 URL：www.motobu-farm.com メールアドレス：motobu-i@motobu-farm.com	

沖縄県

八重山郷里牛
(やえやまきょうりぎゅう)

品種または 交雑種の交配様式
黒毛和種

飼育管理
出荷月齢 　：32カ月齢以上 指定肥育地 　：沖縄県石垣市、島根県、佐賀県、 　山口県ほか 飼料の内容 　：子牛の育成期間は良質な牧草を 　給餌、肥育期間は各農家の基準 　による

GI登録・農場HACCP・JGAP
GI登録：－ 農場HACCP：－ JGAP：－

販売指定店制度について
指定店制度：無 販促ツール：シール

商標登録の有無：有
登録取得年月日：2015年6月5日
銘柄規約の有無：有
規約設定年月日：2013年10月
規約改定年月日：2014年10月

特長
● 日本有数の繁殖地・八重山諸島で生まれた子牛(雌限定)のうち、父の血統を但馬系に限定し、おいしさの遺伝子にこだわった日本初の子牛農家によるブランド牛です。
● 世界に誇る美しい珊瑚礁の海に囲まれた八重山諸島には、青々とした良質な牧草が一年中生い茂ります
● 良質な牧草をたっぷりと食べた子牛は、日本各地の選抜肥育農家の手で秀逸な肉質に仕上げられ、最上質でうまみのある和牛「八重山郷里牛」として出荷されます。

主な流通経路および販売窓口
◆ 主なと畜場
　：全国

◆ 主な処理場
　：同上

◆ 格付等級
　：－
◆ 年間出荷頭数
　：－
◆ 主要取扱企業
　：ケイアールエス

◆ 輸出実績国・地域
　：マカオ、台湾、ベトナム、マレーシア
◆ 今後の輸出意欲
　：有

概要	管理主体：八重山郷里素牛事務局 代表者：北内　毅 所在地：大阪府東大阪市長田東3-2-24 　　　　(株)ケイアールエス内	電話：06-4307-5729 FAX：06-4307-6529 URL：yaeyama-kyori-beef.jp メールアドレス：krs@cocoa.ocn.ne.jp

大黒千牛 / 大黒千牛トニワン

品種または交雑種の交配様式		主な流通経路および販売窓口
黒毛和種	**だいこくせんぎゅう だいこくせんぎゅうとにわん 大黒千牛 大黒千牛トニワン** 信頼の証 黒毛和種 **大黒千牛**	◆主なと畜場 　：羽曳野食肉市場 　　加古川食肉市場 ◆主な処理場 　：同上

飼育管理		
出荷月齢 　：去勢28カ月以上、雌29カ月以上 指定肥育地 　：全国 飼料の内容 　：粗飼料にバカスを給与		◆格付等級 　：－ ◆年間出荷頭数 　：3,000 頭 ◆主要卸売企業 　：－

GI登録・農場HACCP・JGAP		
GI登 録：－ 農場HACCP：－ JGAP：－	商標登録の有無：有 登録取得年月日：2012 年 9 月 14 日 銘柄規約の有無：有 規約設定年月日：2011 年 3 月 規約改定年月日：－	◆輸出実績国・地域 　：ベトナム、カンボジアなど ◆今後の輸出意欲 　：有

販売指定店制度について	特長
指定店制度：有 販促ツール：置物、のぼり、シール、ポスター他	●融点が 22℃で食べやすい。 ●バカスの粗飼料を与えている。 ●徹底した牛舎管理、全社員の衛生意識の向上と牛との一体感で、飼育・販売にあたっている。

概要		
管理主体：大正㈱ 代表者：濱門　美喜男 所在地：大阪市東住吉区住道矢田町 18-8	電話：06-6773-9087 FAX：－ URL：daikokusengyu.co.jp メールアドレス：daisei@daikokusengyu.co.jp	

但馬の絆、宝千

品種または交雑種の交配様式		主な流通経路および販売窓口
黒毛和種	**たじまのきずな、ほうせん 但馬の絆、宝千** 但馬の絆、宝千 HOUSEN	◆主なと畜場 　：羽曳野食肉市場 　　加古川食肉市場 ◆主な処理場 　：同上

飼育管理		
出荷月齢 　：雌の子牛を出産した経産牛を6カ月以上肥育 指定肥育地 　：全国 飼料の内容 　：粗飼料にバカスを給与		◆格付等級 　：－ ◆年間出荷頭数 　：1,000 頭 ◆主要卸売企業 　：－

GI登録・農場HACCP・JGAP		
GI登 録：－ 農場HACCP：－ JGAP：－	商標登録の有無：有 登録取得年月日：2017 年 4 月 25 日 銘柄規約の有無：－ 規約設定年月日：－ 規約改定年月日：－	◆輸出実績国・地域 　：ベトナム、カンボジアなど ◆今後の輸出意欲 　：有

販売指定店制度について	特長
指定店制度：有 販促ツール：置物、のぼり、シール、ポスター他	●融点が 22℃で食べやすい。 ●バカスの粗飼料を与えている。 ●徹底した牛舎管理、全社員の衛生意識の向上と牛との一体感で、飼育・販売にあたっている。 ●雌の子牛を出産した経産牛を6カ月以上肥育。

概要		
管理主体：大正㈱ 代表者：濱門　美喜男 所在地：大阪市東住吉区住道矢田町 18-8	電話：06-6773-9087 FAX：－ URL：daikokusengyu.co.jp メールアドレス：daisei@daikokusengyu.co.jp	

なかなかびーふ

品種または交雑種の交配様式		全 国	主な流通経路および販売窓口

なかなかびーふ

品種または交雑種の交配様式
黒毛和種 交雑種（ホルスタイン種 × 黒毛和種）

飼育管理
出荷月齢 ：－
指定肥育地 ：－
飼料の内容 ：専用飼料、フィードワン「なかなかびーふ」、①脂質向上を目ざした設計②牛にとって非常に食べやすい設計および加工

GI登録・農場HACCP・JGAP
GI登録：無
農場HACCP：2020年11月4日（一部農場）
JGAP：無

販売指定店制度について
指定店制度：無
販促ツール：有

（中央欄）

商標登録の有無：有
登録取得年月日：2004年3月19日
銘柄規約の有無：有
規約設定年月日：2004年7月
規約改定年月日：－

特長	●フィードワンと提携し、専用飼料「なかなかびーふ」を1年以上給与し、全国の認定生産者が丹精込めて飼育。 ●とくに脂肪の質には自信があり、オレイン酸が多く「やわらか」で「うま味」のある牛肉に仕上がっている。

主な流通経路および販売窓口

- ◆ 主なと畜場
  ：東京都食肉市場、茨城県中央食肉公社、仙台市食肉市場、北海道畜産公社
- ◆ 主な処理場
  ：－
- ◆ 格付等級
  ：－
- ◆ 年間出荷頭数
  ：2,600頭
- ◆ 主要取扱企業
  ：首都圏
- ◆ 輸出実績国・地域
  ：無
- ◆ 今後の輸出意欲
  ：有

概要	管理主体 ： なかなかびーふ生産組合 代表者 ： 袴田 誠二 所在地 ： 茨城県石岡市国府2-1-25 御幸ビル2F	電話 ： 0299-56-5166 FAX ： 0299-23-5135 URL ： www.nakanaka-beef.com メールアドレス ： info@nakanaka-beef.com

---

ハーブ和牛

品種または交雑種の交配様式		全 国	主な流通経路および販売窓口

ハーブ和牛

ハーブ和牛

品種または交雑種の交配様式
黒毛和種

飼育管理
出荷月齢 ：23カ月齢以上
指定肥育地 ：全国
飼料の内容 ：ハーブを3カ月給与

GI登録・農場HACCP・JGAP
GI登録：無
農場HACCP：無
JGAP：無

販売指定店制度について
指定店制度：無
販促ツール：シール

（中央欄）

商標登録の有無：無
登録取得年月日：－
銘柄規約の有無：無
規約設定年月日：－
規約改定年月日：－

特長	●ハーブ（オレガノ）による飼育。

主な流通経路および販売窓口

- ◆ 主なと畜場
  ：全国
- ◆ 主な処理場
  ：全国
- ◆ 格付等級
  ：－
- ◆ 年間出荷頭数
  ：約500頭
- ◆ 主要取扱企業
  ：全国の市場
- ◆ 輸出実績国・地域
  ：－
- ◆ 今後の輸出意欲
  ：有

概要	管理主体 ： 那須ハーブ牛協会 代表者 ： 貝目 正行 所在地 ： さくら市狭間田687	電話 ： 028-682-5646 FAX ： 028-681-2821 URL ： www.sakurawagyu.jp メールアドレス ： info@nasu-harb-gyu.net

品種または 交雑種の交配様式
黒毛和種、交雑種

飼育管理
出荷月齢 　：25〜35カ月齢 指定肥育地 　：－ 飼料の内容 　：－

GI登録・農場HACCP・JGAP
GI登　録：無 農場HACCP：無 JGAP：無

販売指定店制度について
指定店制度：無 販促ツール：無

全　　　国

びみうまうし
美味旨牛

商標登録の有無：有
登録取得年月日：2003 年 1 月 10 日
銘柄規約の有無：無
規約設定年月日：－
規約改定年月日：－

主な流通経路および販売窓口
◆主なと畜場 　：群馬県食肉市場ほか
◆主な処理場 　：コトラミートカルチャ
◆格付等級 　：B.M.S. №3 以上 ◆年間出荷頭数 　：500 頭 ◆主要取扱企業 　：コトラミートカルチャ
◆輸出実績国・地域 　：－
◆今後の輸出意欲 　：有

特長
●グループ牧場で長期肥育し、脂質と肉質が一定基準以上のものを出荷しているので品質が安定している。

概要	管　理　主　体　：㈱コトラミートカルチャ 代　　表　　者　：小林　伸光　代表取締役 所　　在　　地　：足利市堀込町 1558	電　　　　　話　：0284-71-3057 F　A　X　：0284-72-8979 U　R　L　：www.0298.biz メールアドレス　：－	

品種または 交雑種の交配様式
交雑種（ホルスタイン種 × 黒毛和種）

飼育管理
出荷月齢 　：27カ月齢平均 指定肥育地 　：東北地域 飼料の内容 　：ほ育・肥育前期飼料はメーカー 　飼料、肥育後期は（農事）北岩手 　飼料組合製造飼料用米を利用し 　た独自の配合飼料およびメーカ 　ーへの委託配合飼料

GI登録・農場HACCP・JGAP
GI登　録：無 農場HACCP：無 JGAP：無

販売指定店制度について
指定店制度：有 販促ツール：シール、のぼり等

全　　　国

みちのくおううぎゅう
みちのく奥羽牛

商標登録の有無：無
登録取得年月日：－
銘柄規約の有無：無
規約設定年月日：－
規約改定年月日：－

主な流通経路および販売窓口
◆主なと畜場 　：本庄食肉センター
◆主な処理場 　：同上
◆格付等級 　：2 等級以上 ◆年間出荷頭数 　：1,200 頭以上 ◆主要取扱企業 　：米久
◆輸出実績国・地域 　：－
◆今後の輸出意欲 　：無

特長
●定期的に 1 頭ごとの体重測定など徹底した健康・衛生管理のもとで飼育。
●自社飼料工場でつくる独自の飼料メーカーへの委託飼料で飼育し、風味豊かで軟らかく、ジューシーで黒毛和種に匹敵するおいしい牛肉の仕上がりと手ごろな価格で供給。
●東北 4 県（青森、岩手、秋田、山形）で飼育されている。

概要	管　理　主　体　：㈲キロサ肉畜生産センター 代　　表　　者　：金森　史浩　代表取締役 所　　在　　地　：岩手県岩手郡岩手町大字川口 　　　　　　　　　22-80-38	電　　　　　話　：0195-68-7766 F　A　X　：0195-68-7767 U　R　L　：kirosa.jp メールアドレス　：info@kirosa.jp	

名人和牛

品種または交雑種の交配様式
黒毛和種
飼育管理
出荷月齢 ：30カ月齢平均 指定肥育地 ：全国 飼料の内容 ：ビタミンCなどを添加した配合飼料「名人」
GI登録・農場HACCP・JGAP
GI登録：無 農場HACCP：無 JGAP：無
販売指定店制度について
指定店制度：有 販促ツール：枝肉証明書、シール、リーフレット、DVD、のぼり、包装紙

全　国

めいじんわぎゅう
名 人 和 牛

商標登録の有無：有
登録取得年月日：2005 年 3 月 1 日
銘柄規約の有無：有
規約設定年月日：2009 年 4 月 24 日
規約改定年月日：2016 年 2 月 24 日

主な流通経路および販売窓口
◆主なと畜場 ：東京食肉市場・茨城県中央食肉公社 ◆主な処理場 ：同上
◆格付等級 ：－ ◆年間出荷頭数 ：約 3,000 頭 ◆主要取扱企業 ：SPECK、フリーダム、コシヅカ、石井大一商店 ◆輸出実績国・地域 ：無 ◆今後の輸出意欲 ：有

特長	●産地にかかわらず、エサ（配合飼料「名人」）と管理を統一して生産された同じおいしさの和牛です。 ●配合飼料「名人」は、高品質の原料にこだわり高価な「ビタミンC」も添加した高級飼料であり、粗飼料にはサトウキビを原料とした粗飼料「BIOバガス」を給与しているため、「名人和牛」は風味豊かな甘みのある赤肉と融点が低くあっさりとした脂質が特徴です。 ●おいしさの成分「オレイン酸」の測定・開示にも取り組んでおります。

概要	管 理 主 体：茨城県畜産農業協同組合連合会 代 表 者：斉藤 功 代表理事会長 所 在 地：茨城県水戸市梅香 1-2-56	電　　話：029-221-5397 F A X：029-224-5070 U R L：meijin-wagyu.jp メールアドレス：info@ibatiku.jp	

サステナブル和牛 熟

品種または交雑種の交配様式
黒毛和種
飼育管理
出荷月齢 ：100カ月齢平均 指定肥育地 ：－ 飼料の内容 ：健康的な牛はおいしいという考えのもと、母牛の健康にこだわり、粗飼料は稲わら、麦わらに加え抗酸化作用のあるアマニ油を加工した飼料を与えています。配合飼料は、とうもろこし、そば、海藻、豆腐粕、フルーツ粕を配合し、たっぷりのビタミン、ミネラルを出荷まで切らすことなく与えます。また、酵母菌・枯草菌・乳酸菌を加え、より健康的に飼育しています。
GI登録・農場HACCP・JGAP
GI登録：無 農場HACCP：無 JGAP：無
販売指定店制度について
指定店制度：有 販促ツール：パンフレット、シール

**島根県、山口県、鹿児島県、
岡山県、熊本県**

さすてなぶるわぎゅうじゅく
サステナブル和牛 熟

商標登録の有無：無（申請中）
登録取得年月日：－
銘柄規約の有無：無
規約設定年月日：－
規約改定年月日：－

主な流通経路および販売窓口
◆主なと畜場 ：京都食肉市場 ◆主な処理場 ：同上 ◆格付等級 ：－ ◆年間出荷頭数 ：500 頭 ◆主要取扱企業 ：銀閣寺大西 ◆輸出実績国・地域 ：シンガポール、マカオ、タイ、イタリア、フランス、オランダ、ドイツ、スイス、ギリシャ、フィンランド、イギリス、ブルガリア ◆今後の輸出意欲 ：有

特長	●平均的に肉質等が高クオリティの肉をつくることができなかった母牛を、一頭ごとに性格、餌量、餌の内容等の個体管理を徹底する飼育方法をとっています。母和牛のポテンシャルを引き出し、潜在価値を見出した日本初の持続可能な畜産の取組から生まれた牛です。 ●長期肥育により生きながら熟成された肉は濃い肉味とさっぱりとした脂が特長です。食べ疲れることなく最後まで楽しめる肉です。 ●また、アマニ油を加工した飼料を添加することによるメタンガス抑制への取組等、環境に配慮した飼育方法をとっていることもサステナブルな理由です。

概要	管 理 主 体：㈱熟豊ファーム 代 表 者：石飛 修平 代表取締役 所 在 地：島根県雲南市大東町下佐世 1405-6	電　　話：0854-43-8058 F A X：0854-43-3562 U R L：jukuhofarm.com メールアドレス：jukuhofarm@jukuhofarm.com	

九 州

藤彩牛
（ふじあやぎゅう）

品種または 交雑種の交配様式
黒毛和種

飼育管理
出荷月齢 ：28カ月齢以上 指定肥育地 ：フジファーム 飼料の内容 ：－

GI登録・農場HACCP・JGAP
G I 登 録：－ 農場HACCP：－ J G A P：－

販売指定店制度について
指 定 店 制 度 ： 無 販 促 ツ ー ル ： シール、のぼり、 　　　　　　　　　リーフレット

商標登録の有無：有
登録取得年月日：2014 年 8 月 15 日
銘柄規約の有無：無
規約設定年月日：－
規約改定年月日：－

主な流通経路および販売窓口
◆ 主なと畜場 ：熊本中央食肉センター、熊本畜 　産流通センター ◆ 主な処理場 ：フジチクほか ◆ 格付等級 ：－ ◆ 年間出荷頭数 ：1,000 頭 ◆ 主要取扱企業 ：－ ◆ 輸出実績国・地域 ：香港 ◆ 今後の輸出意欲 ：有

特長
● グループの肉牛牧場・フジファーム（飼養頭数 3,500 頭）で育てた和牛の
プレミアムブランド。
● キャッチコピーは「食生活を豊かに彩る」。2014 年夏から本格販売した。

概要	管 理 主 体：㈱フジチク 代 表 者：藤 本 　健 所 在 地：熊本県菊池郡菊陽町久保田 727-1	電 話：096-232-2919 F A X：096-213-5733 U R L：www.fujichiku.jp メールアドレス：fujichiku@fujichiku.jp

---

九 州

プレミアム黒樺牛
（ぷれみあむくろはなぎゅう）

品種または 交雑種の交配様式
黒毛和種

飼育管理
出荷月齢 ：28カ月齢平均 指定肥育地 ：九州一円 飼料の内容 ：オリジナル

GI登録・農場HACCP・JGAP
G I 登 録：－ 農場HACCP：1 部農場 J G A P：1 部農場

販売指定店制度について
指 定 店 制 度 ： 無 販 促 ツ ー ル ： ポスター、のぼり、 　　　　　　　　　シール、盾

商標登録の有無：有
登録取得年月日：2020 年 1 月 16 日
銘柄規約の有無：有
規約設定年月日：－
規約改定年月日：－

主な流通経路および販売窓口
◆ 主なと畜場 ：熊本中央食肉センター ◆ 主な処理場 ：杉本本店 ◆ 格付等級 ：A5 ◆ 年間出荷頭数 ：－ ◆ 主要取扱企業 ：－ ◆ 輸出実績国・地域 ：UAE、台湾、シンガポール、香港、 　タイ、マカオ、カタール ◆ 今後の輸出意欲 ：有

特長
● 「黒樺牛」の中でも BMS №10 以上のプレミアムな牛に限る。

概要	管 理 主 体：㈱杉本本店グループ 代 表 者：杉本　光士郎 所 在 地：熊本県宇城市豊野町巣林 538	電 話：0964-45-2611 F A X：0964-45-2988 U R L：www.sugimotohonten-shop.com メールアドレス：kurohanagyu@sugimoto-honten.jp

銘柄牛肉取り扱い
企業・団体紹介

松阪牛の伝統を販売で支え続ける専門店「朝日屋」

㈱朝日屋

三重県津市北丸之内20

松阪牛の年間女王を決める松阪肉牛共進会が年末の恒例行事となっている。新型コロナウイルスの影響などで3年ぶりの開催となった第71回大会は22年11月に三重県松阪市の松阪農場公園ベルファームで開催された。そして、本大会で松阪牛の頂点である優秀賞1席を落札したのが、同県津市の朝日屋（香田佳永社長）だ。同社の1席牛落札は29回連続で通算39回。世界に誇る松阪牛の伝統を流通・販売の面から長年にわたって支え続けている食肉専門店である。

遠方からの来客も多く、通信販売も好調

朝日屋が扱う松阪牛の頭数は年間約1,200頭（約300頭は12月の取り扱い）。畜種は牛、豚、鶏を取り扱うが、売上構成比の約9割を牛肉が占める。

平月の取扱量は黒毛和牛（松阪牛のみ）が7割、交雑牛が3割。松阪牛という日本でも有数のブランドを販売しながら、値打ち感のある価格設定が朝日屋の魅力の一つであり、遠方からも多くの馴染み客が松阪牛を求めて買いに来る。まとめ買いも多く、普段でも5kg～10kg、中には贈答で100kg以上を購入する人もいるという。とくにコロナ禍に入ってからは巣ごもり需要や買い置き需要が高まり、通信販売の売り上げも拡大。ウイズコロナが定着し、内食需要が落ち着いた現在も、通信販売はコロナ以前と比較して1.5倍以上の売り上げを維持している。

さまざまなコスト上昇を背景として昨春に直営飲食店（10～15％）、10月には精肉店の小売販売の価格（1,000円以下の商品について5～10％）を改定した。改定後も売れ行きに大きな影響は出ていない。

年末の販売イベントは例年盛況

年末は食肉専門店にとって、年間で最も大きな売り上げとなるが、朝日屋では毎年12月下旬に特産松阪牛なども通常価格で販売するイベント「名牛まつり」を開催しており、これが冬の風物詩とされる。22年も12月15日から年末まで開催し、3密を避けるオペレーションで入店制限を行いながらも、つ

朝日屋の香田社長

ねにお客が来店するほどの盛況ぶりとなった。

通信販売はフレッシュでの発送を基本としており、800g～1,000kgを上限として販売する。商品管理を徹底するため、11月末～12月初旬までに年内のネット注文は打ち切っている（中には「お客様の要望」として冷凍を取り扱う場合がある）。また、一昨年から開始した「お肉の定期便」（サブスクリプション）も新たなファンを獲得している。

お肉の定期便では1万円のお試しコースから、スタンダードコース（2万円）、スペシャルコース（3万円）、プレミアムコース（5万円）をラインアップ。通販では盆暮や母の日などハレの日の販売とそれ以外とで大きな差があるが、サブスクリプション

最上級の特選松阪牛は
贈答用として人気が高い

連日お客が並ぶ朝日屋本店前（撮影日は2022年11月下旬）

では安定した売り上げを見込めることから、今後も販売の柱と位置付けて取り組んでいく。

朝日屋では総菜商品も人気だが、精肉に対して1割規模の売上高。前年と比較しても1割程度増加傾向にあるが「松阪牛コロッケ」「松阪肉ミンチカツ」などの人気を考えると、まだまだ売り上げを伸ばすことも可能だが、総菜は自家製を基本としていることから、現在の展開規模を継続する。

相場高の中でリーズナブルな価格で松阪牛を購入できることは、消費者にとっては大きな魅力であり、松阪肉牛共進会をはじめ、大紀町七保牛共進会など地域をあげたイベントが地元紙などで多く取り上げられ、それをみて来店するお客も多い。

朝日屋を支える職人たち

魅力ある価格設定を可能にしているのが、枝肉仕入れだ。年末の繁忙期には1日20頭近い枝肉を扱い、脱骨（半頭）だけで早くて5分、遅くて7分というスピードで作業を行う。枝肉のさばきは主に店舗2階で行い、営業で入社した人材もここで現場実習し教育していく。中にはそのままさばき（2階業務）の仕事に就く人もいる。

松阪牛の特長は肉質の高さだけでなく、上質な脂質をもつことにある。とくに特産松阪牛は、その傾向が顕著で、みた目にも触れた感触にもその良さが実感できる。中には脂質の良さから融点が低く、溶けることによって切りづらさも出てくる。それゆえに、良い松阪牛はスライスするにも技術力が必要となる。このように職人を必要とする現場だが、朝日屋では外国人実習生の受け入れも積極的に行っており、現在では25人が入社している。

東京でも好調維持、外食はテイクアウト対応

松阪牛は東京でもブランド力が高い。15年にオープンした「朝日屋　東京白金台店」も、コロナ以降は内食需要の高まりで売り上げが拡大し、現在も好調に推移している。牛・豚・鶏の各畜種で決まった曜日ごとの特売を実施しているが、特売以外でも売り上げは伸びており、普段使いの利用者が定着している。

また、外食の店舗として17年に三重県桑名市ナガシマリゾート内にある商業施設「ジャズドリーム長島」に出店。アウトレットモール内ということもあり、当初は一見客が多いと予想していたが、意外とリピーターが多く、施設の集客効果もあり、客単価は3千円台後半〜4千円台で推移。需要が拡大しているテイクアウトに対応し、「松阪肉コロッケ」「自家製コロッケ」「しぐれ煮」などを販売するほか、予約があれば弁当も販売している。昨今ではコロナの影響で飲食店が苦戦する中、同店は23年1月時点でコロナ以前と同程度の売り上げにまで回復している。

熊本県が誇る三つのブランドで牛肉ファンを魅了

熊本県産牛肉消費拡大推進協議会

熊本市東区桜木6―3―54

熊本県は、褐毛和種の飼養頭数が全国第1位、黒毛和種が第4位と、全国でも有数の和牛生産県である。また、西日本一の酪農県でもあり、交雑種も含む多様な品種を届けられる、全国的にも類をみない産地だ。これら熊本県産牛肉のブランドを確立するため、生産者団体や流通関係者などで構成された熊本県産牛肉消費拡大推進協議会（会長＝熊本県知事）が平成17年に設立。（前身となる協議会は、昭和60年に設立）県統一の牛肉の銘柄に「くまもと黒毛和牛」「くまもとあか牛」「くまもとの味彩牛」を設定し、消費者・小売店・流通業者などに対し、県産牛肉の認知度向上をめざした各種PR活動を実施している。

国内外で高い評価の「くまもと黒毛和牛」

「くまもと黒毛和牛」は、令和3年3月に県内の農業団体、企業などが再結束して誕生した"冠"的な役割を担う統一ブランドで、現在、県内各地の団体・企業など10銘柄が一体となって「くまもと黒毛和牛」の生産・販売を行っている。全国に黒毛和牛産地が数ある中で、数多くのブランドを多層的にブランド展開する事例は特徴的だ。

「くまもと黒毛和牛」は、生産者の高い肥育技術に支えられた安定した肉質となっており、肥育農家の手で大切に育てられた黒毛和牛は味わいのバランスが取れた美しい霜降りの肉となって全国に出荷されている。

肥育農家では、県内外で生まれた子牛を8～10カ月で導入し、地元産の粗飼料や安全な飼料を与え、徹底した健康管理のもと、1年半～2年の時間をかけてじっくりと丁寧に育てていく。こうして安全で高品質な牛肉が生産される。

美しい霜降りと、軟らかく、とろけるような味わいが魅力の「くまもと黒毛和牛」は、近年は、台湾・香港・米国などへの輸出も大幅に増加しており、国内のみならず、海外でも非常に高い評価を受けている。

うま味と肉らしさを備えた「くまもとあか牛」

褐毛和種（あか牛）は、全国の肉用牛の中でもわずか0.9％の希少な品種であるが、この飼養頭数のうち、約7割は熊本県が占めている。

昭和19年、褐毛和種は熊本系と高知系がともに品種として成立したが、熊本系は阿蘇の草原での放牧に適した牛として、"足腰の強さ"や"粗飼料の利用性"といった熊本の自然環境への適応に考慮しながら改良され、誕生した赤身主体の和牛だ。

「くまもとあか牛」は平成30年9月、風土や伝統が育んだ特色ある地域産品を国が保護する制度「地

「くまもとあか牛」のロゴ

理的表示（GI）保護制度」に登録された、国お墨つきのブランドの一つとなった。

「くまもとあか牛」は、赤身が多く、適度な脂肪交雑であることから、赤身の特徴的なあっさりした味わいが魅力的だ。また、黒毛和種に比べて、うま味や肉らしい加熱香気の生成に重要な遊離アミノ酸が多く含有され、甘みの基となるグリコーゲンも豊富に含まれていることから"うま味"や"肉らしさ"を味わえるのも特長の一つとなっている。うま味が豊富でヘルシーな赤身は、幅広い年齢層から支持さ

「くまもと黒毛和牛」のロゴ

雄大な自然の中で放牧飼育されている「くまもとあか牛」

れている。

適度な霜降りとリーズナブルな価格の「くまもとの味彩牛」

「くまもとの味彩牛」は、父に黒毛和種、母に乳用種をもつ交雑牛のブランドである。黒毛和種に近い

「くまもと味彩牛」のロゴ

肉質に加え、乳用種の体格の良さも兼ね備えており、軟らかな肉質と適度な霜降りは、ステーキ、しゃぶしゃぶ、すき焼き、煮込み料理など、さまざまな料理に適している。さらに、和牛並みのおいしさをリーズナブルな価格で求めることができるため、県内外で人気急上昇中のブランドだ。

乳用種の母牛から生まれた子牛は、酪農家や育成農家で健康な体と丈夫な胃袋がつくられ、肥育農家に体重250kg前後で導入される。良質なわらや安全な配合飼料を食べながら、出荷時には800kgの立派な牛に育ち、安定した肉質となって出荷される。

平成14年のブランド化以降、認知度を高め、県内だけでなく九州や関西にも出荷されている「くまもとの味彩牛」。中でもBMS No.4以上、BCS No.4以下、生後月数が24カ月を超える3等級以上の牛肉は、プレミアムブランド「厳選くまもとの味彩牛」としても販売されている。

銘柄 定義

くまもと黒毛和牛	・熊本県内での肥育期間が12カ月以上であり、最長かつ最終飼養地が熊本県内であること。 ・去勢牛または未経産雌牛であること。 ・肉質等級3以上の黒毛和種の牛肉であること。
くまもとあか牛	・熊本県内での肥育期間が12カ月以上であり、最長かつ最終飼養地が熊本県内であること。 ・去勢牛または未経産雌牛であること。 ・肉質等級2以上の褐毛和種の牛肉であること。
くまもとの味彩牛	・熊本県内での肥育期間が12カ月以上であり、最長かつ最終飼養地が熊本県内であること。 ・去勢牛または未経産雌牛であること。 ・BMS・No.3以上、BCS・No4以下の交雑種（ホルスタイン種×黒毛和種）の牛肉であること。 ※但し、BMS・No.4以上、BCS・No.4以下でと畜前日までに24カ月齢を超える3等級以上は「厳選」のブランド名で販売を行ってもよい。

世界的ブランドとして飛躍する「神戸ビーフ」

神戸肉流通推進協議会

神戸市西区玉津町居住88（事務局＝全国農業協同組合連合会兵庫県本部）

神戸ビーフ（神戸肉、神戸牛）は現在、アジア、米国、EU諸国など世界34カ国・地域に輸出され、キャビアやトリュフなどのような高級食材の一つとして世界中で賞味されるようになった。いまや日本が誇る最高級の芸術品といってもいいだろう。そして、このブランド管理を支えるのが1983年に設立された、生産から消費までの関係者からなる神戸肉流通推進協議会（神澤友重会長、事務局＝全国農業協同組合連合会兵庫県本部）だ。

神戸ビーフのブランド力とは

神戸ビーフの最大の特徴は閉鎖育種により、歴代にわたって兵庫県有種雄牛のみを交配した「但馬牛（うし）」を、県内で畜産を営む神戸肉流通推進協議会の「指定登録生産者」が繁殖・肥育した枝肉のみが認定される点にある。

県内で生まれ、肥育された牛を認定するブランドは国内でもわずかで、しかも県が指定する県有「但馬牛（うし）」のみしか種雄牛として認められないというのは、数ある黒毛和牛ブランドの中でも異例中の異例だ。

DNA検査においても、一般的な黒毛和牛はいずれの産地も似た構造となっているのに対し、神戸ビーフは、それらと大きく異なる構造であることが明らかになっている。つまり、数多くの黒毛和牛の中でも、完全に独自の進化を遂げたブランドといえ、その独自性が神戸ビーフのブランド価値といえる。

神戸ビーフは、このような厳格な規約に基づき生産されていることから、味のバラツキが少なく、とくに肉質、脂質に優れたブランドとして知られている。現在は、流推協、県、県内食肉センターが協力

し、モノ不飽和脂肪酸含有量の測定、ロース断面の画像解析による"小ザシ"密度の計測などの研究を行っており、神戸ビーフのおいしさを科学的に示すとともに、客観的な評価でおいしさをはかることができるよう整備を進めている。

神戸ビーフと但馬牛（うし）、但馬牛（ぎゅう）の違い

神戸ビーフはこの独自の血統を持つ但馬牛の中で、県内食肉センターでと畜された、格付等級がAもしくはBかつ、BMS№6以上で生後28カ月齢以上の未経産牛もしくは去勢牛と定められている。また、もう一つの大きな特徴として枝肉重量499.9kg以下という決まりがある。

肉牛の大型化が進む中で、神戸ビーフの最大の特徴であるキメ細やかな肉質を維持するため大きさを制限する必要があると考えられているとともに、適量のステーキのサイズを維持することで、高級飲食店で品位高く提供されるために取り組まれているもの。

なお「但馬牛（ぎゅう）」の認定は県内の食肉センターに出荷した生後28カ月齢以上から60カ月齢以下の雌牛・去勢牛

神戸ビーフの頭数と発生率

	平成30年度	令和元年度	令和2年度
但馬牛認定数	6,415	6,470	6,790
神戸ビーフ認定数	5,383	5,639	6,120
神戸ビーフ率	83.9%	87.2%	90.1%

で、歩留・肉質等級が「A」「B」2等級以上などとなっている。ちなみに但馬牛（うし）は、但馬系統の生体牛もしくはその血統をいい、但馬牛（ぎゅう）は但馬牛（うし）からなる牛肉のブランド名をさす。

畜産物として初のGI保護認定

神戸ビーフ、但馬牛は畜産物では初めて地理的表示（GI）保護制度によりGI登録され、わが国の知的財産としての評価を獲得した。これは国内のみならず海外でも通用するようブランド化を推進する目的でつくられた制度で、海外においても神戸ビーフのブランド価値を保証し、偽物を排除するなど、さらなるブランド力の向上が期待できる。

農林水産大臣登録　第3号

表示偽装などに対応する独自制度を導入

神戸ビーフは偽物の流通を防ぐため指定販売店制度を設け、指定販売店に正規販売店であることを示すブロンズ製のモニュメントを提供している。このブロンズ像こそ本物の販売店である証であるとともに、正規店である誇りを販売店にもたらしている。

加えて神戸ビーフ1頭ごとに証明書である「神戸肉之証」を発行するため、お客に対しても購入証明を行うことが可能。また、流推協ホームページ（http：//www. kobe-niku. jp/top. html）では個体識別番号を活用した「但馬牛血統証明システム」により認定牛かどうかの識別、3世代前までの血統情報などが確認できる。

海外の国別指定登録店数（34カ国・地域、317店舗）

令和3年7月31日現在

国　名	店舗数
香　港	8店
マカオ	4店
アメリカ	67店
タ　イ	6店
シンガポール	8店
モナコ	3店
デンマーク	3店
オーストリア	3店
フィリピン	5店
メキシコ	27店
ルクセンブルク	2店
フランス	27店
ドイツ	12店
ベルギー	4店
スウェーデン	10店
スイス	2店
ギリシャ	8店
イギリス	15店
ノルウェー	1店
スペイン	7店
マルタ	2店
カナダ	20店
イタリア	26店
ベトナム	6店
オランダ	1店
ロシア	2店
ＵＡＥ	1店
スロバキア	1店
ポーランド	2店
台湾	16店
オーストラリア	4店
キプロス	2店
ポルトガル	4店
フィンランド	1店

エコとおいしさ「神戸ワインビーフ」

神戸ワインは神戸市の神戸ワイナリー・農業公園などの神戸のブドウ畑だけで収穫されたブドウからつくられるワインで、神戸の地域特産品の一つ。晴天が多い瀬戸内海の気候と豊かな土壌で育てられたブドウの甘さが生かされた一杯といえる。

神戸ワインビーフは、その特産ワインの製造過程で出る搾りかすを発酵飼料として給餌した黒毛和種。いわば神戸が誇る地元のワインと、国内有数の産地である兵庫県産和牛のコラボレーションといえる。この神戸ワインビーフと神戸ワインの食べ合わせは当然のことながら絶品で、ステーキやローストビーフなどの食べ方で神戸のレストランでしばしばみかけられる。

神戸ワインビーフの成り立ち

神戸ワイン製造時に出る絞りかすはこれまで、すべて廃棄物として処分されていた。しかしこの絞りかすを飼料として利用することで、リサイクルにもなり、牛の健康にも寄与するのでは、という牛への気持ちとエコロジーへの思いから搾りかすに穀類を混ぜた配合飼料の開発が進められてきた。

そこでこの開発された配合飼料を肉牛に給餌したところ、絞りかすに含まれるポリフェノールなどの働きにより健康な胃となり食欲も増進され、生育が良くなることなどの良好な結果が出た。

この結果を受けて、神戸市の外郭団体や兵庫県内の食肉企業が連携し、2008年に新ブランド「神戸ワインビーフ」が立ち上がった。近年は食品残さの問題が取りざたされており、残さを利用した飼料「エコフィード」を利用した畜産物も増えてきたが、この絞りかすの利用もそのエコフィード。また現在、日本では「持続可能な農業」として廃棄物を肥料にするなどの「循環型農業」が目ざされている。日本は飼料の多くを海外からの輸入に頼っており、国産飼料の生産拡大が望まれているが、こういった国産エコフィードの利用による国産飼料の拡大も飼料国産化として期待されており、循環型農業への第1歩と考えられている。

神戸ワインビーフの特長

神戸ワインビーフは兵庫県内肥育牧場と連携し、肥育プログラムに基づいて1頭1頭が飼養管理され、安全・安心・衛生的でストレスのかからない肥

育環境を用意し、大切に育てられている。

　毎年５月の大型連休中に神戸市中央区の神戸港にある公園「神戸メリケンパーク」で開かれる「ＫＯＢＥメリケンフェスタ」の核イベントである「神戸ミートフェア　神戸ワイン＆ビーフ祭」では例年、そのＰＲのために神戸ワインビーフの試食が行われている。

　兵庫県産の銘柄牛といえば神戸ビーフだが、その神戸ビーフとはコンセプトが異なり、神戸ワインビーフは但馬系などの血統や、県内産素牛の仕様などにはこだわらず、幅広いグレードで消費者が買いやすい牛肉の提供を目ざしている。

　新興ブランドではあるが、イベントへの参加や話題性の高さなどから認知度も年々高まっており、食肉専門店での店頭販売や、レストランでは神戸ワインとの食べ合わせで提供されるなど、販売機会もとくに増えている。もちろんこういった肉料理としての人気も高まっているが、そのほかにも加工品の販売も伸長しているようだ。

　畜産業と神戸ワインという地元農業を連携させた地場産の国産商品である神戸ワインビーフは、そのおいしさだけでなく地域活性化と地域振興としても注目されている。エコロジーとおいしさ、そして地産地消の観点からも考えられた"次世代の食肉商品"ともいえる神戸ワインビーフの人気は今度もさらに高まっていきそうだ。

神戸ワインビーフの主な定義

内容
(1)神戸ワインビーフとは神戸ワインの製造時に出る副産物（絞りかす）を利用した発酵飼料を給与した国産牛肉で次の各号に掲げる要件をすべて満たすものとする
①神戸ワイン製造副産物（絞りかす）を利用した発酵飼料の給与期間は出荷前６カ月以上とする
②絞りかすの給与量は１日１頭あたり３００ｇ以上とする
③肥育月齢は２８カ月以上とする
④神戸ワインビーフの生産において生産ＪＡＳ法の手順を順守する
⑤出荷体重が５００kg以上とする
⑥最長肥育地は兵庫県とする
(2)神戸ワイン製造副産物（絞りかす）の流通の条件は、飼料として給与する絞りかすは神戸ワインの製造に使われた神戸産ぶどうの絞りかすとする
(3)神戸ワインビーフの流通は、兵庫県内の食肉処理場でと畜し、解体されたものとする

神戸ワインと黒毛和牛のコラボレーション

※神戸ワインについて
- 神戸ワインは地場産のぶどうのみを使用し、１９８４年に販売を開始。
- 製造場所は神戸市の神戸ワイナリー・農業公園のほか同市の契約農家６０人（栽培面積４０ヘクタール）
- 喫食用のぶどうは製造せず、ワイン専門のぶどうづくりを行っている。
- アジア最大規模の審査会「ジャパンワインチャレンジ２０１４」で金賞を受賞。世界２６カ国から出品された１，４１６本のうち、金賞は４６本。また価格以上の価値があるとして「ベストバリューアワード」にも選出された。

永年、培われてきた伝統的飼育方法で育まれる松阪牛

松阪牛協議会

松阪市殿町1340ー1　松阪市産業文化部農水振興課畜産係

松阪牛

全国の数多い銘柄牛の中でも抜群の知名度を誇る松阪牛。永年培われ、磨かれてきた肥育技術を各生産農家が発揮し、丹誠込めて育てるからこそ高品質牛が生産され、全国で有数の銘柄牛となっている。

4％未満の生産頭数「特産松阪牛」

令和3年度の松阪牛の頭数をみてみると肥育頭数は1万6,095頭、出荷頭数は8,508頭となり前年よりも350頭減少しているが、令和元年度と比較すると600頭以上の増加となっている。令和3年度の減少の要因としては新型コロナウイルスの影響があるようだ。出荷頭数のうち、「兵庫県産の子牛を導入し松阪牛生産区域で900日以上肥育した」という定義で生産されている「特産松阪牛」は336頭となり、その割合は3.9％と4％にも満たない。

松阪牛の生産農家戸数は82戸。高齢化による廃業で徐々に戸数は減少が進んでいるが、その分1農家当たりの肥育頭数が増えている。さらに企業で松阪牛の生産に取り組むというモデルも増えてきている。

出荷頭数にみられるように新型コロナウイルスの感染拡大は松阪牛に影を落とした。これまで11月末に開催されてきた松阪肉牛共進会は開催中止が続き、令和4年に3年ぶりに開催された。当日は、この日を待ちわびた生産農家から厳正な審査を重ね選抜された50頭が出品され、岡田一彦さんの出品牛が優秀賞1席に選出され、津市の名産松阪肉朝日屋が2,600万円の高値で落札した。共進会の開催に当たっては、審査の段階から慎重なコロナ対策がとられた。

新型コロナの影響から回復へ

松阪牛のと畜は例外を除くと基本、地元の三重県松阪食肉公社と東京食肉市場で行われ、枝肉の取引がなされている。令和3年度は松阪食肉公社が5,152頭出荷され、東京食肉市場では3,332頭（枝肉搬入を含む）が取り扱われた。東京食肉市場での令和2年度の平均価格をみてみると2,781円（キロ単価）となりこれまで維持してきた3,000円台を割り込むこととなった。これはやはり新型コロナウイルスがインバウンドの停止、休業要請、時短営業などで外食産業に大きな痛手を与え、その痛手が松阪牛にも影響を及ぼし、それが単価にも反映されてしまったようだ。

ただ、令和3年度は3,128円と3,000円台に回復し、令和4年度も12月までの平均値をみると3,173円となりコロナ以前の水準へと回復している。ちなみに令和元年度は3,177円だった。

3年ぶりの松阪肉牛共進会で優秀賞1席に輝いた岡田一彦さんと出品牛

永年培われ、磨かれてきた肥育技術で生産される松阪牛

インバウンドも回復しつつあり、外食店の営業もコロナ以前に戻っている現在、松阪牛への引き合いも強くなってくるだろう。

　世界的な知名度を有する松阪牛だが、これまで年間最大で23頭の輸出を行っており、輸出の際はその輸出先に対応したと畜場を例外的に認定してと畜がなされている。この輸出頭数を令和5年度は大幅に増加をさせる計画があり、世界に広がる松阪牛が5年度からみられそうだ。

　松阪牛としては、これまで行っている輸出先国・地域に加えてドバイやヨーロッパなどにも輸出先を増やしていきたいと考えており、海外でもイベント実施し、松阪牛の知名度をより高めていきたいとしている。

　飼料の価格高騰が生産農家を直撃している。生産意欲の減退にもつながりかねないが、松阪市では松阪牛に限らず、全畜種の畜産農家の負担軽減を目的に支援を行う。国、県と力を合わせ畜産農家への支援を行うことで生産基盤を支え、継続的な生産意欲を保って欲しいとしている。

海外でのプロモーション活動で
松阪牛をPRする

美しいサシの入った松阪牛

生産性の向上を図り、「皇牛」「高森牛」を肥育

安堂畜産㈱

安堂畜産は皇牛、高森牛、無角和牛を柱に生産から卸、小売、飲食を展開している。グループの農業生産法人高森肉牛ファームの肥育頭数は約1,100頭。うち交雑牛が約900頭で、和牛が約200頭。和牛の繁殖も手掛けており、繁殖用母牛を約80頭肥育し、微増傾向にある。皇牛、高森牛については自社牧場で肥育し、無角和牛は阿武町の無角和種振興公社のものを手当てする。

食肉総菜の開発にも意欲的な姿勢

高森牛については岡山県、熊本県から素牛を導入。皇牛は山口県産と山口県産と地元の見島牛（山口県産）を交配させた母牛をベースに子牛を産出するほか、山口県の素牛を導入することもある。学校給食や量販店向けに乳牛も取り扱っており、これについては全国から成牛を導入している。

牛を育てる際は製材所から出る国産の木材チップや地元岩国市で取れる米などを飼料に活用。繁殖用肉牛にだけ稲わらを発酵させ半年ほどおいたサイレージを与える。また、肥育段階で出るふんをストックヤードに集め、かくはん、発酵させ、良質な有機肥料を生産し米農家に還元する仕組みを構築している。

高森牛のロゴ

以前から取り組んでいた農場HACCP認証については、2020年2月に取得。将来的に農場、と畜場、加工場のすべてをHACCP対応とし、企業価値の向上につなげていく方針だ。和牛、交雑牛の繁殖一貫肥育は現状を維持しつつ、特色を強化することに力を入れていく。

と畜は、主に地元の周東食肉センターで行う。同センターは、と畜業者と卸売企業で構成される玖西食肉加工事業協同組合が運営。処理作業には、すで

内食向け商品が堅調な安堂畜産

に肥育から小売まですべての段階でISO22000の認証を取得している安堂畜産のノウハウを適用する。

出荷された牛は内臓を含め、基本的にすべて自社小売および卸売で活用。卸先は大手量販店や地元スーパー、指定小売店、飲食店など多岐にわたり、セット販売からステーキ、焼き肉、スライスなどコンシューマーパックでの供給まで幅広い形態で商品を提供している。

一昨年からは新型コロナウイルスの影響によって内食需要が増加。内食向けの小売店舗用アウトパック商品が堅調に動いたほか、昨年も精肉卸が増加したことから重量、金額とも前年比約110%となった。今期も原料肉卸、精肉卸をバランス良く販売することに注力している。

山口県で初めて生食商品も製造販売し始めた同社では、牛肉を常温乾燥熟成した干し肉も販売。近年は冷温でのドライエージングビーフも取り扱っているほか、食肉総菜の開発にも意欲的な姿勢をみせている。今期は生産性の向上や販売ロスを削減するため、生産機器の導入にも取り組む。

山口県岩国市周東町上久原298―1

国産牛内臓肉と輸入ミノの供給力が強み

大浦ミート（大浦達也社長）は兵庫県加古川市の食肉・内臓肉卸・小売。卸売事業は、月間50頭もの国産牛肉の枝肉仕入れと、月200頭分もの国産牛肉内臓セット、そして専用むきミノ工場による高品質の輸入ミノといった豊富な供給力が強み。

同社が卸売で扱う牛肉は、和牛、和牛経産牛、交雑牛、輸入ビーフが中心。定時定量扱っているブランド牛は「神戸ビーフ」と「佐賀牛」「加古川和牛」「志方牛」。仕入れは地元の加古川市場と、神戸市場でのせり買いのほか、メーカーからも仕入れている。品物はサシが強すぎず、肉質が良く歩留まりに優れたものを厳選して扱っている。

とくに強みである内臓肉については、創業が牛内臓肉専門業者だったことから、供給量はもちろん、専門業者ならではの卓越した洗浄技術、保管管理技術により、高鮮度を維持した内臓肉を多数保有している。これらのホルモンは「プレミアムホルモン」として付加価値を持たせて販売している。

卸先は仲卸、精肉店、飲食店を中心に幅広い販路をもち、兵庫県内へルート販売を行うほか、宅配や運送代行による小ロットからの全国販売を実施する。

むきミノ専用工場で高品質のミノ販売

加えて同社といえばグループの㈲大浦フーズ（大浦智史社長）が行う輸入むきミノの取り扱いで全国に知られている。高度な衛生水準をもつ、むきミノの専用工場を有しており、水質が良く夏場でも冷たさが保たれる地下水に次亜塩素酸とオゾンガスを加えて殺菌性を高めた洗浄水で丁寧に洗うため非常に鮮度が優れている。大浦フーズはミノのソムリエとして、サイズの大きさ、色合いなど要望に合わせた商品提供が可能だ。

好調な事業の背景に新卒採用の取り組み

小売事業は本社に隣接する本店と、JA兵庫南が運営する加古郡の農産物直売所「にじいろふぁ〜みん」内でセルフ主体の店舗をテナント出店しているほか、加古川市内のイオン加古川店内で対面販売を行っている。また、テナントに肉を提供するアウトパック納品では、JA兵庫南の直売所に4店舗、JA兵庫みらいに3店舗を行っている。小売事業は兵庫県西部を中心に高い知名度を誇っており、近年の売れ行きはとくに好調だ。

こうした優れた実績を生み出す背景には、人材教育がある。大浦ミートは、若手が定着しづらいともいわれる食肉業界において、新卒採用を毎年行っており、この4月に7期生が入社。若手の参入による企業内の新陳代謝の活性化に加えて、新卒採用を受け入れられるレベルの社内環境を維持することが狙いでもある。外部から講師を招いて定期的に勉強会を実施するほか、従業員の子供を見守るキッズルーム、女性専用の休憩室を用意するなど、従業員のための環境整備にも力を入れている。

プレミアムなホルモンと輸入品であることを示す飛行機のマークで有名なミノの箱

講師を招いた社員研修を定期的に実施し、"人財"育成に力を注ぐ

㈱銀閣寺大西

海外の販売拠点拡大、SDGs と DX も継続

銀閣寺大西は、信州長野の特産地より同社が限定販売する超高級黒毛和牛「村沢牛」、肥よくな土と清らかな水に育まれた丹波の里で育てられる「京丹波平井牛」に象徴される厳選素材へのこだわりとともに、先進独自の品質管理が高い評価を得ている。

ブランドの差別化や経産和牛の輸出にも挑戦

2001年に食肉小売・卸業界で初めてHACCPを本社工場で取得。ISO9001も取得しており、06年には京都市の「食品衛生特別優良施設」表彰も授与している。13年にはこうした取り組みを結実した外商部プロセスセンターを稼働させた。

同社では卸売業のほか、対面型の販売を行う本店、スーパー業態「エムジー」、外食店「御肉処　銀閣寺大にし」などを展開。海外輸出にも積極的に取り組み、シンガポールに2店舗の食肉専門店をオープンさせ、そこを拠点とするECサイト販売なども好調な売れ行きをみせている。

それぞれに精肉を供給するのがHACCP対応のPC。本社工場では2階部分で生食食品製造を兼ね備えた調理食品群、3階部分でローストビーフ、焼き豚、ハンバーグなどを製造する。

取引先は旅館、ホテル、外食店など多岐にわたり、衛生管理水準の高さが評価されて近年は給食事業会社への供給が増加。コロナ禍の中では新規開拓に注力し、各取引先の回復もあって、分母を拡大したことで業務卸事業もコロナ以前の9割ほどに回復している。

また、小売店やネット通販事業も堅調に推移して

衛生管理体制への評価が高い
外商部プロセスセンター

厳選素材にこだわる「銀閣寺大西」本店

いる。本店、エムジーともいっときに比べれば落ち着きをみせているものの、とくに牛肉販売に関しては集客が伸びたこともあり、コロナ以前と比べると高いレベルで推移している。

近年取扱数量を伸ばしてきた輸出事業についても好調さを維持。欧米やアジアに向けての販売が拡大している。海外拠点の開拓には意欲的で、シンガポール、イタリアに続き、今後は米国にも会社を設立し輸入・卸売・小売事業を展開していく。

ブランドの差別化にも取り組んでいる。和牛の中でもロースしんの大きさやサシの入り具合などキメ細かな顧客ニーズをきいた上、目利きで厳選したものだけを「ONISHI　SELECTION」として輸出している。

SDGsを意識した取り組みの経産和牛の輸出も好調。ドライエージングに取り組むレストランをメインターゲットにオーストラリアワギュウと同程度の価格で「和牛」をうたえることを顧客メリットとして提案し、再肥育した経産和牛を「サステナブル和牛　熟」のブランドで供給している。

また、DX（デジタルトランスフォーメーション）にも引き続き注力。ITを活用し部門間で情報を共有することにより、数値目標を定めて水道光熱費や事務作業などのむだを省くほか、作業の効率化を図りつつ付加価値を生み出す取り組みに注力する。

京都市左京区浄土寺東田町53

自社販路のシェアアップを推進、出店も積極的に実施

小売、卸、レストラン、ギフトと幅広く事業を展開する杉本食肉産業は食肉専門店や外食店を多数展開。近年はECサイトを含めた自社販路のシェア拡大や業務の効率化など取り組んできたほか、中国をはじめとするアジア地域への出店を積極的に行うなど海外進出も果たしている。

オリジナルブランドも自社で販売

取引先は多岐にわたり、国産、輸入物とも取り扱う。量販店への供給比率が高い国産牛では松阪牛や飛騨牛といった各地の銘柄和牛を幅広く品ぞろえ。国産の比率は6割強で、うち6割を銘柄牛が占める。

近年は飼料や肥育環境にこだわった "特別肥育和牛" という位置付けのオリジナルブランド牛肉「ひらやの輝跡（きせき）」も立ち上げ、自社店舗やギフトで販売している。

地場銘柄「みかわ牛」は推進協議会が発足し、量販店などでの取り扱いは増加し、さらに認知度を高めている。南山大学とのコラボレーションのほか、地元の商業施設や観光施設などでPRを推進。産官学で連携し地産地消を意識しながら利益を上げる仕組みづくり、プロモーションを強化し、ブランドをより強固なものに構築している。

また、氷温（0度C以下で凍らない状態）で鮮度を保ちつつ、電磁波を流す手法で熟成させる氷温熟成の牛肉は、ホテルやステーキレストランなど、こだわり商品を取り扱う意識の高い企業から好評。氷温熟成に関しては「氷熟」の商標登録を済ませている。

近年は供給源確保の観点から繁殖から肥育までの一貫生産を行う生産者との関係を強化しているほか、海外の素牛を確保する取り組みにも注力。農業法人スギモトファームでは豪州で素牛を導入後に国内で再肥育し「美然牛」というブランドで量販店から高い評価を得ている。

また、調理加工食品を製造する工場「スギモトデリカファクトリー」では総菜類や加工品の供給体制を強化。ローストビーフやハンバーグなどに代表される独自性の高い商品開発に注力することで "スギモトブランド" の付加価値向上に努めている。

各種銘柄食肉を幅広く取り扱う

本店内に設置されている
「KITCHEN　SUGIMOTO」コーナー

食肉総合企業として「ショールーム」の
位置付けでもある本店

モンドセレクションでローストビーフが金賞

大和食品（西井克好社長）は食肉の原料販売、加工食品の製造販売を行っており、本社工場と和泉工場を有する。大阪市北区に営業本部を構えるほか、東京都、福岡県に営業所を展開している。

工場に保育所併設し労働環境に配慮

昨年1年間の売上高は約195億円と前期から約123％増加した。従来は原料販売が約7割、加工品販売が約3割。量販店向けは微増、前年に大幅に伸びた宅配業態は横ばいだが、原料高が大きく寄与した。原料の約8割強を占める牛肉は国産が3割強、輸入が6割強。

輸入ビーフは永年、豪州産チルドの販売を強化してきた歴史があり、グラスからロングフェッドまで取り扱いの幅は広いが、原料高の影響で米国産が増加傾向にあるが、数年前からヨーロッパ中心に第三国の扱いを積極的に増やしている。国産牛肉は各地の牛肉を取り扱うが、物量ベースでは北海道産乳牛去勢が多い。加工食品ではローストビーフを中心とする生食アウトパック商品への評価が高い。また、業務用のキット商品やタレ漬け商品などのアウトパック商品、銘柄食肉を使ったギフト商品などバリエーション豊かな商品群を取りそろえている。

近年は新型コロナウイルスの影響で外食や食肉卸売への輸入ビーフの供給が落ち込んだが、主要販路である量販店と宅配業態は堅調。「食卓にいつも笑顔で　おいしい、たのしい、おもしろい」を企業コンセプトに掲げ、日本全国、世界各国からストーリー性のある食材だけを選りすぐり、生産者の思いを最高の形で食卓に届ける。

取引先から好評を得ているのがローストビーフ、ローストポークの商品群。2年連続モンドセレクション最高金賞受賞の「国産牛プレミアムローストビーフ」は、厳選した国産牛のうまみを最大限に凝縮した商品で、軟らかくジューシーな食感と牛肉本来の深い味わいを堪能できる。ECサイトで販売しており、ハレの日などのメインディッシュによく合う。

「切れてる！ローストビーフ」も2年連続でモン

FSSC22000取得済みの和泉工場

2019年8月17日
国際的な食品安全システムFSSC22000認証を取得。

ドセレクション金賞受賞。米国産牛肉が主原料のしっとりと軟らかな食感で赤身のおいしさが特長だ。真空包装で鮮度抜群。量販店を中心に販売されており、解凍、開封、盛り付けと簡単にごちそうメニューを実現する。また、「レアチャーシュー」はラーメンチェーンや量販店で人気の商品。真空低温調理製法でカナダ産豚カタロースのうまみを閉じ込めている。しっとりと軟らかな食感で、簡単においしいごちそうメニューを実現できる。

業務用商品として好評なのは「発色長持ち！ローストビーフスライス」（特定加熱食肉製品）。特定加熱ならではの肉の食感、風味が特長だ。退色しにくい商品設計となっており、経時変化に強い。メインディッシュ以外に、サラダや丼、すしなどに活用しやすく、量販店の総菜部門でチャンスロスの軽減にも貢献する。

商品を製造するのは本社工場と和泉工場。本社工場は1999年11月竣工後、10年6月に食肉製品製造業、食肉処理業、総菜製造業として、和泉工場は18年11月に食肉の処理加工業および食肉製品の製造業としてそれぞれ「大阪版食の安全安心認証制度」認証を取得。もともと衛生管理体制には定評のある同社だが、本社工場では本年度中にISO22000を取得予定。和泉工場では取得済みのFSSC22000を更新し、さらなる強化に努めている。

また、企業コンセプトに基づく取り組みとして、同社工場では稼働時から働く従業員のために保育所を設置。食肉処理業でこのような施設を設けるのは珍しいが、労働環境にも配慮した取り組みといえる。

「なかやま牛　亜麻仁の恵み」がさらに進化

肉牛生産から加工、卸、小売店経営まで一貫して行うなかやま牧場（広島県福山市）は、自社店舗「ハート」で商品を販売するほか、量販店、生協、百貨店、外食店などに「なかやま牛」の名称で商品を供給。商社や業務卸企業を経由しての取引も多く、商品は全国に流通している。

EC販売やギフトカタログ販売などのチャネルへ販売も強化

同社では出荷前8カ月以上かつ最長肥育期間がグループ牧場で肥育されたものだけを「なかやま牛」と定義。付加価値を高める取り組みとしてオメガ3系脂肪酸を含む亜麻仁由来の成分を配合した飼料を仕上げの3カ月以上与えた牛を「なかやま牛　亜麻仁の恵み」として供給している。

引き続き好調に推移している自社店舗「ハート」

牛がストレスフリーであり、健康であることを目的とした育て方をされており、牛肉本来のうまみ

マスコットキャラクター
「モ〜ちゃん」

とすっきりした食べやすい脂が特長。一昨年はECサイトで同牛使用のソーセージ「グリルビーフソーセージぐるぐる」を発売するなど、調理・加工品の販売にも注力している。

また、昨年4月からは、ミシュラングリーンスター、一つ星をもつフレンチレストラン「シンシア」の石井真介シェフとタッグを組み、SDGsも意識した「なかやま牧場グリーンシリーズ」として、冷凍商品の「まるごと贅沢カレー」と「まるごと贅沢ハッシュドビーフ」の販売も開始した。

肥育頭数は和牛1,200頭、交雑牛7,100頭、乳牛1,200頭。飼料、肥育方法にこだわり、環境の良い直営牧場と協力農家で育てられた肉牛は福山市食肉センターでと畜後、衛生管理の行き届いた自社の加工場で処理される。工場は2019年にISO22000：2018認証取得済み、20年には維持審査により再認証済み。

近年は繁殖部門の強化にも注力。繁殖農家をやめる牛舎などを活用しながら供給基盤の拡大に努めてきた。受胎率の向上が認められるなど成果もあがっており、生産コストを抑制。また、素牛の導入についても社内保育増加や導入地域拡大などに取り組んでいる。

2021年10月期の売上高は42億2,400万円、重量ベースでは1,638t（パックは含まず）と大きく伸長。コロナによる内食需要の高まりを受け、自社店舗「ハート」の販売も前期比102.8％と引き続き好調に推移している。また、外販の既存店および新規の販路拡大によって売り上げを伸ばしている。また、現在需要が高まっているEC販売やギフトカタログ販売などのチャネルへ販売も強化している。

今期は需要の高まっている交雑牛の新規格大と目標値を設定したセット比率（と畜頭数に対するセット販売比率）を増加（予算55.8％）させることを目ざしている。

卸売部門では、素牛導入時点で出荷頭数が限られていることから、「単純に量販するのではなく、既存店拡大および、新規においては"なかやま牧場の良さ"を理解していただけるように、生産から加工、営業が一体となって伝えていくことが必要」としており、

現在の課題は引き続き、カット工場のハード面を含めラインの見直しを図っているところ。各部署では人員不足により1人あたりの負荷が多くなっているため、可能な限りでハード面の補助（機械化）を進め、従業員の負担軽減を目ざしている。

輸出が４倍強に増加し、今後は中東向けも視野に

にし阿波ビーフ（谷藤哲弘社長）は2015年2月創業。地元生産者18社が出資し、と畜場の運営、食肉の処理・加工・販売、牛枝肉・部分肉販売、牛肉等商品の輸出などを行う目的に設立された。

技術力には高い自信を誇る

16年にはハラール専用輸出対応産地食肉センターを建設。Muslim Professional Japan Association（MPJA）のハラル認証を取得し、翌17年には対マレーシア輸出牛肉取扱施設、18年には対インドネシア輸出牛肉取扱施設にそれぞれ認定され、海外への供給を拡大してきた。

17年には、と畜処理および食肉処理の両工程について徳島県版HACCP認証も取得しており、取引先からの信頼は厚い。

輸出は依頼を受け同社がと畜し輸出事業者が輸出を行う場合と、同社自身が現地に向けて輸出販売を行う場合があり、輸出数量を伸ばすことによって施設の稼働率を上げることに取り組んできた。

センターにはインドネシアから採用しているムスリムが常駐。もともと現地でと畜業務に携わっていたスタッフを正社員として採用しており、しばしば指摘されるハラールと畜時に発生するスポットなどはほぼなく、技術力には高い自信を誇る。

昨年は一昨年の4倍強に輸出が増加。同施設を利用した国内商社の取り扱いを含む数字ではあるが、この急増を受けてムスリムのスタッフを増加させている。

オールハラールのと畜は全国でも希少なため、近年、問い合わせは多い。海外では日本食レストランや日系のホテル・レストランで供されることが多いほか、同社では焼き肉やローストビーフなどさまざまな部位の食べ方提案なども丁寧に行うため、使用される部位も多様化している。アジアではとくに日系の焼き肉業態が増えていることもあり、基本的にはフルセットで販売する。

にし阿波ビーフの出資者の一つであり、谷藤社長が代表を務めるのが㈱谷藤ファーム。肉牛の繁殖・肥育、精肉店および飲食店の経営を行っており、徳島県、宮崎県で黒毛和牛1千頭強を肥育。繁殖用雌牛は徳島県、宮崎県で計600頭ほどを有する。にし阿波ビーフでと畜を行うほか、大手食肉卸売企業への生体出荷も多い。

にし阿波ビーフの国内販売はほとんどが谷藤ファームに向けてのものであるが、実際には輸出向けと畜が大半を占める。

東南アジア中心にハラール和牛の需要は高まっており、とくにコロナ禍の中で現地では急速に通販事業が伸長。もともと外食比率が高い地域だが、SNSを活用した取引も活発化している。マレーシアやインドネシアといったオールハラール必須の輸出先がメインにはなるが、台湾、タイ、シンガポールへの供給も可能で、今後は中東向け輸出も視野に入れている。

オールハラールのと畜を行う「にし阿波ビーフ」

交雑牛シェアアップ、量販店向けが堅調推移

フジエールは広島県、岡山県を中心に牛肉専門の卸売業を展開しており、量販店、メーカー、卸売企業、食肉専門店、学校給食などに商品を供給している。近年はスポットで和牛の特売を提案するなど堅調に推移している。

引き続き衛生管理体制の強化を進める

ここ数年は量販店への販売比率が9割以上とさらに拡大。既存取引先の新規出店、新規の量販店との取引が増えたほか、取引先の金融機関からの紹介などもあるという。

仕入れは基本的に枝肉で手当て。以前は、せりで仕入れることもあったが、取扱数量が増加傾向にあり、物量と品質を安定確保するため相対取引が中心となっている。月間の取り扱いは約200頭強、産地の協力工場で80頭ほどを処理する。

品種別の取扱構成比は乳牛が約6割を占め、和牛が約1割強、交雑牛が約2割強。ただ、昨年あたりから乳牛は減少傾向にあり、高止まりしているため、交雑牛の取り扱いに切り替える取引先が増えている。

和牛は宮崎牛、佐賀牛、鹿児島黒牛などを取りそろえる。乳牛は北海道、栃木県、群馬県、千葉県、岡山県、宮崎県などから導入している。

一昨年からは新型コロナウイルスの影響で内食需要が拡大したことを受け、主要取引先である量販店からの引き合いが増加。ロイン系については動きが鈍ったため、価格を下げて回転率を上げ、在庫過多にならないよう努めるとともに、赤身系のアイテムに関しては評価を上げて販売し、利益確保に努めた。

量販店ではバックヤードの人員削減や作業効率改善に努める企業が増えていることもあり、商品化の最終段階の一歩手前まで加工した状態での納品が求められるケースが多い。また、食肉卸企業向けにもセット供給、パーツ供給と柔軟に対応。さらに小スペック対応の商品を供給したりと顧客の要望にかなりキメ細かく対応している。

衛生管理、温度管理が徹底された工場への評価は高く、2008年には福山食品衛生協会、15年には広島県食品衛生協会から食品衛生優良施設の表彰を受けており、17年7月には広島県の食品自主衛生管理（広島県版HACCP）の認証を取得。引き続き衛生管理体制の強化を進めるとともに、品質向上に努めている。

広島県福山市神辺町西中条883ー5

Meat is Meal
食で家族の健康と
幸福に貢献します

2017年には広島県の食品自主衛生管理の認証を取得

【銘柄別索引】

川口市場発ブランド「ほほえみ牛」		
	埼玉県	93
関門ビーフ	福岡県・山口県	167
関門和牛	福岡県・山口県	168
キタウシリ	北海道	16
北里八雲牛	北海道	17
北信州美雪和牛	長野県	112
北の逸品　八雲黒毛和牛	北海道	17
北の情熱　八雲牛	北海道	18
北見和牛	北海道	18
九州産開拓牛	九州	198
九州産開拓牛（交雑種）	九州	198
京丹波平井牛	京都府	134
京都肉	京都府	135
京の肉	京都府	135
霧峰牛	宮崎県	179
キロサ牧場　富士山麓牛	山梨県	110
銀山和牛	島根県	153
釧路アップルビーフ	北海道	19
熊野牛	和歌山県	145
くまもとあか牛	熊本県	175
くまもとあか牛　阿蘇王	熊本県	175
くまもと黒毛和牛	熊本県	176
くまもとの味彩牛	熊本県	176
食通の静岡牛	静岡県	123
食通の静岡牛　葵	静岡県	123
紅の牛	栃木県	82
黒毛和牛日高見	宮城県	62
黒潮牛	愛知県	129
黒田庄和牛	兵庫県	138
黒樺牛	九州	199
群馬牛	群馬県	90
茲	北海道・山形県	19
玄米育ち　岩手めんこい黒牛	岩手県	55
玄米育ち　岩手めんこい姫牛	岩手県	56
甲州牛	山梨県	111
甲州産和牛	山梨県	111
甲州ワインビーフ	山梨県	112
神戸髙見牛	兵庫県	138
神戸ビーフ（神戸肉、神戸牛）	兵庫県	139
神戸ワインビーフ	兵庫県	139
小倉牛	福岡県	168
五穀和牛／五穀牛	群馬県	91
こだわりの美深牛	北海道	20
こめこめう米牛	宮城県	62
根釧牛	北海道	20
㊥ 彩さい和牛／彩さい牛	埼玉県	94
彩の夢味牛	埼玉県	94
蔵王牛	宮城県	63

蔵王和牛	山形県	71
佐賀牛	佐賀県	170
佐賀産和牛	佐賀県	171
さがみ牛	神奈川県	106
佐賀和牛	佐賀県	171
さくら和牛	栃木県	82
サステナブル和牛　熟	西日本	197
薩州牛	鹿児島県	183
薩摩牛	鹿児島県	184
薩摩黒牛	鹿児島県	184
薩摩錦牛	鹿児島県	185
さつまビーフ	鹿児島県	185
薩摩和牛	鹿児島県	186
佐藤さんちの神居牛	北海道	21
讃岐牛	香川県	164
サロマ黒牛	北海道	21
サロマ和牛	北海道	22
三田牛／三田肉	兵庫県	140
三田和牛	兵庫県	140
三戸・田子牛	青森県	45
三陸金華和牛	宮城県	63
しあわせ絆牛	千葉県	97
しあわせ満天牛	千葉県	97
潮凪牛	島根県	153
志方牛（志方肉、志方ビーフ）	兵庫県	141
茂野ウコン牛	北海道	22
市場発　横浜牛	神奈川県	106
静岡和牛	静岡県	124
紫峰牛	茨城県	77
しほろ牛	北海道	23
しほろ牛クロス	北海道	23
しほろ牛若丸	北海道	24
士幌黒牛	北海道	24
しまね和牛肉	島根県	154
四万十牛	高知県	166
下野牛	栃木県	83
しゃくなげ和牛	福島県	74
熟豊和牛	島根県	154
上州牛	群馬県	91
上州新田牛	群馬県	92
上州和牛	群馬県	92
湘南和牛	神奈川県	107
白老牛	北海道	25
知床牛	北海道	25
信州肉牛	長野県	113
信州プレミアム牛肉	長野県	113
信州和牛出荷組合	長野県	114
新生漢方牛	宮城県	64
皇牛	山口県	161

世羅みのり牛	広島県	158
仙台牛	宮城県	64
仙台黒毛和牛	宮城県	65
せんば牛	千葉県	98
せんば和牛	千葉県	98
相州牛	神奈川県	107
相州和牛	神奈川県	108
宗谷黒牛	北海道	26
宗谷岬和牛	北海道	26
曽於さくら牛	鹿児島県	186
た 大国牛	島根県	155
大黒千牛／大黒千牛トニワン	全国	194
大雪高原牛	北海道	27
大地の物語	栃木県	83
太陽サンサン牛	岩手県	56
高森牛	山口県	161
但馬牛（但馬ビーフ）	兵庫県	141
但馬の絆、宝千	全国	194
伊達の赤	宮城県	65
伊達の忍	宮城県	66
田原牛	愛知県	129
短角和牛	岩手県	57
たんち牛	宮城県	66
丹波篠山牛	兵庫県	142
ちがさき牛	神奈川県	108
筑穂牛	福岡県	169
知多牛（響）	愛知県	130
知多和牛（誉）	愛知県	130
ちとせ和牛　千美	北海道	27
千葉県旭市産　コウゴ牧場牛	千葉県	99
チバザビーフ	千葉県	99
千葉しあわせ牛	千葉県	100
千葉しおさい牛	千葉県	100
千葉若潮牛	千葉県	101
千屋牛	岡山県	157
つくば牛	茨城県	77
つくば山麓飯村牛	茨城県	78
筑波和牛	茨城県	78
紬牛	茨城県	79
つるい牛	北海道	28
東伯牛	鳥取県	146
東伯和牛	鳥取県	146
東北ビーフ	岩手県	57
とうや湖和牛	北海道	28
十勝あおぞら牛	北海道	29
とかち鹿追牛	北海道	29
十勝四季彩牛	北海道	30
十勝ナイタイ和牛	北海道	30
十勝ハーブ牛	北海道	31

とかちポロシリ黒牛	北海道	31
とかちポロシリ和牛	北海道	32
十勝和牛	北海道	32
特選和牛　静岡そだち	静岡県	124
土佐和牛	高知県	166
とちおとめ牛	栃木県	84
とちぎ霧降高原牛	栃木県	84
とちぎ高原和牛	栃木県	85
栃木ハーブ牛	栃木県	85
とちぎ和牛	栃木県	86
鳥取F1牛	鳥取県	147
鳥取牛	鳥取県	147
鳥取米そだち牛	鳥取県	148
鳥取和牛	鳥取県	148
鳥取和牛オレイン55	鳥取県	149
とやま和牛	富山県	118
とやま和牛酒粕育ち	富山県	118
な ナイスビーフ	千葉県	101
長崎ほまれ牛	長崎県	173
長崎和牛	長崎県	173
なかなかびーふ	全国	195
なかやま牛	広島県	159
なぎビーフ	岡山県	158
那須高原牛	栃木県	86
那須ハーブ牛	栃木県	87
那須和牛	栃木県	87
七牛	岩手県	58
NAMIKI和牛／NAMIKI牛／NAMIKIビーフ		
	青森県	45
南州黒牛	鹿児島県	187
にいがた和牛	新潟県	117
にいがた和牛　村上牛	新潟県	117
日光高原牛	栃木県	88
のざき牛	鹿児島県	187
能登牛	石川県	119
は ハーブ和牛	全国	195
博多和牛	福岡県	169
はこだて大沼牛	北海道	33
はこだて大沼黒牛	北海道	33
はこだて和牛	北海道	34
八甲田牛	青森県	46
花園牛	茨城県	79
華鶴和牛	鹿児島県	188
樺姫牛	九州	199
花巻黄金和牛	岩手県	58
浜中牛	北海道	34
浜中黒牛	北海道	35
早池峰ビーフ	岩手県	59
早池峰和牛	岩手県	59

葉山牛	神奈川県	109
磐梯牛	福島県	74
磐梯和牛	福島県	75
美夢牛	北海道	35
びえい牛	北海道	36
びえい黒牛	北海道	36
びえい和牛	北海道	37
東通牛	青森県	46
東藻琴牛	北海道	37
美笑牛	千葉県	102
飛騨牛	岐阜県	120
常陸牛	茨城県	80
美味旨牛	全国	196
姫路和牛	兵庫県	142
ひらい牧場伊豆牛	静岡県	125
びらとり和牛	北海道	38
ひろしま牛	広島県	159
広島牛	広島県	160
広島血統和牛元就	広島県	160
ファゼンダ牛	大分県	178
深谷牛	埼玉県	95
福岡牛	福岡県	170
福島牛	福島県	75
富士朝霧牛	静岡県	125
藤彩牛	九州	200
ふじやま和牛	静岡県	126
武州和牛	埼玉県	95
ふらの大地和牛	北海道	38
ふらの和牛	北海道	39
プレミアム黒樺牛	九州	200
PREMIUM 姫路和牛	兵庫県	143
豊後湯布院牛	大分県	178
ベゴどろぼう	秋田県	70
鳳来牛	愛知県	131
北総花牛	千葉県	102
北総和牛	千葉県	103
北海黄金和牛	北海道	39
北海道和牛	北海道	40
北海和牛	北海道	40
本場　経産但馬牛	兵庫県	143
本場但馬牛	兵庫県	144
ま 前沢牛	岩手県	60
前日光和牛	栃木県	88
馬追和牛	北海道	41
増田和牛	群馬県	93
松阪牛	三重県	133
松島和牛	宮城県	67
まつなが牛	島根県	155
まつなが和牛	島根県	156

万葉牛	鳥取県	149
みかも牛	栃木県	89
みかわ牛	愛知県	131
みさき牛	愛知県	132
瑞穂牛	茨城県	80
美歎牛	鳥取県	150
みちのく奥羽牛	全国	196
みちのく日高見牛	宮城県	67
みちのく和牛	青森県	47
みついし牛	北海道	41
みっかび牛（黒毛和種）	静岡県	126
みっかび牛（交雑種）	静岡県	127
みつば牛	宮崎県	180
南さつま和牛	鹿児島県	188
宮崎牛	宮崎県	180
みやざきハーブ牛	宮崎県	181
みやざわ和牛	千葉県	103
宮路牛	鹿児島県	189
宮下牧場　薩摩和牛	鹿児島県	189
みらい牛	北海道	42
みらい黒牛	北海道	42
むかわ和牛	北海道	43
村沢牛	長野県	114
名人和牛	全国	197
も〜も〜中山牛	鹿児島県	190
もとぶ牛	沖縄県	193
や 八重山郷里牛	沖縄県	193
八千代牛	千葉県	104
八千代黒牛	千葉県	104
山形牛	山形県	72
山口県特産　無角和牛肉	山口県	162
大和牛	奈良県	145
やまゆり牛	神奈川県	109
雪降り和牛　尾花沢	山形県	72
湯村温泉但馬ビーフ	兵庫県	144
与一和牛	栃木県	89
横濱ビーフ	神奈川県	110
米沢牛	山形県	73
ら 流氷牛	北海道	43
りんごで育った信州牛	長野県	115
りんご和牛　信州牛	長野県	115
Ｒｏｓｅ　Ｂｅｅｆ	鹿児島県	190
わ 和一	徳島県	163
若狭牛	福井県	119

広告索引

銘柄牛肉ガイドブック2023
令和5年3月1日発行

発行所　株式会社食肉通信社

発行人　西村　久

大阪本社　〒550-0005　大阪市西区西本町3-1-48　西本町ビル2F
　　　　　TEL.06-6538-5505　FAX.06-6538-5510

東京支社　〒103-0001　東京都中央区日本橋小伝馬町18-1　ハニー小伝馬町ビル
　　　　　TEL.03-3663-2011　FAX.03-3663-2015

九州支局　〒812-0029　福岡県福岡市博多区古門戸町3-12　やま利ビル
　　　　　TEL.092-271-7816　FAX.092-291-2995

定価　2,200円（本体価格2,000円＋税）
ＵＲＬ　http:www.shokuniku.co.jp　ISBN978-4-87988-155-7

印刷所　㈱ＩＴＰ

※本書の一部または全部を無断で複写・複製することを禁ずる
※造本には十分に注意をしておりますが、乱丁、落丁の場合はお取り替えします

良い牛肉は、良い餌から。

名人和牛 究極の餌で育てた

「名人和牛」

「名人会」運営協議会　http://meijin-wagyu.jp

大阪市中央卸売市場南港市場荷受機関

代表取締役社長　田中　達夫

〒559‐0032　大阪市住之江区南港南5丁目2番48号

電　話(06)6675 {
2110（　総　務　課　）
2115（集荷促進営業課大動物）
2119（集荷促進営業課小動物）

FAX 06(6675)2112　ホームページ www.e-daisyoku.com

川口市場発ブランド「ほほえみ牛」を提供しています。
特許庁より（登録50942719）認可

川口食肉市場より指定農家が自信をもって、お届けする安心と信頼のある
美味しいブランド牛

農林水産省指定市場、川口食肉地方卸売市場

 川口食肉荷受株式会社

代表取締役社長　石井　一雄

〒332-0004 埼玉県川口市領家4−7−18
電　話（048）223−3121㈹
ＦＡＸ（048）224−2917

名古屋市中央卸売市場 南部市場

卸 売 業 者

名 古 屋 食 肉 市 場 株 式 会 社

〒455-0027　名古屋市港区船見町1番地の39
電話（052）614−1129　FAX（052）612−4551

南部市場にてISO 22000:2018認証取得　　主要業務：牛の集荷及び枝肉の販売

西宮市食肉地方卸売市場卸売業者

西宮畜産荷受株式会社

代 表 取 締 役　中 筋　　裕 輝

〒662-0934　兵庫県西宮市西宮浜2-32-1
TEL 0798（23）2911　FAX 0798（34）0880

和牛マスター食肉センター
（姫路市食肉地方卸売市場） 卸 売 業 者

姫路畜産荷受株式会社

代 表 取 締 役　池 田 政 隆
外 役 員 一 同

〒670-0821　姫 路 市 東 郷 町 1451-5
電 話（079）224-6044　　FAX（079）224-8876

広島市中央卸売市場食肉市場卸売業者

広島食肉市場株式会社

代 表 取 締 役 会 長　築 道 繁 男
代 表 取 締 役 社 長　萬 谷 年 治

〒733-0832　　　広島市西区草津港一丁目１１番１号
TEL.082（279）2920（代表）　　　FAX.082（279）2930
加工所　TEL.082（279）8881（直通）　FAX.082（279）2922
ホームページ URL　　　http://hiroshima-mm.jp/

ひたちぎゅう
常陸牛®

豊かな大地に
恵まれた銘柄牛 常陸牛

令和２年・３年・４年度常陸牛販売頭数
おかげさまで３年連続　祝１万頭達成 !!